地球科学概论

（第四版）

缪启龙　林文实　吴　息　周锁铨　编

China Meteorological Press

内 容 简 介

本书比较系统地阐述了地球科学各个学科的基本概念、原理和知识。全书共分十章，包括地球在宇宙中的位置、大气圈、地球构造、地球表面概况、地球上的水、冰雪覆盖、生物群落与生态系统、自然地理水平地带性和垂直地带性、中国自然地理特征、地图投影。内容力求知识面宽阔、深入浅出、重点突出。

本书可作为大气科学、环境科学、地理科学、农学、林学等相关专业的大学本科生、研究生作为教材以及相关的科技工作者参考，也可为中学自然、地理教师作教学参考书。

图书在版编目(CIP)数据

地球科学概论 / 缪启龙等编. -- 4 版. -- 北京：气象出版社，2016.10(2023.8 重印)

ISBN 978-7-5029-6436-8

Ⅰ.①地… Ⅱ.①缪… Ⅲ.①地球科学-高等学校-教材 Ⅳ.①P

中国版本图书馆 CIP 数据核字(2016)第 240100 号

Diqiu Kexue Gailun

地球科学概论

缪启龙 等 编

出版发行：气象出版社	
地　　址：北京市海淀区中关村南大街 46 号	邮政编码：100081
电　　话：010-68407112(总编室)　010-68409198(发行部)	
网　　址：http://www.qxcbs.com	E-mail：qxcbs@cma.gov.cn
责任编辑：林雨晨	终　　审：邵俊年
责任校对：王丽梅	责任技编：赵相宁
封面设计：博雅思企划	
印　　刷：三河市百盛印装有限公司	
开　　本：720 mm×960 mm　1/16	印　　张：16.5
字　　数：328 千字	
版　　次：2016 年 10 月第 4 版	印　　次：2023 年 8 月第 3 次印刷
定　　价：68.00 元	

本书如存在文字不清、漏印以及缺页、倒页、脱页等，请与本社发行部联系调换

第四版前言

本教材自 2001 年出版以来,受到全国许多高校师生和读者的欢迎,得到了专家的推荐和好评,于 2004 年出版第二版,2007 年出版第三版,今年春天,气象出版社要求修改,出版第四版,值此之际,真诚地感谢广大师生对本教材的青睐,特别向曾对本教材提出宝贵意见的专家、学者,致以诚挚的谢意!感谢气象出版社的编辑为本教材的多次出版付出的辛勤劳动。

本次全书修改由缪启龙负责,教材的基本结构没有变化,增添了部分内容,改写了部分文字。南京信息工程大学的余锦华教授提供了气候变化专门委员会(IPCC)第五次科学评估的气温变化图,朱伟军教授改写了与厄尔尼诺有关的内容,王让会教授改写了生物群落的基本特征,段春锋博士绘制了气候要素及海温的分布图;南京信息工程大学教务处张永宏教授、南京信息工程大学滨江学院教务办给予了大力支持。在此一并表示感谢。

请继续关注本教材,欢迎提出宝贵意见!

缪启龙

2015 年 11 月

于南京信息工程大学

南京信息工程大学滨江学院

第三版前言

本教材自 2001 年出版以来,受到全国许多高校师生和读者的欢迎,得到了专家的推荐和好评,于 2004 年出版第二版。适逢第三版出版之际,真诚地感谢广大师生对本教材的青睐,特别向曾对本教材提出宝贵意见的专家、学者,致以诚挚的谢意!感谢气象出版社第一编辑室为本教材的多次出版付出的辛勤劳动。

第三版对第二版中的少数错别字作了改正,替换了个别插图,并将近代气候变化的阐述改用政府间气候变化专门委员会(IPCC)的第四次(2007)科学评估中的内容;关于冥王星在新版中加注了 2006 年 8 月 24 日联合国天文学联合大会(IAU)的决议:冥王星被补为"矮行星",不再视为行星。

请继续关注本教材,欢迎提出宝贵意见!

缪启龙

2007 年 7 月 1 月

于南京信息工程大学

第一版前言

《地球科学概论》是中国气象局"九五"期间的教材之一。它比较系统地阐述了地球科学各个学科的基本概念、原理和知识。由于地球是一个有序的巨系统,各个子系统之间是相互联系、相互影响的,地球科学研究的范围十分广泛,研究的对象极为复杂多样,是一门综合性很强的学科。因此,编写时注意以系统论的观点来组织教材,并要求内容广泛、深入浅出。在阐述地球科学一般基础理论的同时,注意到中国自然地理状况;在教材的最后还增加了地图投影的基本知识,以使读者能够识别、使用各种不同的地图。

本书由缪启龙主编,参加编写的有林文实(第三、五、六章)、吴息(第一、七、九章)、周锁铨(第四章)、缪启龙(第二、八、十章),全书的统稿、修改和定稿由缪启龙负责。

本书的出版得到了中国气象局科教司高教处和处长邓金宁、南京气象学院教务处和环境科学系、中山大学大气科学系的大力支持,南京气象学院翁笃鸣教授对大纲提出了具体的修改意见,气象出版社第一编辑室主任陶国庆、编审顾仁俭先生给予了极大的关心,在此一并表示真诚的谢意。

由于我们的水平有限,内容难免有不妥和错误之处,祈望批评指正。

缪启龙

2000年11月

于南京气象学院

目　　录

第四版前言
第三版前言
第一版前言
第 1 章　地球在宇宙中的位置 (1)
　　§1.1　地球与宇宙 (1)
　　§1.2　天球与天球坐标系 (12)
　　§1.3　时间的计量 (19)
　　§1.4　季节与昼夜 (23)
第 2 章　大气圈 (29)
　　§2.1　大气圈的组成及结构 (29)
　　§2.2　气象要素的特征、变化和分布 (32)
　　§2.3　天气系统 (42)
　　§2.4　地球上的气候带 (51)
　　§2.5　气候的变化 (54)
第 3 章　地球构造 (58)
　　§3.1　地球的圈层构造 (58)
　　§3.2　大地构造学说 (69)
　　§3.3　火山与地震 (76)
第 4 章　地球表面概况 (84)
　　§4.1　地球表面形态及其演化 (84)
　　§4.2　地形形成的基本规律及地貌表现 (87)
　　§4.3　世界地形概述 (102)
第 5 章　地球上的水 (120)
　　§5.1　地球上的水体 (120)
　　§5.2　陆地上的水 (123)
　　§5.3　海洋 (128)
　　§5.4　海水的运动 (133)
　　§5.5　海洋温度 (141)

第6章　冰雪覆盖 (149)
- §6.1　极地冰盖 (149)
- §6.2　冰川 (152)
- §6.3　冰川地貌与冻土地貌 (156)
- §6.4　地质年代的冰期 (161)

第7章　生物群落与生态系统 (164)
- §7.1　土壤 (164)
- §7.2　种群与生物群落 (168)
- §7.3　生态系统 (179)

第8章　自然地理水平地带性和垂直地带性 (186)
- §8.1　自然地理的区域分布 (186)
- §8.2　垂直地带性与水平地带性的关系 (188)
- §8.3　自然地理环境的三维结构 (191)
- §8.4　自然区划 (193)
- §8.5　中国自然区划 (199)

第9章　中国自然地理特征 (206)
- §9.1　中国的地形、地貌特点 (206)
- §9.2　中国的水系 (217)
- §9.3　中国的土壤分布 (222)
- §9.4　中国的植被 (224)
- §9.5　中国的海洋 (228)
- §9.6　中国自然地理条件与气候的联系性 (231)

第10章　地图投影 (233)
- §10.1　地图投影 (233)
- §10.2　地图比例尺与方向 (246)
- §10.3　用等高线表示地形的方法 (248)

参考文献 (255)

第1章 地球在宇宙中的位置

地球是人类的故乡,地球上的大气、水、岩石、土壤和生物的综合作用,哺育着人类,形成地球表面独具一格的物质世界,称之为地理环境,是地球科学研究的主要对象之一。而地球又处在更大的宇宙环境之中,为更好地了解人类生存的地球环境,了解和研究地球在宇宙中的位置是很有必要的。

§1.1 地球与宇宙

1.1.1 宇宙的概念

1.1.1.1 宇宙的起源

宇宙是普遍、永恒的物质世界。我国古语曰:"四方上下曰宇,古往今来曰宙"。"宇"指无限空间的意思,"宙"指无限时间的意思,宇宙是空间和时间的统一体。宇宙不是一个抽象的概念,它是由物质所组成的,在广袤深邃的宇宙中存在着各种天体以及弥漫物质,其表现形态多种多样,复杂万端。宇宙中的一切物质都处于不断地运动和变化之中。

宇宙的形态究竟是怎样的?它是如何形成的?这是人类有史以来各国科学家和哲学家们长期探索的重要问题,至今人们对于宇宙的认识还在不断探索前进。

在17世纪,伽利略、牛顿在经典力学体系的基础上,建立了宇宙无限无边的理论,即宇宙的体积是无限的,没有空间边界,无限的天体分布在无限的空间之中。宇宙无限论的观点,无论是在哲学上还是在自然科学上,在20世纪初已为多数人所接受。

1917年,爱因斯坦在广义相对论的基础上,提出了有限无界的静态宇宙模型。认为宇宙是有限无边的,即宇宙空间的体积是有限,是一个弯曲的封闭体,这个弯曲的封闭体没有边界,类似一个球面,面积有限,但沿着球面运动总是遇不到"边"。爱因斯坦关于时间、空间、引力的全新理论,拉开了现代宇宙学研究的序幕。1924年,弗里德曼在广义相对论的框架下,从理论上论证了宇宙要么膨胀,要么收缩,决不会保持静止状态。1929年,哈勃在仔细研究了一批星系的光谱之后发现,除个别例外,绝大多数星系的光谱都表现出红移现象,而且红移量大致与星系的距离成正比。如果将红移解释为多普勒效应,那就意味着所有星系都在离开我们而去,其退行速度正比于同我们的距离。这个关系被称为哈勃定律,比例常数称为哈勃常数。这一发现为弗里德曼的宇宙模型提供了直接的观测数据,动摇了静止宇宙的传统观念,即宇宙在不断膨胀。按照这个结论来推理下去就意味着过去必定存在一个有限的时刻,那时宇宙中的物质被压缩为极高密度的状态,这个时刻被称为"大爆炸",也就是宇宙的起源。有人设想"大爆炸"时的宇宙温度可达 10^{32} K,随着宇宙的膨胀,辐射温度不断下降,但始终保持着黑体辐射谱形和总体均匀性。伽莫夫的计算结论是:作为"大爆炸"过程的遗迹,目前宇宙中应普遍存在温度约5K 的背景黑体辐射。1964 年,美国贝尔电话实验室的彭齐亚斯和威尔逊用一架卫星通信天线在 7.35cm 波长外偶然探测到一种来自宇宙空间的强度与方向无关的辐射信号,引起了天文学家们的注意,随即进行了大量的调查。1989 年,美国宇航局专门为此发射了宇宙背景探测者卫星,观测数据表明,该辐射的谱分布与 2.735K 的黑体辐射完全相合,太空不同方向的相对温差小于十万分之一。这就证明了背景辐射的黑体性和普适性。这种"背景辐射"的存在是"大爆炸"模型最令人信服的证据之一。

1.1.1.2 宇宙中的天体和物质

宇宙的同一性在于它的物质性,即任何宇宙空间无一不是物质的或由物质构成的,但宇宙中的物质的存在形式具有多样性,一部分物质以星际物质(气体、尘埃)等形式连续弥散在广阔的空间;另一部分物质则积聚成团,表面为各种堆积形态的积聚实体,如地球、月球、行星、恒星和星云等,通常将包括星际物质和各种积聚态实体在内的所有宇宙星体统称为天体。现在最前沿的宇宙学研究认为,宇宙中的物质可分成三类,一类是可见物质,如上面介绍的各种物质,其所占物质总量的份额很小;另一类是暗物质,如黑洞等,其所占物质总量的份额比可见物质大很多;第三类是暗能量,其所占物质总量的份额超过一半,是主宰宇宙发展变化的物质能量。

(1) 恒星

恒星是宇宙中最主要的天体,肉眼所见的天体绝大多数都是恒星,它们集中了宇宙中相当部分的质量,是由炽热气体组成的能够自身发光的球形或类球形的天体。维持恒星辐射的能源主要是热核反应,其内部温度必然很高,但其表面温度差异很大,最热的恒星表面温度可达几十万度,最冷的仅有二三千度,太阳表面温度约为 6000K 左右。恒星都具有巨大的质量,大多数恒星的质量在 0.1~10 倍太阳质量之间。大的恒星直径是太阳的 2000 倍左右,小的恒星直径小于 1000km,恒星的平均密度相差也很悬殊,从水的密度的几千万分之一到千万倍以上。

恒星也有生有灭,其生命史是漫长的,演化是非常缓慢的。恒星的演化过程分为四个阶段:引力收缩阶段(幼年期)→主序星阶段(壮年期)→红巨星阶段(中年期)→白矮星、中子星、黑洞阶段(晚年期)。恒星处于生命史发展的不同阶段,发光特性也不同。

地球上观测到的恒星的明亮程度被称为亮度,常用星等来表示。通常星等指视星等,即地球上观测到的星光视亮度。古人将肉眼所见的恒星亮度分为六个等级,其中

15个最亮的恒星称为一等星,肉眼所见的最暗的星称为六等星。现代人们将视星等与亮度的关系确定为:一等星比六等星亮100倍,即视星等每差一等,亮度相差2.512倍。星等可以是小数或负数,如天狼星是－1.45等,太阳是－26.8等。恒星的亮度受与地球的距离影响,并不完全代表恒星的发光能力。将恒星亮度统一归算到距地球32.6光年处时的星等称为绝对星等,它能比较不同恒星的真正发光本领,也被称为光度,如太阳的绝对星等是4.9等。

(2)银河系与河外星系

星系是恒星的巨大集团,是由几十亿至几千亿颗恒星以及星际气体和尘埃物质等构成,占据几千至几十万光年空间的天体体系。

太阳和地球所在的星系叫银河系,因其在天穹上显现一条乳白色亮带——银河而得名。银河系恒星总数大约一二千亿颗,其相当大一部分是成群成团分布的,有成对的双星,三、五互有联系的恒星组成的聚星和十个以上的恒星组成的星团。银河系内,除恒星外,还有各种类型的银河星云、星际气体和尘埃。银河星云是由星际气体和星际尘埃所组成的,有云雾状外表的天体,有亮星云、暗星云、行星状星云和弥漫星云等类型。星际气体和尘埃合称星际物质,据估计在银河系星际物质和恒星总质量不相上下。

银河系以外的星系,统称为河外星系,目前观测到的与银河系同样量级的星系有10亿个以上。星系的形状和结构是多种多样的,按照形态可分为旋涡星系、椭圆星系、棒旋星系、透镜星系和不规则星系等几种主要类型。肉眼能看到的河外星系只有仙女座星云和大、小麦哲伦星云。

通常把我们观测所及的宇宙部分称为总星系,它是人类目前所认识的宇宙最高级的天体系统,但它不是全部宇宙,而仅仅是宇宙的一部分。

1.1.2 地球与太阳

1.1.2.1 太阳系

太阳系是太阳和以太阳为中心、受它的引力支配而环绕它运动的天体所构成的系统。在太阳系中,太阳的质量占太阳系总质量的绝大部分,约占99.8%,其他天体的质量总和只占约0.2%。太阳以它巨大的引力支配环绕它运动的成员,并不断地供给它们以光和热。

太阳系中的其他主要成员有行星和环绕行星的卫星。太阳系中已经发现的八大行星,依照与太阳距离由近到远的顺序,依次为水星、金星、地球、火星、木星、土星、天王星、海王星(图1.1)。以前,还有第九大行星冥王星,但是,根据2006年8月24日联合国天文学联合会大会(IAU)的决议:冥王星被视为太阳系的"矮行星",不再视为行星。距太阳较近的四颗大行星(水、金、地、火)被称为类地行星,其特点是:质量小,体积小,卫星数少,平均密度较大,表面温度较高,公转周期较短,自转周期较长。而木、土、天王、海王四颗行星称为类木行星，它们的特点是：质量大，体积大，卫星数较多，平均密度较小，表面温度低，公转周期长，自转周期短。如木星的质量和体积分别是地球的 317 倍和 1316 倍，绕它旋转的卫星多达 16 个，它的平均密度为 $1.33g/cm^3$，是地球平均密度（$5.52g/cm^3$）的 0.24 倍，公转周期 11.86a，自转周期 9h 50min。距太阳最远的冥王星按其大小、质量近似类地行星，而表面温度、公转周期又近于类木行星。

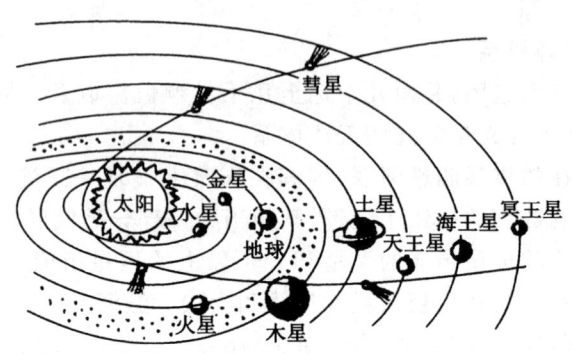

图 1.1　太阳系、地球在太阳系中的位置

除大行星外，围绕太阳运行的还有数以万计的小行星，它们主要分布在火星和木星轨道之间，大多数小行星都很小，直径只有几十千米，甚至几千米，较大的可达 200km 以上，小行星的外形很不规则，它们也都进行着自转和公转。

太阳系里还有大量的质量很小的天体，如彗星和流星体。其中彗星是一种质量较小，具有云雾状外貌，多数绕太阳作闭合轨道运动的天体，但它们的轨道偏心率很大。彗星一般由彗头和彗尾两部分组成。彗头的核心是彗核，它集中了彗星的主要质量，由冻结了的甲烷、氨、二氧化碳等气体所组成，也有一些石质物体和尘埃质点，当它临近太阳时，彗核受热，冰冻物质气化，在核周围形成彗发，在太阳光压和太阳风的作用下，在背向太阳的方向彗发延伸出长长的彗尾。彗核的直径为 1～100km，彗发的直径可达几万千米，彗尾可长达 1 亿 km。彗发和彗尾由极稀薄的气体组成，密度极小。彗星的轨道大体分三类：椭圆轨道、抛物线轨道和双曲线轨道，大部分彗星的轨道是围绕太阳的很扁的椭圆，它们的周期相差很大，由数年至数千年不等，如著名的哈雷彗星的周期是 76 年。少数彗星沿抛物线或双曲线轨道飞行，它们绕过太阳后，就不再复返，属于非周期性彗星。

在太阳系行星际空间游动着大大小小的固体块和尘粒，称为流星体。当它们临近地球时，受地球引力的吸引，进入地球大气层，因摩擦发热而燃烧发光，这就是我们观测到的流星。流星体主要来源是小行星和彗星的碎块，小的仅几克，大的可有几百吨。进入地球大气层的流星体多数被燃烧化为灰烬，少数残体落到地面，叫作陨石或陨星。按其组成成分可分为三类：铁陨石，石陨石和石铁陨石。

1.1.2.2 太阳

太阳是太阳系唯一的恒星，它是太阳系的中心天体，也是太阳系的质量中心、引力中心和运转中心。太阳是一个巨大的能量源，不断地向四周发射出大量的光和热。到达地球上的热能仅是太阳所射出的热能的极微小部分，却是地球上能量的主要来源。因此，日地关系密切，太阳的光和热是地球上一切生命的源泉，也是地球上大气运动和气候形成的最重要的因子。

(1) 日地距离及太阳的大小、质量

地球在一个椭圆轨道上绕太阳公转，太阳位于椭圆的一个焦点上，所以日地距离一年中不断变化，日地最远距离（地球位于远日点）为 15210×10^4 km，日地最近距离（地球位于近日点）是 14710×10^4 km，日地平均距离为 14960×10^4 km。用雷达探测方法算出日地距离精确数值是 1.49597892×10^8 km。日地平均距离在天文学上作为 1 个长度单位，称为天文单位。

地球上看到的光亮的太阳圆面，叫太阳视圆面。通过子午仪或其他仪器可测得太阳圆面直径（称视直径）所张的角度平均为 $31'59''.3$。由日地距离和视半径的张角可知太阳的半径约为 696000km。是地球半径的 109 倍。太阳的体积大约是地球的 130 万倍。

由万有引力定律及有关物理定律可推得太阳的质量约为 1.989×10^{27} t，相当于地球质量的 33 万多倍。太阳的平均密度为 $1.41 g/cm^3$，约为地球平均密度的 1/4。太阳各部分的密度相差悬殊，表面稀疏，中心密集。

(2) 太阳的结构

太阳是一个体积、质量巨大的炽热气体球，由等离子体所组成。我们只能观察到太阳表面的一些状态和性质，而对其内部无法直接观测，但通过对太阳基本数据的观测和与观测相符合的理论推求，以及在地球上已证实的氢核聚变的反应率、物质传播辐射的机制等物理规律，可以推测出太阳内部的结构（图 1.2）。太阳整个都是气体，内部为稠密的气体，外部是稀薄的气体，太阳的外层稀薄气体称为太阳大气。目前认为太阳内部由中心向外可划分为三个同心圈层。

1) 核反应区。太阳中心到 1/4 太阳半径范围内是进行热核反应产生能量的区域，这个区域体积只占太阳体积的 1/64，却集中了太阳质量的一半。这里温度高达 1500×10^4 K，压力可达 3000 亿个地球大气压。在太阳中心区域这种超高温高压条件下，不断进行着大规模的氢热核聚变反应，释放出巨大的能量。

2) 辐射区。核反应区的外面是热核反应产生的辐射能量在这里通过太阳各层物质的吸引、发射、再吸收、再发射的过程向外输送。热核反应产生的高能 γ 射线经过这个过程逐步降低频率，最后成为太阳向空间辐射的较低能量的可见光和其他形式的辐射。

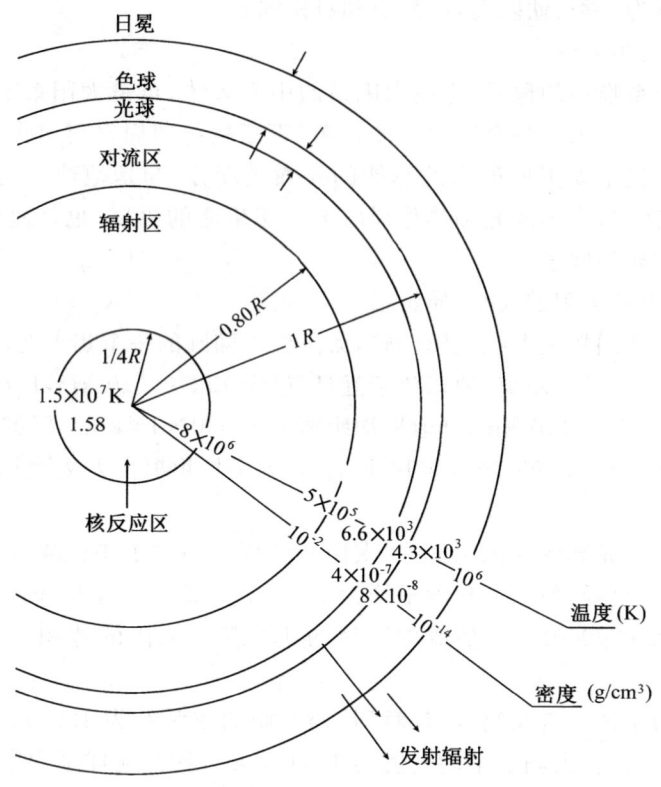

图 1.2　太阳结构示意图

3)对流区。位于辐射区外,是太阳内部稠密大气的最外层,由辐射区输送的能量使这里温度达$(10^0 \sim 10^1) \times 10^4 K$,稠密炽热的气体处于升降起伏的对流状态。在太阳大气中产生的各种活动现象(如黑子、耀斑等)都与对流区的活动有关。

太阳大气是太阳外层的稀薄大气,按其物理性质的不同,又能将其划分为三个层次:

1)光球。肉眼所见太阳的耀眼夺目的太阳视表面就是光球。它是太阳的明晰界限,通常意义下的太阳表面就是指的光球,太阳的直径也以光球为界。它在太阳大气的最底层,厚度仅约 500km。我们平常所观测的太阳光基本都是从这一层发出的。光球的温度由里向外逐渐降低,底部温度约 6000K,顶部温度约 4000~5000K。光球温度与太阳内部形成极大的温度梯度,这种温度分布显著的不均衡,造成对流区太阳大气的剧烈的对流运动。

2)色球。在光球之上,称为色球。它向上延伸到 2000~10000km 的范围,厚度各处不同。它发出的可见光很少,其总量不及光球的 1%,因此,我们平常看不到色球,只有在日全食的时候,当光球的强烈光线被月球所掩蔽时,可以看到这个发出非常美丽的玫瑰红色的辉光的气层,因此称为"色球"。色球的结构是不均匀,其边缘不像光球那样清晰整齐,由许多细小的"火舌"组成,致使它的边缘呈锯齿状。"火舌"是上升的气流,对色球边缘的高分辨率观测显露出色球层的精细结构,主要包含着高速的明亮喷射气流,称为"针状物",它们在色球层中不断产生,并不断消失,平均存在时间大约 5～10min 左右。色球的温度随高度而增加,色球底层几千度,到高层达几万度。

3) 日冕。在日全食的时候或使用日冕仪可观测到一圈白光和淡黄光裹住了日轮,这就是日冕。它是太阳大气的最外层,范围可延伸到十几个太阳半径的地方,其物质极其稀薄,它的亮度仅及色球的千分之一。日冕的形状经常在变化,厚度也处处不同。在太阳活动极大期,日冕呈圆形,太阳活动极小期的日冕在太阳两极缩短,在太阳赤道带突出。日冕的温度极高可达 $(100\sim 200)\times 10^4 K$。太阳光谱的远紫外线和 X 射线主要是在日冕中产生,太阳的射电辐射的大部分也产生在日冕中。日冕的温度极高,说明日冕中的物质是以极高的速度在运动着,日冕中的快速粒子能摆脱太阳引力场的束缚,向外膨胀而进入行星际空间,这种现象叫作"日冕膨胀"。热电离子连续不断地从太阳流出,就形成太阳风。

(3) 太阳活动现象

太阳活动就是指太阳表层的物质运动和变化过程。在太阳大气中可以观察到各种活动变化现象,如太阳黑子的出现和消失、日珥的变化、耀斑的爆发等等,此外在太阳大气中还可以观测到不断运动和变化着的米粒组织、谱斑、色球网络、针状物、喷焰等。太阳活动是太阳大气里的一切活动的总称。强烈的太阳活动能使一些波段的太阳辐射发生很大变化,并能把大量的物质粒子射入空间,影响地球磁场和大气层。太阳活动有时剧烈,有时平静,存在一个 11a 的准周期。当太阳活动处于低潮时,称为宁静太阳;太阳活动处于高潮时,称为扰动太阳。太阳活动主要是指扰动太阳的活动。扰动太阳的主要标志之一是太阳黑子,特别是黑子群的频繁出现,扰动太阳的另一个更重要的标志是太阳耀斑的频繁出现。耀斑是太阳上最强烈的,也是对地球影响最大的活动。

用小倍率的望远镜,甚至肉眼就可以看到在太阳的光球表面上有一些黑的斑点,称为黑子。它是光球中的大气涡旋,其中心温度约为 4200K,比周围温度低 1000K 左右,因此显得比光球暗。黑子大多数成群出现,有时也有单个黑子活动。一般情况下,一群黑子里有两个主要的黑子,这一对黑子,位置偏西的叫前导黑子,偏东的叫后随黑子。一个发展完整的黑子群,从单个黑子出现,到两个主要黑子发育成熟,在其周围再出现许多小黑子,形成黑子群以后又逐渐衰落、消失这一过程需要几十天。小黑子的直径在数千千米,个别发展成大黑子,直径可达 $10\times 10^4 km$。大部分黑子寿命不长,常不到一天,有一些黑子的寿命达一个月以上。长期记录日面上的黑子的数目,发现有的年份黑子较多,有的年份较少,黑子数的年均值大致作周期变化,周期约为 11a。

在全色光照片上能看到一种比光球更明亮一些的斑点,叫作光斑。它的温度比光球高不了多少,据测定只比周围高 100~300K;平均寿命 2~3d。光斑常出现在黑子的周围,一般环绕着黑子,与黑子有密切的关系,光斑比黑子早出现几小时或几天。在色球层中,光斑之上紧接着分布着谱斑,形状与光斑相似,是光斑在色球层的延续。谱斑的温度比周围高,大部分谱斑附近有黑子群,其寿命比黑子长,它的大小从几千千米到几十万千米,其面积大小也是太阳活动的强弱的标志。

色球层中,有时有巨大的气柱升腾而起,如同火焰喷舌,可以达到几万千米甚至百万千米以上的高度,然后落回日面,或脱离太阳的引力而消散不见。这些气柱称为"日珥"。它是突出在太阳边缘外面的发光气团,呈朱红色。一般在日全食时利用色球望远镜或分光镜等仪器进行观测时才能被看见。日珥的形态多变,大小不一,一般长约 20×10^4 km,高约 3×10^4 km,厚约 5000km,有的变化缓慢,可以生存几个月,气流上升的速度较低,约 10km/s,有的变化强烈,气流升腾速度到达 10^2 km/s。日珥主要存在于日冕中,但下部与色球相连。日珥通常可分为宁静日珥、爆发式日珥和活动区日珥三种。宁静日珥寿命较长,可长期存在于日冕中,它在日面上表现为伸得很长的暗条。爆发式日珥比较罕见,运动速度可高达每秒几百千米。当它上升到相当高度时,会分裂出凝团和股流,然后沿着近似垂直的方向落回太阳。活动区日珥运动速度也可达 10^2 km/s,一般伸展高在 10×10^4 km 以内。

耀斑是太阳上爆发现象的标志,它主要发生在色球中,是日面上局部区域亮度突增的现象,表现为特别明亮的斑点,称为色球爆发。耀斑的温度很高,达 1×10^4 度左右或更高,常出现在太阳表面大黑子或黑子群附近,寿命由几分钟到几小时。耀斑活动与黑子有密切关系,在一个黑子群的存在期间,平均每 7h 出现一个耀斑。耀斑是太阳大气中的一种不稳定过程,是太阳上最强烈的,也是对地球影响最大的活动现象。太阳所发射电波的强度可以在几年内不发生多大的变化,但当日面出现耀斑时,太阳射电可以一下子增强几百万倍。在耀斑爆发时除发射可见光外,还发射大量的紫外线、X 射线和 γ 射线,还有红外、射电辐射和高能粒子流,甚至能量特高的宇宙射线。耀斑的短波辐射和带电粒子流到达地球后,会引起地球上一系列的地球物理现象,如磁暴、极光和电讯扰动以至中断等。从日地关系方面来看,耀斑的作用比太阳黑子的作用更加直接和重要。

(4)太阳常数

太阳辐射指其表面以电磁波方式向外传递的能量。地球上所观测到的太阳辐射,绝大部分从太阳光球发出,从色球层和日冕发出的只占极小的一部分。太阳辐射的能量主要集中在可见光波段,$0.2\sim 10.0\mu m$ 波段就占全部太阳辐射的 99.9%。

表示太阳辐射能力的物理量称为太阳常数。它是指当日地处于平均距离时,单位时间内垂直投射于大气上界单位面积上全部波长的太阳辐射能通量。常用符号 I_0 表示,单位用 W/m²[1985 年以前用 cal/(cm² · min)]。1981 年 10 月在墨西哥召开的世界气象组织仪器和观测方法委员会第八届会议上通过的太阳常数取值为 1367.69 W/m²。

太阳辐射强度是相当稳定的,只有 0.5%～1.0%的变化,主要表现在各种太阳活动所引起的中远紫外线、X 射线和无线电波的变化(这两部分可称为非定常辐射部分),以及微粒流强度的变化。

1.1.3 地球的卫星

月球是地球唯一的天然卫星,也是人类了解最多的天体。在地球引力的作用下,月球有规律地绕地球运行,构成地月系。由于月绕地、地绕日的运动,我们在地球上才能看到月相的变化以及日食、月食的现象。月球具有相当大的质量,又是距地球最近的天体,所以它的引力作用对地球的影响尤为突出,主要表现在地球上的潮汐现象和自转速度的变慢。

月球是离地球最近的天体,其绕地运行也是一个椭圆轨道,月球在远地点时距离地球 405508 km,近地点时为 363300 km,平均距离为 384404 km。由于月球距地球很近,它的视半径为 $15'32''.6$,与太阳的视半径($16'0''$)相差无几,在地球的天空,太阳和月亮是最显著的天体。实际月球半径约为 1738 km,相当于地球半径的 3/11。月球面积大约是地球表面积的 1/14,比亚洲面积稍小。月球的质量相当于地球质量的 1/81.3。平均密度为 $3.34 g/cm^3$,为地球平均密度的 3/5,这表明月球内部不像地球那样有一个很密的核心。月面上的重力加速度为 $1.62 m/s^2$,约为地球的 1/6。

由于月球表面的重力加速度很小,所以不能保持大气层,月球表面特征与地球有很大的不同。月球表面高低起伏,其结构有环形山、山系、海、月谷和月面辐射纹等特征类型(图 1.3)。月面上较亮的部分多数是山,月面上的山主要不是山脉,而是一些相互不连接的环形山(或称月坑),山作环状,四周高起,中间平地上又常有小山,与地球上的火山口相似,大的直径在 200～300 km 以上,如贝利环形山直径 295 km。月球上也有连绵不断的山系或山脉,它的数目比环形山少得多,大多数以地球上的山命名,如亚平宁山系长达 1000 km。肉眼看月球表面上有一些比较阴暗的地区,过去被称为"海",实际上它们是一些比较广阔的平原。之所以颜色较暗,是因为那里存在着大范围的熔岩流,这是月球上分布最广的地形。月海大多具有圆形封闭的特点,四周是山脉。在月球表面很多区域可以看到一种暗黑的狭窄的弯曲的线条,它们大概是月亮上的深而窄的裂缝,被称为月谷。月球上一些大环形山周围有向四方散发出去的,宽度达几百千米的光亮宽带,被称为月面辐射纹。

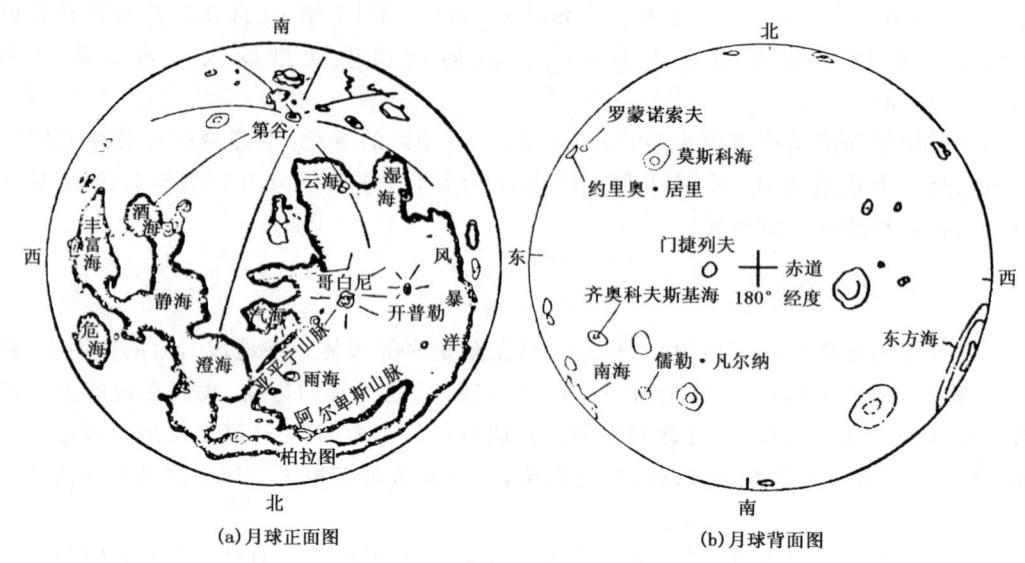

图1.3 月球表面形状分布

由于月球上没有大气,几乎接近真空,所以月球上没有晨昏蒙影现象,白昼和黑夜都是突然来临的。白昼时温度高达127℃,而夜晚温度下降到-183℃。

1.1.4 地球的运动

地球的运动是多种形式运动的综合。地球既有绕地轴的自转运动,又有以太阳为中心的公转运动。同时,地球又随同整个太阳系绕银河系中心运动。

地球自转是一种绕轴的转动,这个轴叫作地轴,是一个假象的轴。地球自转的方向,从北半球上空看是逆时针,从南半球上空看是顺时针,称为自西向东旋转。地球旋转一周所需的时间,叫作一日。为了确定地球自转一周,就需要在地球之外选一参考点,作为计量自转一周的开始和终止的标记。依参考点的不同,地球自转周期可分为恒星日和太阳日。

以某恒星为参考点,将地球中心和参考点中心连一直线,这一直线与地球某一子午线相割,该恒星连续两次通过同一地球子午线的时间间隔即为一恒星日,恒星日是真正的地球自转周期。而以太阳为参考点,太阳中心连续两次通过同一地球子午线的时间间隔即为一太阳日。由于地球在自转的同时绕太阳公转,公转的方向也是自西向东,如图1.4所示,当地球处在E_1的位置时,恒星与太阳均通过地球表面A点所在的子午线,当地球在公转轨道上运行到E_2的位置时,由于地球的自转,恒星已经又一次到达A点,而太阳仍需待地球再自转一段时间后,才能到A点,所以一个太阳日的时间间隔要比一个恒星日长。太阳日较恒星日大约长 4min。严格地说,地球自转的速度并不均匀,有长期变化、季节变化和不规则变化。地球自转长期变化是减慢的,日长在一个世纪大约增加 1～2ms,其原因被认为是地球的潮汐摩擦会使地球自转角动量减少。地球自转速度在春季变慢,在秋季加快,产生的原因与地球的水和大气的季节迁移有关。季节变化的振幅约为 20～25ms。此外地球的自转速度还存在一些不规则的变化。

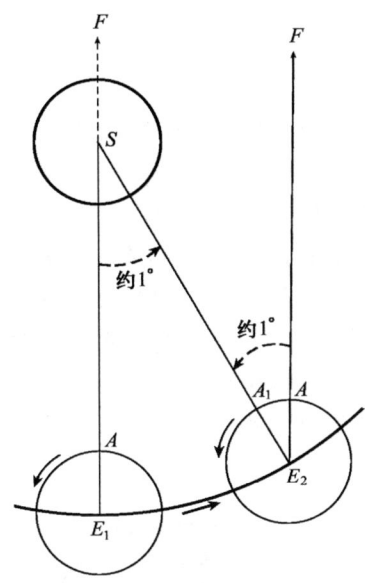

图 1.4 恒星日与太阳日示意图

地球绕太阳运动称为地球的公转。由于地球惯性力及太阳引力的联合作用的结果,地球环绕太阳和地球的共同质量中心旋转,由于太阳的质量是地球的 33 万倍,太阳和地球的共同质量中心实际上与太阳的质量中心非常接近,所以也可以说地球环绕太阳或太阳中心运转。地球公转的轨道是一个近似正圆的椭圆,太阳位于椭圆的两个焦点之一上。地球轨道上距离太阳所在焦点最近和最远的两点,位于椭圆长轴的两端,分别称为近日点和远日点。地球与每年 1 月 3 日左右经过近日点,这时日地距离约为 14710×10^4 km,每年 7 月 3 日左右经过远日点,日地距离约为 15210×10^4 km,日地平均距离约为 14960×10^4 km。

地球环绕太阳 1 周所需的时间,叫作公转周期。地球公转周期为 1 年,由于选取的参考点不同,周期的长度不同。经常使用的有恒星年和回归年。以恒星为参考点,地球公转 360°所需时间,称为 1 恒星年。1 恒星年的长度为 365.256354 平太阳日。恒星年是地球真正的公转周期。回归年是以春分点为参考点,即地球两次经过春分点所需时间,长度为 365.24219 平太阳日。恒星年较回归年长 20min30s,这是由于地轴进动现象使得春分点西移的结果。天文学上把这种恒星年与回归年长度不一的现象称为岁差。

§1.2 天球与天球坐标系

1.2.1 天球的概念

当我们观测遥远的星空时,由于肉眼无法识别天体的远近,视觉上似乎所有天体都镶嵌在一个巨大的半球面上,这个半球形的天空称为天穹。既然天空看起来似乎是一个球面,为便于研究天体的视位置和视运动,人们建立了一个假想的圆球,即以观测者为中心,以任意长为半径的球面,这个假想的球面就称为天球。将天空不同位置的天体 A、B、C、D 沿观测者对于天体的视线,投射到天球球面上的 a、b、c、d(图 1.5),使天体方向间相互关系的研究,简化为球面上点与点之间相互关系的研究。天球虽是人类所假想的,却和人们所直接感受的天穹相符合,因此到目前科学上仍然保留着这个假想的圆球,作为研究天体的视位置和视运动的辅助工具。天球当然并不反映宇宙的本质,客观上也不存在。

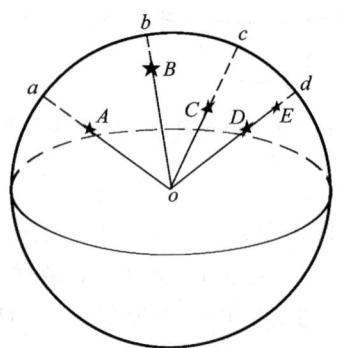

图 1.5 天体在天球的上位置

1.2.2 天球坐标系

为了研究天体的运动,反映天体在天球上的位置变化,需要在天球上建立坐标系。由于研究的对象和内容的不同,需建立不同的天球坐标系。常用的天球坐标系有赤道坐标、地平坐标和黄道坐标等。这几种天球坐标均为球面坐标,但它们的基本点和基本圈不同。

1.2.2.1 天球上的基本点和圈

我们把地球自转轴无限延长的直线称为天轴,天轴与天球相交于两点 P 和 P',称为天极,对应于地球北极的 P 点叫作北天极,对应于地球南极的 P' 叫作南天极。天轴是一条假想的直线,天球绕着它作周日旋转,形成我们所见的天体东升西落的周日视运动,实际上是地球自转的反映。在天球的周日旋转中,天极 P 和 P' 是天球上不动的点,而天球上其他位置上的每一个天体 X,随天球旋转一周后,都在天球上画出一个彼此平行的圆,称为周日平行圈。通过天球中心 O 作一平面 QOQ' 与天轴垂直,这一平面称为天球赤道面。它与地球赤道面平行,天球赤道面与天球相交所截出的大圆称为天赤道,如图 1.6(a)所示。

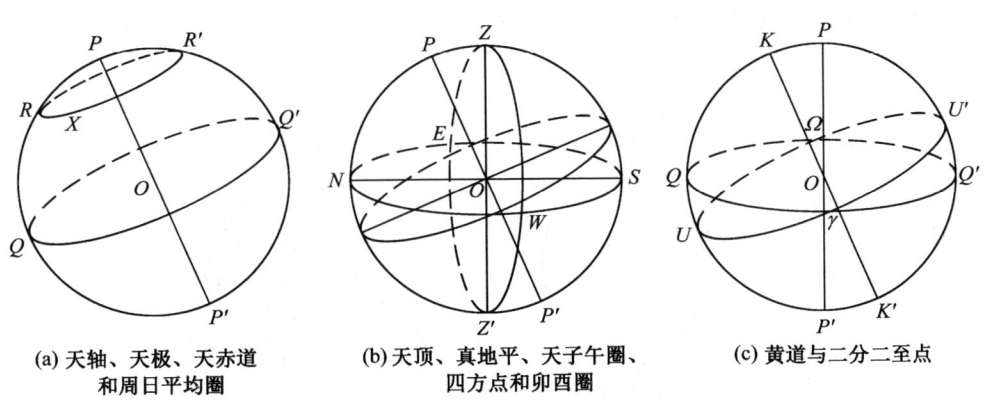

(a) 天轴、天极、天赤道 和周日平均圈

(b) 天顶、真地平、天子午圈、四方点和卯酉圈

(c) 黄道与二分二至点

图 1.6 天球上的基本点和圈

通过天球中心 O 做一直线与观测地点的铅垂线平行,它与天球相交于 Z 和 Z' 两点,交点 Z 位于观测者头顶之上,称为天顶,而 Z' 则称为天底。通过天球中心 O 作一平面 $ESWN$ 与 ZZ' 垂直,这一平面称为天球地平面,它在天球上所截的大圆 $ESWN$ 称为真地平。过北天极 P 和天顶 Z 所做的大圆 $PZP'Z'$ 称为天子午圈。天子午圈和真地平相交于点 N 和点 S,靠近北天极的 N 点称为北点,和它对应的 S 点称为南点。若观测者面向北,则在其右方距南北各点各 $90°$ 的点 E 称为东点,而和东点相对的点 W 称为西点,东点和西点正好是天赤道和真地平的交点,点 E, S, W, N 合称四方点,如图 1.6(b)所示。

通过天球中心 O 作一平面与地球公转轨道平行,这一平面 $U\gamma U'\Omega$ 称为黄道面。它在天球上截出的大圆称作黄道。过球心垂直于黄道面的直线交于天球上两点,为黄道的极,靠近北天极的 K 称为北黄极,相对的另一个 K' 称为南黄极。黄道面和天赤道面的夹角叫作黄赤交角,它约为 $23°27'$。黄道和天赤道的两个交点 γ, Ω 分别称作春分点和秋分点,如图 1.6(c)所示。从北天极上观察,当黄道以逆时针方向由天赤道以南穿到天赤道以北时的交点为升交点,当黄道由天赤道以北穿越到天赤道以南时的交点为降交点。春分点即为升交点,秋分点就是降交点。

1.2.2.2 地平坐标系

地平坐标系取以真地平为基本圈。天球上可作无数个与地平圈相平行的小圆,称为地平纬圈。通过天顶所作垂直于真地平的大圆叫作地平经圈。地平经圈和地平纬圈是构成地平坐标系的基本要素。如图1.7(a)所示,天体 X 所经过的地平经度以南点 S 起按顺时针计量,由 $0°$ 到 $360°$,或从南点分别向东和向西计量,由 $0°$ 到 $\pm180°$,向西为正,向东为负。地平经度常 $\angle SOM$ 被称为方位角,记为 A,这是地平坐标系的第一个坐标。地平坐标系的第二个坐标是地平纬度,又称地平高度,记为 h。即天体到地平面的角距离 $\angle XOM$,以地平圈起算,到天顶为 $0°\sim+90°$,到天底为 $0°\sim-90°$。习惯上,人们也常用天体到天顶的角距离 $\angle XOZ$ 来表示第二坐标,称为天顶距,用符号 z 表示,显然有 $z=90-h$。

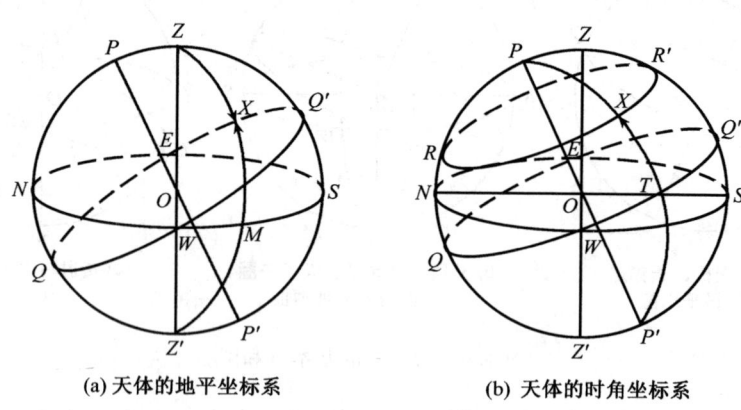

(a) 天体的地平坐标系   (b) 天体的时角坐标系

图1.7 天体的地平坐标系与时角坐标系

1.2.2.3 时角坐标系(第一赤道坐标系)

时角坐标系以天赤道为基本圈,北天极是时角坐标系的极,如图1.7(b)所示。过天极的大圆称为赤经圈 $PXTP'$(或时圈),与天赤道 $QWQ'E$ 平行的小圆 RXR' 称为赤纬圈。时角坐标系的第一个坐标是天体 X 的赤经度,称为时角,记为 t。从天子午圈上的 Q' 点量起,沿顺时针方向,由 $0°$ 到 $360°$,或者由 Q' 点起分别向两边计量,由 $0°$ 到 $\pm180°$,向西为正,向东为负。时角的大小也可用小时来量度,$0\sim24h$,每小时对应 $15°$。第二个坐标称为赤纬,记为 δ,也就是天体与天赤道面的角距离 $\angle XOT$,从天赤道量起,向北天极方向为正,向南天极方向为负,由 $0°$ 到 $\pm90°$。

1.2.2.4 赤道坐标系和黄道坐标系

在时角坐标系中,由于天球的周日旋转,天体的赤纬 δ 不随时间而变,只使时角 t 发生变化。时角以天子午圈为起始圈,它与观测者的地理位置有关,为建立一个不随测点而变的坐标系,就要选取一个在天球上与测点无关的点,为此,选择春分点 γ 为原点计量赤经度,记为 α。赤纬计量不变。这样建立的坐标系称为第二赤道坐标系,常简称为赤道坐标系。由于春分点和天体一起作周日视运动,即春分点 γ 与天体 X 之间的相对位置不变,所以在赤道坐标系中的两上坐标 α,δ 都不随周日视运动而变化,也不随观测地点而变。

黄道坐标系则以黄道为基本圈,北黄极为坐标系的极,辅助圈有通过北黄极且垂直于黄道的大圆——黄经圈,以及平行于黄道的小圆——黄纬圈。天体的位置由黄经和黄纬来决定,黄经从春分点起沿黄道按反时针方向量度,由 0°到 360°,记为 τ。黄纬由黄道向南北黄极分别计量,由 0°到 ±90°,黄道以南取为负值,黄道以北取为正值,记为 β。黄道坐标系常用于表示太阳系内天体的位置。

1.2.3 不同坐标间的关系

我们已知天体在天球上的位置可用任何一种天球坐标系的一对坐标值来确定。在实际工作中,往往需要由已知的某一种天球坐标系导出另一种坐标系的对应坐标。为此,需要讨论不同坐标系之间的关系。

1.2.3.1 地理纬度与天文纬度

从图 1.8 上可以推导出如下关系:测点的地理纬度 φ 等于天极 P 的地平纬度(或高度)h_P,也等于测点的天顶 Z 的赤纬 $δ_Z$ 即

$$\varphi = h_P = \delta_Z$$

1.2.3.2 地平坐标系和时角坐标系之间的关系

要把任一天体的地平坐标变换为时角坐标,或者反过来,把时角坐标变换为地平坐标,需要利用天极 P,天顶 Z 和天体 X 所构成的一个球面三角形,称为天文三角形,如图 1.9。这个天文三角形构成了地平坐标和时角坐标之间的相互关系。利用球面三角函数关系的有关定理,通过天文三角形可得到有关地平坐标和时角坐标的转换公式。

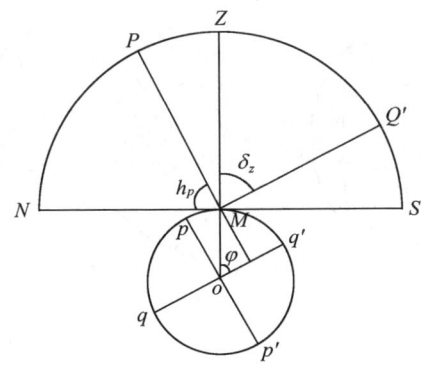

图 1.8 地理纬度和天文纬度的关系

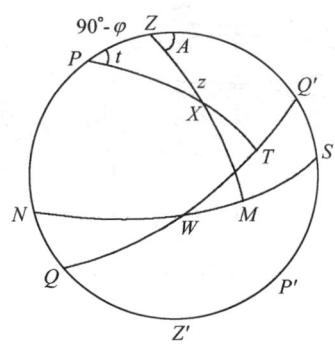

图 1.9 地平坐标与时角坐标的变换

(1)已知天体的天顶距 z 和方位角 A,求赤纬 δ 和时角 t 在天文三角形上应用球面三角的正弦、余弦等公式,可得出下列转换公式

$$\sin\delta = \sin\varphi \cos z - \cos\varphi \sin z \cos A \tag{1.1}$$

$$\cos\delta \sin t = \sin z \sin A \tag{1.2}$$

$$\cos\delta \cos t = \cos z \cos\varphi + \sin z \sin\varphi \cos A \tag{1.3}$$

若观测地点的纬度 φ 已知,联合应用式(1.1)、式(1.2)和式(1.3),就可以确定 δ 和 t。

(2)已知天体的时角 t 和赤纬 δ,求天顶距 z 和方位角 A 在天文三角形上应用球面三角函数关系公式,可得到下列转换公式

$$\cos z = \sin\varphi \sin\delta + \cos\varphi \cos\delta \cos t \tag{1.4}$$

$$\sin z \sin A = \cos\delta \sin t \tag{1.5}$$

$$\sin z \cos A = -\sin\delta \cos\varphi + \cos\delta \cos\varphi \sin t \tag{1.6}$$

当观测地点的地理纬度 φ 已知时,利用式(1.4)、式(1.5)和式(1.6),就可确定 z 和 A。

1.2.4 天体在天球坐标中的视运动

1.2.4.1 天体的周日视运动

天体的周日视运动现象是地球自转的反映,在地球上不同地点和不同时间、季节,天体周日视运动的形态有所不同。

(1)不同纬度所见的天体周日旋转

天极的地平高度等于观测地点的地理纬度,在地球上纬度不同的地方,天极的高度不同,观测到的天球旋转的情况也不同。在地球两极(φ=90°),天极和天顶重合,天赤道 QQ' 与真地平重合。北天球上所有恒星永远在地平面以上,天体的周日平行圈都与真地平平行,每个恒星都不升不降,地平高度角不变(图 1.10a)。对于北极的观测者,他们永远看不到南天球的恒星;而南极的观测者则永远看不到北天球上的恒星。当观

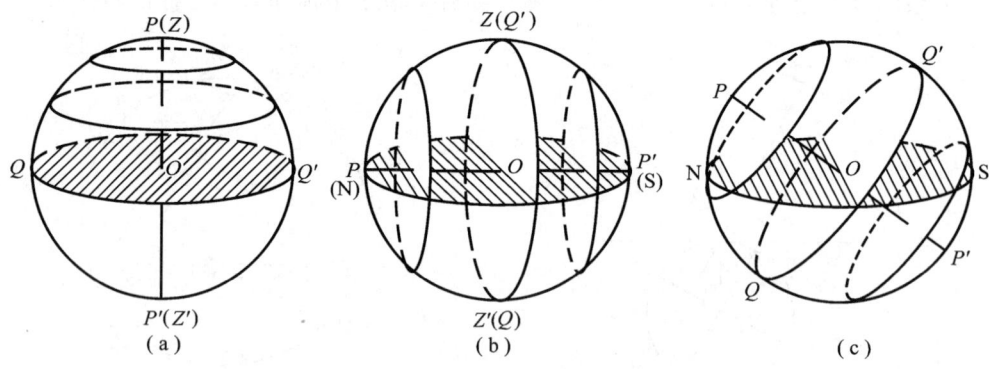

图 1.10 在不同纬度处天球的周日旋转

测者处于赤道上($\varphi=0°$)时,地理纬度和天极的地平高度都为零,北天极 P 到北点 N 重合,南天极 P' 与南点 S 重合,天赤道通过天顶和天底,所有的周日平行圈都垂直于真地平。因此可以看到全天球的天体,它们都在垂直于地平线的方向直升直落,每日有 12h 在地平以上,12h 在地平以下(图 1.10b)。而对于两极和赤道之间的观测者来说,天轴与真地平成一侧角 φ,周日平行圈的倾角为 $90°-\varphi$,当观测者在北极附近时,周日平行圈与地平的交角很小,当观测者向低纬度移动时,天极 P 的高度逐渐下降,周日平行圈与地平的交角逐渐增大,则可以看到的南天球的天体逐渐增多(图 1.10c)。从图 1.11 可以看出,在小圆 NH 以内(赤纬 $\delta \geqslant 90°-\varphi$)的天体地平高度总是大于或等于零,即总在地平面以上,称为永不下落的星,或称恒显星。而在小圆 SL 以内的天体地平高度总是小于零,即处于地平面以下,称为永不上升的星,或称恒隐星。观测点的地理纬度越高,则永不上升和永不下落的天体越多。

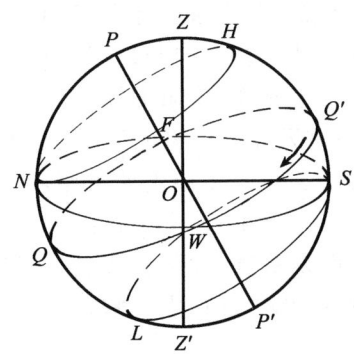

图 1.11　永不上升和永不下落的天体

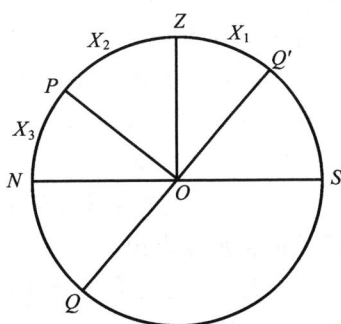

图 1.12　天体的中天

(2)天体的中天和出没

天体通过观测者的天子午圈时称为中天。由于天球的周日旋转,每个天体每日有两次中天,如图 1.12 所示,一次在北天极以南,即它经过天顶所在的半个天子午圈时,天体达到最高位置,称为上中天;另一次在北天极的下方,即天体经过天底所在的半个天子午圈时,天体达到最低位置,称为下中天。天体中天时的地平高度的计算公式为

1)于天顶以南上中天的天体

$$h=90°-\varphi+\delta$$

2)于天顶以北上中天的天体

$$h=90°+\varphi-\delta$$

3)于下中天的天体

$$h=\varphi+\delta-90°$$

如果下中天时天体的高度 $h>0$,则天体永不下落。而上中天时的高度 $h<0$,则天

体永不升起。

天体经过观测者的地平圈时称为出没,或称升落。天体在出没的瞬间位于测点的地平圈上,天顶距 $z=90°$,由于 $\cos z=0$,根据式(1.4),可得

$$\cos t = -\tan\varphi \tan\delta \tag{1.7}$$

天体出没时的方位角 A 可根据式(1.1)来求,由天体出没时 $\cos z=0$,$\sin z=1$,式(1.1)可变为

$$\cos A = -\sin\delta/\cos\varphi \tag{1.8}$$

1.2.4.2 太阳的周年视运动

地球的自转对观测者的视觉效应是天球的周日旋转,反映在天球上即天体的周日平行圈。地球在自转的同时还围绕太阳和地球的共同质量中心旋转,即公转。地球公转在天球上的视觉效果是太阳沿黄道在星际空间的周年视运动。从图 1.13 上看,当地球位于 E 时,太阳在观测者的直觉上位于天球 S 点,当地球运行到 E_2 时,太阳在天球的位置运行到 S_2 点,即太阳在天球上的周年视运动运行方向与地球公转方向相同,为自西向东。由于其他恒星在天球上的相对位置基本不变,太阳的周年视运动也表现为太阳在星际间的穿行运动,如果我们在一年里的每天日落后的一个相同的时刻(如日落后 2h)观察星空形象的变化,就会发现原来在南方天空子午圈上的星座,一两个月后就移到了西方,而原来在西方地平线以上的星座已在地平以下看不见了,一年以后在相同的日子里又重复出现。天球上太阳运行的轨迹即是黄道,太阳在黄道上运动一周穿过十二个星座,它们分布在黄道两侧各 8°宽的带内,称作黄道十二宫。从春分点起每隔 30°为一宫,依次有双鱼、白羊、金牛、双子等。

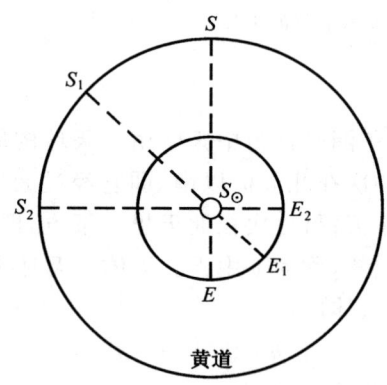

图 1.13 太阳的相对位置

黄道面与天赤道面有 $23°27'$ 的交角,即黄赤交角,常用 ε 表示。由于它的存在,太阳的周年视运动表现为对天赤道的往返运动,称为太阳的回归运动。"回归"就是指来

回反复的意思,太阳在天球上对于天赤道的角距离就是太阳的赤纬,太阳的回归运动表现为太阳赤纬在 $23°27'\sim-23°27'$ 之间的周期性变化。太阳在地球上的直射点,是在该时刻与太阳赤纬相同的地理纬度上,并且有相同的周期性变化。天球上的太阳及其在地球上的直射点的周期性转向移动现象发生在 $\pm23°27'$ 纬度圈之间,因此,这种特定的纬度圈称为回归线,$23°27'$ 纬度线称为北回归线,$-23°27'$ 纬度线称为南回归线。太阳回归运动的周期称为回归年。

§1.3 时间的计量

运动是物质存在的基本形式,而运动的本质是空间和时间的直接的统一。物质的运动永远是在空间和时间中进行的,所以时间是物质的基本属性之一。

1.3.1 时间的概念和计量时间的基本原则及计量系统

通常所说的时间包含有两种含义:一是表示时刻;二是指时间间隔。时刻是无限时间中的某一瞬间,即时间的位置,对另一瞬间来说,含有早或迟之意。时间间隔是指两个时刻之间的间隔,表示时间的长短,含有久或暂的意思。

要量度时间,就需要时间单位,正如其他的度量单位一样,计量时间的单位也尽可能地保持不变。但它不同于其他长度单位或重量单位,我们无法制造一个标准原器并把它保存起来。不过时间和物质的运动总是分不开的,为了保持时间单位的不变性,可利用物体的等速运动来计量时间。钟、表等所以能够计时,就是因为钟的摆、表的游丝的运动是一种匀速运动。在自然界中地球的自转是匀速的,具有固定周期的运动,所以人们就很自然地把地球的自转作为计量时间的标准原器,取地球自转一周的作为计量时间的基本单位,这就是大家所熟悉的"日"。比日更大的时间单位(如年和月)通常用日的整倍数来表示,而比日小的单位(如时、分、秒)都是日的等分。地球自转是基本匀速的,它能满足一般的科学研究的日常工作的需要。

量度时间,首先要建立一个计量系统,但是单个物体的运动是不存在的,存在的只是一些物体对另一些物体的相对运动。要观察地球的自转,只有利用地球以外的物体才有可能。人们常利用太阳、恒星或天球上某个假象点来观察地球的自转,参考天体两次经过地球上任意一点的子午圈的时间间隔称作 1 日。由于选取的参考点不同,就有不同的时间计量系统。如恒星日、真太阳日、平太阳日等。

近代研究结果表明,地球自转也不是完全均匀的,近 2000 年以来,1 天的长度在一个世纪中会增加 0.0016s,同时地球自转速度还有不规则的变化和季节的变化。所有这些变化都是非常微小的,对一般的科学问题可以不必考虑,但不能满足精密科学研究对时间精度的要求。国际上采用原子时作为时间计量系统,以满足精密科学研究的需求。原子时是由原子钟(一种天文观测工具)导出的时间,它是以物质内部原子运动的特征为基础的。对于一种元素的原子在某两条确定的轨道之间跃迁,其振荡频率极为稳定。用这种原子振荡频率建立的均匀时间系统即为原子时。原子时的计量基本单位是原子秒长,1967年第13届国际度量衡大会定义,原子秒长的时间长度是铯原子基态两个超精细能级间在零磁场下跃迁辐射9192631770周所持续的时间,每86400原子秒为1日,起点为1958年1月1日0时。

1.3.2 恒星时与太阳时

1.3.2.1 恒星时

恒星时是以地球自转为基础的时间计量系统。观测天球上恒星或某一固定点旋转一周的周期,可得到恒星时的计量系统。以天球上春分点连续两次通过某地子午圈的时间间隔为1恒星日,它是恒星时的基本单位。1恒星日分为24个恒星时,1恒星时分为60恒星分,1恒星分又划分为60恒星秒。所有这些计量单位称为计量时间的恒星单位,简称恒星时单位。恒星时以春分点在该地上中天的瞬间作为起点,春分点在周日视运动中,它的时角均匀的由0°增加到360°,或采用0时增加到24时,所以地方恒星时在数值上等于以小时为单位的春分点的时角。恒星时在日常生活中很少使用,多用于天文工作中。与平太阳时比较,一个恒星日只有23h 56min 4.09s。由于地球本身存在岁差现象,春分点的位置沿黄道每年西移50″.24,所以恒星日比实际的地球自转周期短0.009s。

1.3.2.2 太阳时

太阳相继两次经过同一地方子午圈所经历的时间间隔为1太阳日。太阳日有真太阳日和平太阳日之分,所以也就有两种太阳时。

(1)真太阳时

真太阳时是依据太阳视圆面中心的周日运动而建立的时间计量系统。太阳视圆面中心连续两次通过某一子午线的时间间隔为1真太阳日。以太阳视圆面中心上中天的时刻为起点,这一时刻称真正午,而太阳视圆面中心下中天的时刻称为真子夜。1真太阳日分为24个真太阳时,1真太阳时又分为60个真太阳分,1真太阳分又分为60真太阳秒,这种时间计量系统称为真太阳时,简称真时(或视时)。

一个地方的真太阳时是以太阳视圆面中心在该地上中天的瞬间作为真太阳时的零时,真太阳时就是太阳的时角,而在人们的日常生活中习惯的起算点是真子夜,因此,真太阳时在数值上等于太阳视圆面中心的时角加上12h。

由于地球公转的椭圆轨道,由开普勒行星运动定律可知,太阳周年视运动是不均匀的,在近日点速度快,远日点慢,所以近日点附近真太阳日长,远日点附近真太阳日短。其次由于黄赤交角的存在,即黄道面与天赤道面不平行,即使视太阳在黄道上是匀速运动(黄经的增加是均匀的),视太阳的赤经(时角)变化也不会是均匀的。因此真太阳时在一年中不是常量,最长和最短的真太阳日相差达 51s,使用起来很不方便,为此须建立一个均匀的,又和真太阳时相差不大的时间计量系统——平太阳时。

(2)平太阳时

为建立一个均匀等长的按太阳计量时间的系统,首先设想在黄道上有一个作等速运动的假想点,其运动速度等于太阳的平均速度,并和太阳同时经过近日点和远日点,再引入第二个假想点,它在天赤道上做匀速运动,速度与黄道上的第一个假想点相同,并大致同时通过春分点。这第二个假想点称为平太阳,它在天球上的周年视运动是均匀的。

平太阳连续两次通过某观测地点天子午圈的时间间隔为 1 平太阳日。平太阳在观测地点上中天的时刻称为平正午,下中天的时刻称为平子夜,并以平子夜作为起算点。1 平太阳日分为 24 平太阳时,1 平太阳时分为 60 平太阳分,1 平太阳分又分为 60 平太阳秒,统称为计量时间的平太阳单位,简称平太阳时单位。这就是我们日常所用的时间单位。按系统计量的时间称为地方平太阳时,简称平时。

真太阳时与平太阳时之差称为时差,即:

$$时差 = 真时 - 平时$$

平太阳是一个假想点,是无法直接观测的,因此由观测真太阳来求平太阳时,就需要加时差来订正。反之,也可由平太阳时加时差来求真太阳时。时差与观测地点无关,只与观测日期有关,在一年中有两次极大,两次极小,四次为零(图 1.14)。

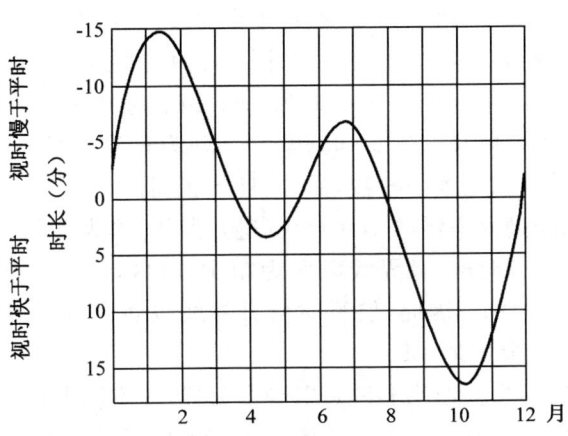

图 1.14　时差曲线

1.3.3 地方时与标准时

1.3.3.1 地方时

计量时间都以天体(恒星或太阳)的时角为依据的,而天体的时角是以观测点的子午圈为起算点,不同地理经圈的观测点都有自己的子午圈,由不同的天子午圈计量的时间是不同,所以每一个观测地点都有各自的计量时间系统,称为地方系统,计量所得的结果称为地方时。恒星时、真太阳时和平太阳时都是地方时。同一经度上的观测点,地方时相同,不同经度上的观测点,地方时不同,经度每差15°,地方时相差1小时。全世界有千千万万个地方时,在人类交往频繁的当今社会里,地方时各地不统一,就易发生混乱。为克服这个缺点,国际上在平太阳时的范围内,创造了标准时制度。

1.3.3.2 标准时(区时)

以某一标准子午线的地方时为邻近地区的共同时间,这样的时间计量称为标准时,或称为区时。1884年在华盛顿举行的国际子午线会议上制定了区时制度,将全世界划分为24个时区,每一时区跨越经度15°。以英国伦敦格林威治天文台(旧址)所在的子午线作为时间和经度计量的标准参考子午线,称其为本初子午线,即地理经度零度线。本初子午线的地方平太阳时,即为格林威治时间,又称世界时。从本初子午线开始,分别向东和向西每隔15°确定一条经线为标准时线,即东经15°、30°、45°、…、180°和西经15°、30°、45°、…、180°。在标准时线东西各7.5°经度范围内属于同一时区。在同一时区内,都采用本区标准时线的地方平太阳时作为全区的统一时间,称为区时,又称标准时。本初子午线的时区为零时区,向东依次为东1区、东2区、…、东12区,向西依次为西1区、西2区、…、西12区。东西12时区都是半个时区,共同以180°经线为标准时线。相邻的两个时区的区时相差1h,而分、秒数相同。不相邻的两个时区的区时差为两个时区的区号差,如东8区与东5区的区时差为3h。位置偏东的时区的区时早,位置偏西的时区的区时迟,如东8区是上午10时,东5区则为早晨7时。区时系统的主要优点就是不同时区的时间只相差整小时数,而分、秒数相同。

国际上规定,把经过太平洋的180经线(避开岛屿)作为国际日期变更线,简称日界线。日界线以东为西12时区,日界线以西为东12时区,两者时间相同,日期相差1d,即东12区比西12区早1d。因此,航行时由日界线以西穿越日界线,到达西12区时,日期要减少1d。反之,要增加1d。

时区的界线和日界线从理论上说是以经线为界,在实际上,还要考虑政区界线和自然界线(山脉、河流),以尽量避免同一政区有不同的时间或日期所带来的不便,所以日界线和时区界线有时也存在弯曲,与理论上略有不同。大多数国家都采用区时为单位的标准时,它们与世界时相差整小时数。不过,也有的国家采用其首都或适中地点的地方时为本国的统一时间,它们与世界时相差不是整小时数。另外还有的国家按照本国的需要,所用的统一时间与世界时相差整半小时。

我国东西跨越东5、东6、东7、东8和东9共5个时区,我国规定采用首都北京所在的东8区的区时为全国统一的时间,称为北京时间。北京时间是东经120°的地方平时,并不是北京(东经116°20′)地方时,两者相差约14.5min。北京时间与世界时的关系是

$$北京时间=世界时+8 小时$$

§1.4 季节与昼夜

地球一面不停地绕地轴旋转,一面环绕太阳公转,从而在地球上产生了昼夜交替、季节变化和自然地带性差异等现象。由于太阳直射点在南北回归线之间作周期性往返移动,所以地球上的白昼长度和太阳高度都会产生周期变化和纬度差异,因而形成天文上的四季和五带。它们是气候上季节和气候带划分的天文学基础。

1.4.1 太阳高度的变化

对一个地点来说,太阳高度就是指太阳光入射方向与地平面之间的夹角,用 h 表示,它在数值上等于太阳在天球地平坐标系中的地平高度(纬度)。如果不考虑大气的削弱作用,地面上单位面积所接受的太阳辐射通量为

$$I=I_0\sin h \tag{1.9}$$

式中 I_0 为太阳常数。该式表明太阳高度越高,地面上单位面积所接受的太阳辐射热量越多,这是因为对同一束阳光,直射地面时所照射的面积比斜射时小,因此单位面积上的辐射强度必然要大于斜射时。太阳高度是决定地球表面获得太阳热能数量的最重要因素。

太阳高度角随地方时(时角)和太阳的赤纬而变。将太阳的赤纬 δ 和时角 t 代入式(1.4),并利用关系 $z+h=90°$,可得太阳高度角的计算公式

$$\sin h=\sin\varphi\ \sin\delta+\cos\varphi\ \cos\delta\ \cos t \tag{1.10}$$

同一地点一天内太阳高度角是不断变化的,由日出时的零度逐渐变大,正午时最大,此后再逐渐变小到日落时的零度。我们以正午时的太阳高度角为讨论对象,分析其变化规律。正午时时角 $t=0$,$\cos t=1$,以 H 表示正午的太阳高度角,则有

$$\sin H=\sin\varphi\ \sin\delta+\cos\varphi\ \cos\delta \tag{1.11}$$

由三角函数变换得 $\qquad\sin H=\cos(\varphi-\delta) \tag{1.12}$

进一步分析可得 $\qquad H=90°-(\varphi-\delta) \qquad$ (对北半球) $\tag{1.13}$

或 $\qquad H=90°-(\delta-\varphi) \qquad$ (对南半球) $\tag{1.14}$

从式(1.13)可讨论北半球正午太阳高度的季节变化和纬度分布。

(1)正午太阳高度的季节变化

在赤道上，$\varphi=0°$，则 $H=90°+\varphi$。春分日和秋分日太阳赤纬 $\delta=0°$，则 $H=90°$，即两分日正午太阳直射赤道。在夏至日和冬至日有 $H=90°\pm23°27'$，取值太阳高度都是 $66°33'$，不过夏至日太阳在天顶以北，而冬至日太阳在天顶以南。

在北回归线上 $\varphi=23°27'$，$H=90°-23°27'+\delta$。夏至日正午太阳直射北回归线上 $H=90°$，两分日 $H=66°33'$ 冬至日该地太阳高度最低 $H=43°06'$。

在赤道与北回归线之间，$0°<\varphi<23°27'$，夏半年中有两次 $\delta=\varphi$，此时 $H=90°$，即有两次太阳直射的机会。在北回归线以北，$\varphi>23°27'$，$\varphi-\delta$ 总是大于零，H 总是小于 $90°$，即北回归线以北没有太阳直射的机会。

在北极圈上 $\varphi=66°33'$，$H=90°-66°33'+\delta$，夏至日 H 最高，为 $46°54'$，两分日 $H=23°27'$，到冬至日 $H=0$，即太阳并不升起。而在北极点，$H=\delta$，正午太阳高度的季节变化就是太阳赤纬的季节变化，在冬半年，$\varphi<0°$，太阳不升起，即极夜现象。

由 $H=90°-\varphi+\delta$ 可知，从春分到夏至，在太阳直射纬线以北地区，正午太阳高度均逐日增加。从夏至到秋分，太阳直射纬线以北地区正午太阳高度逐日减少。从秋分到冬至，整个北半球正午太阳高度逐日减少。从冬至到春分，整个北半球的正午太阳高度又逐日增加。

(2)正午太阳高度的纬度分布

在春分和秋分日，$\delta=0°$，所以 $H=90°-\varphi$，正午太阳高度在赤道为直射，向北向南减小，至两极为零。

在夏至日太阳赤纬 $\delta=23°27'$，$H=90°-(\varphi-23°27')$，在北回归线上正午太阳高度为 $90°$，向北向南减小，到北极为 $23°27'$，到赤道 $H=66°33'$，至南极圈减为 $0°$，在冬至日，正午太阳高度在南回归线上为 $90°$，向南向北减小，北极圈上为 $0°$。

1.4.2 昼夜长短的变化

1.4.2.1 昼夜及交替

由于太阳只能照射面向太阳的一半地球表面，按照向着太阳和背着太阳的不同，可将地球分为向着太阳的昼半球和背着太阳的而被地球自身的阴影所笼罩的夜半球。昼夜两半球之间的界线是一个大圆，称为晨昏线。由于地球不断自转，昼夜也不断交替，晨昏线所通过的地点经历着一天的早晨和黄昏。

理论上晨昏线是平分昼夜半球的大圆，但由于地球大气的折射作用，地平面以下 $34'$ 的光线能够折射到地面上来。另外，太阳不是一个点光源，而是一个具有约 $16'$ 视半径的发光面，当太阳中心在地平圈以下 $16'$ 时，地平面上就能见到阳光了。因为这两个原因，昼半球扩展了 $50'$。昼半球大于夜半球。但为使问题简化，可将晨昏线按等分昼夜半球的大圆来处理。此外，由于大气的散射作用，使昼半球上空的部分太阳光进入夜半球边缘上空，在地球上出现"晨昏蒙影"现象，也称"曙暮光"，即日出前和日落后一段时间内天空呈现微弱光亮的现象。

1.4.2.2 昼夜的长短

在天球的地平坐标系上,太阳周日旋转视圈在地平圈以上的弧长代表白昼的长度,称为昼弧(图1.15)。在太阳的出点 L 和没点 M 上,太阳高度角 h 为 $0°$。由式(1.4)可得

$$\cos t = -\tan\varphi \tan\delta \tag{1.15}$$

对某一纬度 φ 和太阳赤纬 δ,由上式可求出半个昼弧的时角 t,按每 $15°$ 为 1 小时将时角 t 换算为时间,再乘以 2,即得到白昼的时间长度。用 24 小时减去白昼的时间就是夜晚的时间长度。由于太阳赤纬的季节变化,一地的昼夜长短也随之变化。同一日期,不同纬度昼夜长短也有变化。

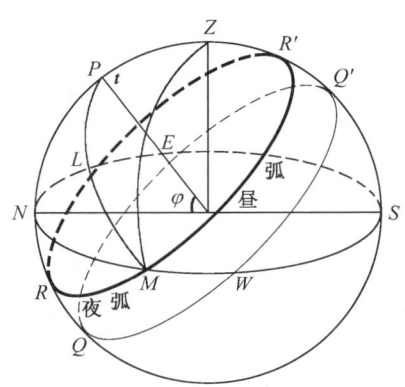

图 1.15 昼弧和夜弧

(1) 昼夜长短的纬度分布(北半球)

不同的日期,由于太阳赤纬不同,昼长随纬度的分布有不同的情况。

在赤道上,$\varphi=0°$,由式(1.15),$\cos t=0$,时角 $t=90°$,白昼的时间都是 $2\times 90°\div 15°=12(h)$,不论太阳赤纬为多少,赤道上总是昼夜平分,没有季节变化。

在春分日和秋分日,$\delta=0°$,由式(1.15),$\cos t=0$,时角 $t=90°$,地球上所有的纬度(两极点除外),白昼的时间为 $2\times 90°\div 15°=12(h)$。即全球都是昼夜平分,没有纬度差异。

夏半年,太阳赤纬 $\delta \geqslant 0°$,由式(1.15),$\cos t<0$,时角 $t>90°$,即北半球的昼长于夜。而且随着纬度 φ 的增加,$\cos t$ 的绝对值增大,由余弦函数的性质,t 随之增加,就是说夏半年北半球昼长随纬度增加。当太阳赤纬达到最大时,$\delta=23°27'$,也就是夏至日,在北极圈上,即 $\varphi=90°-\delta$ 处,代入式(1.15),$\cos t=-\tan(90°-\delta)\tan\delta=-\cot\delta\tan\delta=-1$,所以 $t=180°$,白昼的长度为 24h,也就是极昼现象。

冬半年,由于 $\delta<0°$,所以 $\cos t>0$,时角 $t<90°$,即冬半年北半球的白昼比夜晚时间短。并且随着纬度 φ 的增加,$\cos t$ 增大,由余弦函数的性质,t 减小,即北半球冬半年昼长随纬度减少。在冬至日,$\delta=-23°27'$,北极圈上 $\varphi=90°+\delta$,代入式(1.15),$\cos t=-\tan(90°+\delta)\tan\delta=\cot\delta\tan\delta=1$,所以 $t=0°$,白昼长度为零,也就是极夜现象。

(2)昼夜长短的季节变化

对于赤道以外的北半球地区,在春分日,所有纬度昼夜平分。春分以后,太阳赤纬 $\delta>0°$,且不断增加。此时 $\cos t<0$,昼长大于 12h,随着太阳赤纬的不断增加,$\cos t$ 不断减(绝对值增大),根据余弦函数的性质,t 是不断增大,既春分后北半球所有纬度上白昼逐日变长,到夏至日达到最大。此后太阳赤纬 δ 逐日减小,$\cos t=-\tan\varphi\tan\delta$ 不断增大(绝对值减小),t 随之减小,即白昼逐日变短。到秋分日 $\delta=0°$,$\cos t=0$,也是所有纬度昼夜平分。此后,$\delta<0°$,$\cos t>0$,$t<90°$,此时昼长短于夜长,随着 δ 的不断变小,$\cos t$ 不断增大,t 逐日变小,即所有纬度上昼长逐日变短。到冬至日太阳赤纬最小,昼长最短。此后随着太阳赤纬的逐步增加,到春分日再度昼夜平分。

1.4.3 季节与地球的五带

由于地球的公转以及黄赤交角的存在,太阳直射的纬度在南北回归线之间往返,地球上昼夜长短和太阳高度产生纬度差异和季节变化,使南北半球各个部分所接受的太阳热量不同,从而产生冷热变化,因此出现了寒暑交替的春夏秋冬四季变化。夏季就是一年内白昼最长,太阳高度最高的时期;冬季则是一年中白昼最短、太阳高度最低的时期;春秋两季就是冬夏季节的中间过渡季节。

季节的形成和特征首先是天文的因素,其次才是地理的原因。在赤道两侧的低纬地区,昼夜长短和太阳高度终年变化不大,全年获得的太阳辐射能很多,气温高,季节交替不明显;在极地附近的高纬地区,昼夜长短变化很大,由极夜到极昼,全年太阳高度角都很小,只有冬夏之分,没有春秋过渡季节;在中纬度地区,昼夜长短和太阳高度变化都很大,四季分明。

天文学上划分四季是以太阳在黄道上的视位置为依据的。西方国家是以二分日和二至日为界限的,从春分日到夏至日为春季;夏至日到秋分日为夏季;秋分日到冬至日为秋季;冬至日到春分日为冬季。我国天文学上划分四季,是以"四立"为季节的开始。自立春到立夏为春季;立夏到立秋为夏季;立秋到立冬为秋季;立冬到次年立春为冬季。把全年分成大致相等的四个季节,二分二至日为各季的中点。

气候学上划分四季更多的考虑气温因素,与天文学上划分的四季不尽相同,夏至日日照时间最长、太阳高度最高,但气温并不是最高,冬至日也不是最冷。我国气候上将日平均气温 $\geqslant 22℃$ 为夏季,日平均气温 $\leqslant 10℃$ 为冬季,介于 $10℃$ 到 $22℃$ 之间为春季和秋季。我国通常将大部分地区最热的 6 月、7 月、8 月作为夏季,气温最低的 12 月、1

月、2月作为冬季,3月、4月、5月为春季,9月、10月、11月为秋季。在不同的气候区,划分季节的方式和标准可能不同。

根据接受太阳热量的多寡程度,可将地球表面划分为热带、南、北温带和南、北寒带五个热量带,简称五带(图 1.16)。其划分是依照太阳高度和日照时间长短来决定的,所以在气候学上被称为天文气候带和数理气候带。

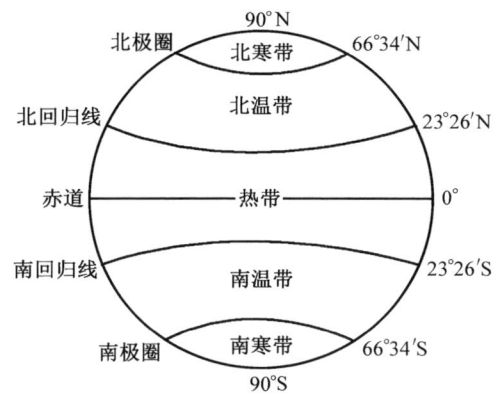

图 1.16 地球的五带

太阳高度最明显的界线是回归线,它是太阳是否有直射机会的分界线。昼夜长短的最明显界线是极圈,它是有无极昼和极夜的分界线。因此,五带的分界线就是南、北回归线和南、北极圈。

在南、北回归线之间的地带为热带,这里太阳一年有两次通过天顶,只有热带地区才有太阳直射。在其界线上太阳每年直射一次。这两根界线以外太阳终年都是斜射。热带全年太阳高度都较高,白昼时间最短也在 10h 以上,因此热带接受的太阳辐射平均最大,而太阳辐射年变化最小,这里终年炎热,四季不分明。

在南、北极圈到南、北极点分别是南寒带和北寒带,这里有极昼极夜现象,极圈是有无极昼极夜的界线。因此极圈是划分温带与寒带的界线。在寒带内,太阳在一年内至少有一天太阳 24h 在地平以上,也至少有一天太阳 24h 在地平以下。纬度愈高,极昼极夜的日数愈多,到南、北极点就是半年极昼和半年极夜。寒带地区终年太阳高度很低,接受的太阳辐射最少,但太阳辐射年变化却很大。这里终年寒冷。

温带是热带到寒带的过渡地带,这里既没有太阳直射,也没有极昼极夜现象。太阳辐射及其年变化介于热带和寒带之间,气温比较适中,温度年变化明显,四季分明。温带内南北气温梯度很大。

热带、温带和寒带的分布表明了由赤道到两极所接受的太阳辐射热量分配的不均,而热量分配状况是决定自然地理环境特征的最基本因素。因此表现出由赤道到极地自然地理特征的纬度地带性规律。热带是地球表面最大的热源,两极是最大的冷源,热量高值区必然向低值区输送热量,这是全球大气环流、洋流形成及其分布的重要原因。温带地区是冷暖气流交汇的地带,形成四季分明、天气多变的气候特征。

第2章 大气圈

地球是特殊的行星,它的外围包着一层有一定厚度的连续不断的气态物质,即大气圈(或称大气层)。这种气态物质,即通常所说的空气。大气圈与人类及地球上的生物有着密切的关系。大气圈具有温室效应,致使地球表面平均温度升高,温度的日变化、年变化减小,形成适宜于地球上生物生存的温度条件;大气运动及大气中水汽的存在是形成阴、晴、雨、雪等复杂多变的天气现象的根本原因;等等。

§2.1 大气圈的组成及结构

2.1.1 大气圈的组成

地球大气由多种气体的混合物组成。主要成分是氮和氧,它们共占大气体积的99%,其中,氮占大气体积约78%,氧占约21%。此外还有氢、二氧化碳、臭氧、水汽和固体杂质等,它们的总和只占大气体积的1%,故称为微量气体(见表2.1)。

表2.1 大气的组成

成 分	体积混合比	成 分	体积混合比
氮(N_2)	0.78083	氪(Kr)	1.1×10^{-6}
氧(O_2)	0.20947	氙(Xe)	0.1×10^{-6}
氩(Ar)	0.00934	氡(Rn)	0.5×10^{-6}
二氧化碳(CO_2)	0.00035	甲烷(CH_4)	1.7×10^{-6}
氖(Ne)	1.82×10^{-6}	一氧化二氮(N_2O)	0.3×10^{-6}
氦(He)	5.2×10^{-6}	臭氧(O_3)	$(10 \sim 50) \times 10^{-9}$

氮是一种不易与其他物质化合的中性气体,是植物营养物质的主要来源,植物通过土壤细菌摄取大气中的氮。氧是化学性质上高度活跃的元素,也是人类和动物生存的重要元素。在氧化过程中,它易于和其他元素化合。自然界许多过程的产生,都是由于有氧的存在。二氧化碳在大气中有重要作用,因为它对太阳辐射吸收甚少,但却能强烈地吸收地面辐射,同时又向周围空气和地面发射长波辐射,从而使低层大气因接受热辐射而变暖。绿色植物在光合作用过程中,利用大气中的二氧化碳,在水的参与下将它转化为固态的碳水化合物,这正是人类食物的重要来源。大气中的水汽和固体杂质主要

存在于大气低层,是产生天气现象的必要条件之一。

大气的组成成分基本上是恒定的,其含量比例对于人类和其他生物的生长发育也是适宜的。如果大气中某些物质的含量大大超过原来的正常含量,或者大气中混入了通常不存在的物质或其他有害物质,以致影响人类健康和其他生物体的正常生长发育,或对各种物体产生不良影响时,这样的大气状况称之为大气污染。

2.1.2 大气圈的结构

包围地球的大气,其厚度达 2000～3000km。大气质量在垂直方向(即由地面向高空)的分布是极不均匀的。据估计,整个大气的质量约为 5.3×10^{18} kg,其中约 95% 集中在下层,也就是说下层空气密集,愈往上,空气愈稀薄,最后逐渐过渡到宇宙空间,与星际气体相连接。整个大气圈内大气的成分、温度、密度等物理性质都有明显的变化,这种变化称为大气在垂直方向上的差异。气象学上通常根据气温随垂直高度的变化,将大气圈由地面向上分为五层:对流层、平流层、中间层、热层和外(逸)层(见图 2.1)。

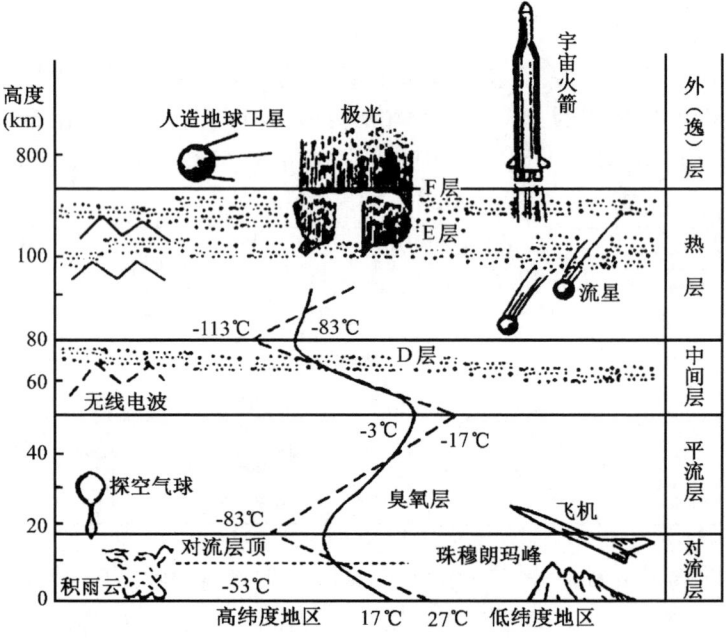

图 2.1 大气的垂直结构

2.1.2.1 对流层

对流层是大气圈的最低层,其下界是地面,上界因纬度而有差异。低纬地区,上界约在 17～18km;中纬地区,10～12km;高纬地区,8～9km。可见,对流层的厚度相对于大气圈的总厚度来说是很薄的,但它却集中了大气圈大部分的质量,而且几乎全部水汽也都集中在这一层。对流层是大气圈中与人类关系最密切的一层。其基本特征是:

(1) 大气温度随高度的增加而降低,平均每向上升 100m 气温约下降 0.65℃。

(2) 空气的对流运动显著。其强度因纬度而有变化,低纬地区对流强、影响高度大,高纬对流作用弱;夏季较强,冬季较弱。

(3) 天气变化复杂多变。这是因为对流层中有大量的水汽、尘埃,能形成云、雨等等各种不同的天气现象,几乎所有的天气气候现象均发生在这一层中。

(4) 气象要素的水平分布不均匀。由于对流层受地表影响最大,而地表有海陆分布、地形起伏等差异,因此,对流层中,温度、湿度等水平分布是不均匀的,有复杂的天气变化、有多种多样的气候类型。

对流层的最下层为行星边界层(或称摩擦层),一般自地面到 1~2km 高度。边界层的范围夏季高于冬季,白昼高于夜晚。在这层里,大气受地面摩擦和热力的影响最大,湍流交换作用强,水汽和尘埃含量较多,各种气象要素都有明显的日变化。在行星边界层以上的大气称为自由大气。在自由大气中,地面的摩擦作用可以忽略不计。

2.1.2.2 平流层

从对流层顶到 50~55km 的高度范围是平流层。平流层的主要特征是:

(1) 气流运动相当稳定,且以水平方向上的运动为主。

(2) 气温随着高度增高最初保持不变或稍微上升,大约到 30km 以上,气温随高度增加而显著升温。

(3) 有臭氧存在。臭氧层对对流层和地表起着保护层的作用,是人类环境的一个重要因素。臭氧层能大量吸收太阳光中的紫外线,从而保护着地表的生物和人类,免受紫外线的伤害。

2.1.2.3 中间层

从平流层顶到 85km 的高度属中间层。这一层气温再次随高度升高而迅速下降,因而气流的垂直对流运动相当强烈,故又称高空对流层。中间层水汽含量极少,几乎没有云层出现,仅在高纬地区的 75~90km 高度,有时能看到一种薄而带银白色的夜光云(出现机会少),这种夜光云,有人认为是由极细微的尘埃所组成的。

2.1.2.4 热层

热层大致处于中间层顶到 800km 高度的范围内。这一层大部分气体分子在太阳紫外线和宇宙线作用下发生电离,形成具有较高密度的带电粒子,所以热层又称为电离层。热层中的带电粒子能反射电磁波,对地球上的无线电通信有重要意义。热层的另一显著特征是,气温随高度增加而急剧上升。

在高纬度地区的晴夜,在热层中可以出现彩色的极光。这可能是由于太阳发出的高速带电粒子使高层稀薄的空气分子或原子激发后发出的光。这些高速带电粒子在地球磁场的作用下,向南北两极移动,所以极光常出现在高纬度地区上空。

2.1.2.5 外(逸)层

外(逸)层的厚度大约从800km高空一直到2000～3000km高空,是一个向星际空间过渡的大气圈最上层。外(逸)层由于远离地球,大气中的质点受地球引力的束缚较弱,因而这些分子或离子中速度很大者会脱离地球引力而散逸到星际空间,故称外(逸)层。

§2.2 气象要素的特征、变化和分布

气象要素是指表明大气特征的物理状态和物理现象的各种要素,包括气压、气温、风、湿度、云、降水量、能见度、大气光现象等。了解和分析这些物理量及其变化,对于天气预报、气候分析及了解区域自然环境和有关科学研究是十分重要的。

2.2.1 气温

气温指空气冷热程度。通常我们从天气预报中听到的气温,是指气象部门从距地面1.5m高处的百叶箱内测得的空气温度。

2.2.1.1 影响气温高低的主要因素

气温之高低,实质上是空气分子运动的平均动能大小的表现。当空气获得热量时,其分子运动平均速度增大,平均动能增加,气温也就升高;反之,当空气失去热量时,其分子运动平均速度减小,平均动能减少,气温降低。空气获得热量的多少,主要取决于太阳辐射和地表性质。

太阳辐射是空气获得热量的根本来源,大气直接从太阳辐射中吸收热量而增温并不多。大气增温主要是大气通过地球表面的长波辐射和地一气间的热量交换获得的。

2.2.1.2 气温随时间的变化

(1)气温的日变化

气温在一天之内的差异,称为气温的日变化。日变化大小用日较差表示,它是指一天之内最高气温与最低气温之差。一天之中气温最高值并不出现在太阳高度角最大的正午时分,而在午后2时前后。这是因为热量由地面传输给大气尚需经历一系列的物理过程;气温最低值并不出现在午夜,而在日出前,这是因为地面的热量随太阳下山而不断地散失,气温随之下降,到第二天日出前,地面温度下降到最低值,大气热量随着地温下降而散失,气温也逐渐降低而达到最低值。日出后由于吸收太阳辐射,地温将逐渐回升,地面向大气输送的热量逐渐增多,气温也相应地逐渐回升。气温日较差的大小与地理纬度、季节、地表性质、地形和天气状况有关。

(2)气温的年变化

气温在一年之内的变化用年较差表示。年较差是一年中最热月平均气温与最冷月平均气温之差值。一年中最高气温出现在夏季,北半球大陆上多出现在 7 月,海洋上在 8 月;最低气温出现在冬季,北半球大陆多出现在 1 月,海洋上在 2 月。这种变化随纬度的增高而增大,所以气温年变化也随纬度的增高而增大,纬度越高,气温年较差愈大。例如,赤道地区气温年较差为 1℃,中纬度地区为 20℃,高纬地区高达 30℃。气温年较差的大小还与下垫面的性质、地形、高度有关。海洋上气温年较差小于陆地;沿海小于内陆;有植被覆盖地小于裸露地;凸地小于凹地;云雨多的地方年较差小于云雨少的地方;海拔愈高,气温年较差愈小。

2.2.1.3 气温的空间分布

气温的空间分布包括气温的水平分布与垂直分布两个方面。

气温的水平分布通常用等温线表示。等温线就是将气温相同的地点联结起来的曲线。等温线愈密,表示气温的水平变化愈大;反之,愈小。为消除海拔高度对气温的影响,可将气温订正成同一高度即海平面上气温值,这样便可比较全球海平面气温分布的状况。从图 2.2(a)和图 2.2(b)可以看出地球表面气温分布有如下特征:①北半球 1 月等温线比 7 月等温线密集,说明北半球 1 月各纬度之间气温差异较大,南半球相反。②北半球 1 月等温线在大陆上大致向赤道方向突出,在海洋上则大致向极地方向突出;夏季相反。这是因为在同一纬度上,冬季大陆气温比海洋低,夏季比海洋高。南半球因陆地面积较小,海洋面积较大,等温线基本上反映的是海洋上气温随纬度的变化,显得比较平直。③近赤道地区有一个高温带,月平均气温无论冬夏都高于 24℃,称为热赤道。热赤道的位置,冬夏不同。冬季在 5°~10°N,夏季在 20°N 附近。最低气温,在南极曾有 -90℃ 的记录;北半球最低气温在高纬大陆,如苏联的维尔霍扬斯克和奥伊米亚康,分别为 -69.8℃ 和 -73℃。夏季最高气温出现在低纬大陆上,如非洲的撒哈拉沙漠和北美洲加利福尼亚南部等。世界绝对最高温度出现在索马里境内,为 63℃。

气温的垂直分布在对流层范围内(地面以上 15km),气温随高度的升高而降低。单位高度内气温的变化值(℃/100m)称为气温垂直递减率,气温垂直递减率一般为 0.65℃/100m。但因受纬度、地面性质、气流运动等因素影响,随地点、季节、昼夜而有变化。一般情况是,夏季和白天,气温垂直递减率大;冬季和夜间,气温垂直递减率小。一般来说,气温垂直递减率愈大,即气温随高度升高而下降的幅度愈大,大气就愈不稳定,空气对流愈强烈;反之,气温垂直递减率愈小,大气就愈稳定。若气温垂直递减率为负值时,即产生逆温现象,此时下层气温低于上层,阻碍空气的垂直对流运动。不利于烟尘、污染物等的扩散,将加剧大气污染的发展。

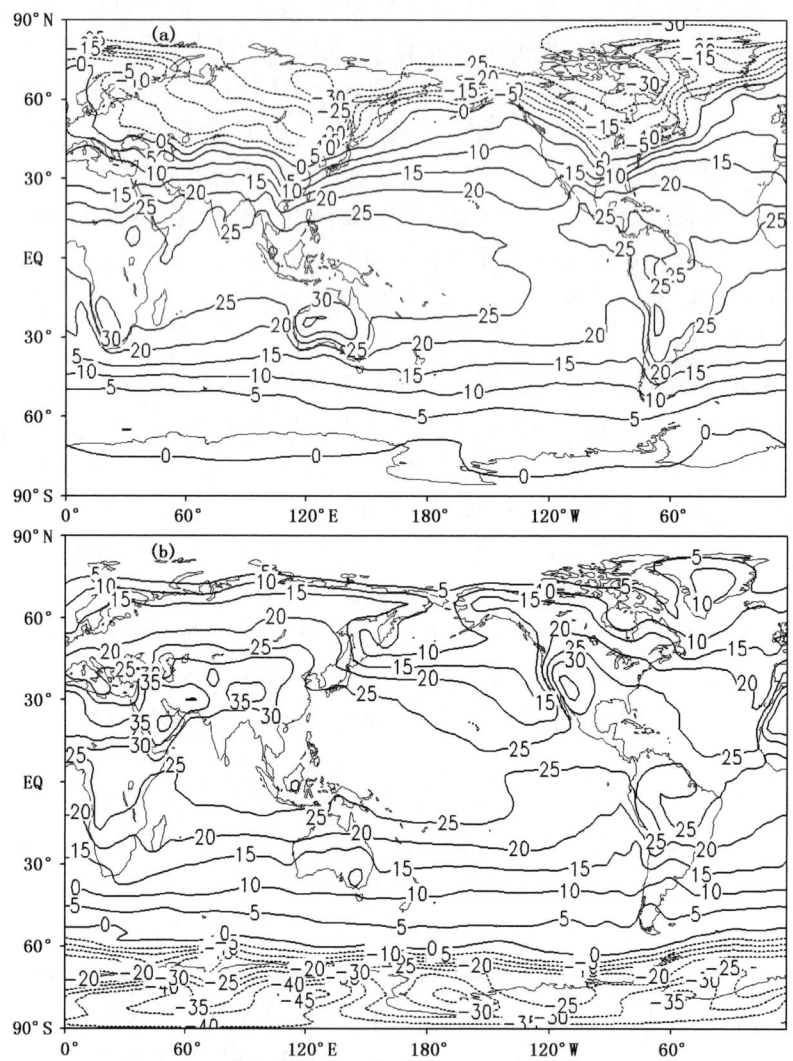

图 2.2 全球 1 月(a)和 7 月(b)平均海平面气温分布图(单位:℃)
(据 NCEP/NCAR 1981—2010 年资料绘制)

2.2.2 气压

气压即大气压强,指单位面积承受大气的力。若以 P 代表气压,M 为面积 A 上的所有大气质量,g 为地球重力加速度,则,$P=Mg/A$。$1m^2$ 地表面上的气压,可以看成是截面为 $1m^2$ 的平面上伸到大气圈上界的空气柱的实际重量。其单位为 Pa,1Pa=

1N/m²。海平面上，1atm①=101325Pa=1013.25hPa。气压的形成，其根本原因是大气的气体分子受到地球的引力，且愈近下层，空气聚集得愈致密，故下层的空气密度也愈大，压强也愈大；愈往上，空气密度和压强都愈小，空气也愈稀薄。气压随高度升高按指数律递减。

2.2.2.1 气压的空间分布

气压分布是不均匀的。如前述，气压在垂直方向上随高度增加而递减，但递减的快慢程度并非到处一致。它与空气密度和重力加速度有关。一般情况下，重力加速度随高度的变化很小，所以，气压随高度递减的程度主要取决于空气密度的大小。在空气密度大的地方，气压随高度递减得快，空气密度小的地方，气压随高度递减得慢。

气压在水平方向上的分布也很不一致，有的地方气压高，有的地方气压相对较低。通常把某一水平面上的气压分布称为水平气压场。常用等压线来表示水平气压场的情况。等压线就是某一水平面上气压相等的各点的连线。它们分别反映不同高度平面上的气压分布情况。由于同一水平高度上各地区的气压不可能一样，因此，气压相等的各点所组成的等压面不是一个等高面，而是像地形一样起伏不平的。同一高度上气压比周围高的地方，等压面向上凸起，而且气压愈高，等压面凸起愈厉害；同一高度上气压比周围低的地方，等压面向下凹陷，而且气压愈低，等压面愈向下凹（图2.3）。

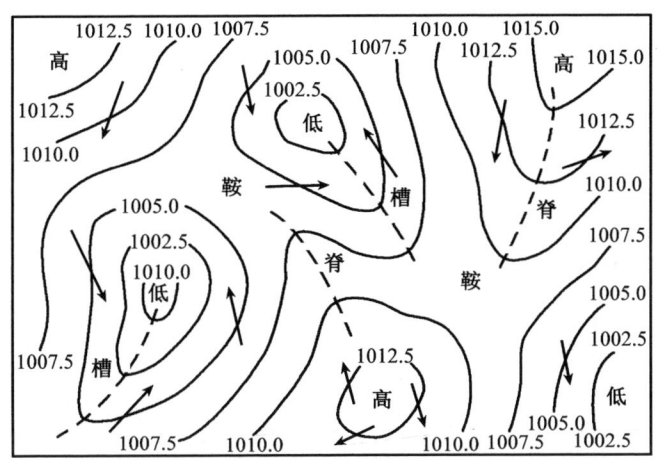

图2.3 气压场的几种型式

（1）低气压（低压）。是指在同一高度上中心气压低，周围气压高，由闭合等压线构成的低气压区。气流总是从高压流向低压，因此低气压的气流是从周围向中心辐合的。

---

① atm（大气压）现在是废除单位。

(2)高气压(高压)。与低气压情况正好相反,高气压的中心气压高,周围的气压低,由闭合等压线构成高气压区,气流从中心向外辐散。

(3)低压槽和高压脊。低压槽是指低气压延伸出来的狭长区域,或可看成是一组不闭合的等压线向气压较高的方向伸长的部分。低压槽内以上升气流为主,因此,受低压槽影响的地区,常出现阴雨天气。高压脊是指高压中心向外伸出的狭长区域,或者可以看成是一组不闭合的等压线向气压较低的地方伸长的部分。高压脊内以下沉气流为主,故受其影响的地区,天气以晴为主。

(4)鞍形气压场。鞍形气压场指两个高气压和两个低气压交错相对的中间区域。鞍形气压场内气流不稳定,故受其影响的区域,天气阴沉。

对气压场的不同型式及其变化、移动等情况的分析、研究,是预报天气趋势的前提。

2.2.2.2 气压随时间的变化

如前所述,某一地点的气压等于该地单位面积所承受空气柱的总重量。因此,各地气压的变化主要取决于其上空气柱中质量的变化,而空气柱中质量的变化又同许多因素密切相关,如水平气流的辐合与辐散、不同密度气团的移动、空气的垂直运动等,都可使空气柱质量增加或减少,从而导致气压的变化。而这些因素的变化又往往与气温的高低紧密相联系。由于气温的日变化或年变化所引起的水平气流辐合或辐散,都可能使气柱质量发生变化,从而导致气压变化。例如,夜间气温下降,空气变冷,气柱收缩,四周的空气辐合下沉,地面气压升高;白天气温升高,气柱膨胀,空气上升,然后向四周辐散,结果地面气压下降。又如,从全年看,大陆上气压最高的时期通常出现在冬季,气压最低值出现在夏季;海洋上气压的年变化正好相反,即气压最高值在夏季;最低值在冬季。气压的这种年变化,主要也是与气温相关联。大陆冬季,尤其是中、高纬大陆地区,冬季气温下降,空气收缩,密度增大,气压升高;夏季相反。而海洋上冬季,气温相对比大陆高,海洋上的气压相对下降;夏季情况正相反,海面气温相对低于陆地,使海洋上气压升高。

2.2.2.3 全球气压分布

图 2.4 是全球 1 月、7 月平均海平面气压场的分布。由图 2.4 可见,1 月大陆是冷源而形成强大的冷高压,如亚洲的蒙古高压;海洋上 1 月为热源形成深厚的低压,如北太平洋的阿留申低压。7 月大陆上是一个热源,大陆上形成低压,如亚洲的大陆热低压;7 月海洋上是一个冷源,海洋上形成强大的副热带高压,如北太平洋副热带高压。在赤道地区,冬夏季均有低气压出现,南北极地区冬夏季为高气压区,它们随季节其强度和范围也有变化。

从月平均气压场分析可见,一些气压系统长期控制一些地区。如大陆上冬季高压控制、夏季低压控制,形成有规律的季节性转换;而在海洋上,大型的高、低压系统长期存在,只是控制范围和强度发生季节性变化,冬季阿留申低压强大、夏季北太平洋副热

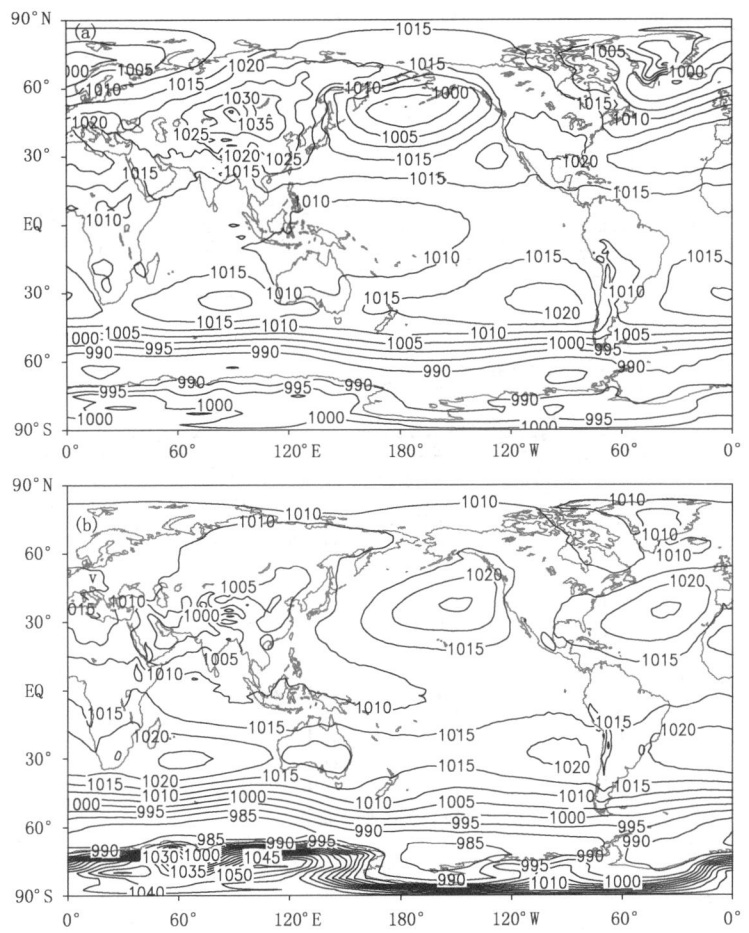

图 2.4 全球 1 月(a)和 7 月(b)的平均海平面气压图(单位:hPa)

(据 NCEP/NCAR 1981—2010 年资料绘制)

带高压强大。通常把大陆上有明显季节性转换的气压系统称为半永久性活动中心,把海洋上的强度和范围有季节性变化的气压系统称为永久性活动中心。

这种活动中心的活动和变化对控制地区的天气、气候的形成和影响具有重要意义。如中国季风气候就主要是冬季受高压控制、夏季受低压控制所形成的。

2.2.2.4 气压梯度和风

我们已经知道,气压是从地面往上递减的(图 2.5a),而且不同地区之间的气压也不相同,即等压面通常不是水平的。如图 2.5b 所示,等压面从一处到另一处向下或向上倾斜,即在一定长的距离内气压是有差异的。如果把这种气压差异用单位距离来度量,则称为气压梯度。气压梯度是有方向的,气压梯度的方向总是从高压指向低压,如

图 2.5c。气压梯度的存在是产生风的根本原因。显然空气流动即形成风,而空气总是从气压高的地区沿着气压梯度方向流向低压区。简而言之,气压梯度力作用于空气促使其运动。气压梯度愈强(愈陡),气压梯度力就愈大,风也就会愈强。

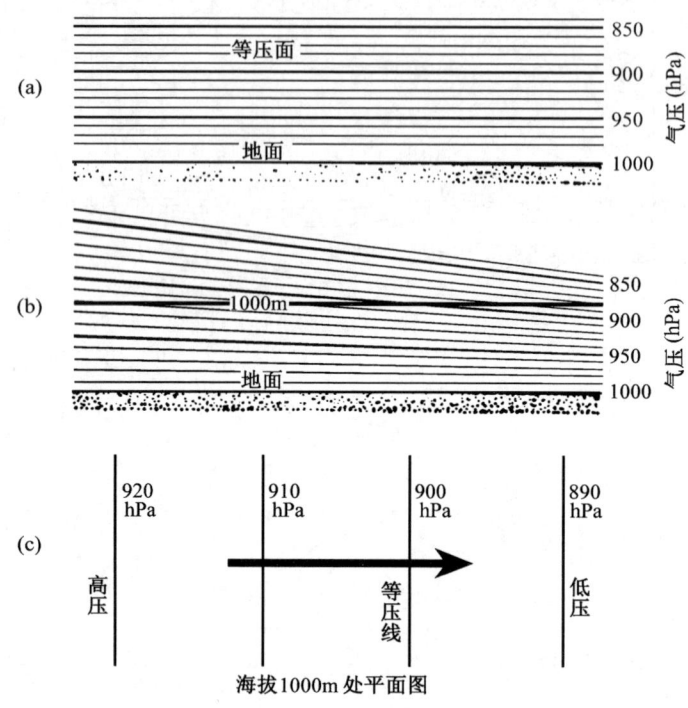

图 2.5　等压面和气压梯度

2.2.2.5　全球气压带

由于太阳辐射在地表分布的不均匀以及由地球自转引起的偏向力(科里奥利力)这两个因素的影响,地球上气压是呈带状分布的,即自赤道向两极有规律地形成如图 2.6 所示的气压带。

(1)赤道低压带

赤道地区,地表获得热能最多,大气受热最强,近地面热空气势必膨胀上升,空气密度变小,在地面形成一低压带。

(2)副热带高压带

赤道地区近地面空气受热上升,使高空空气积聚,密度增大,这些空气就开始向两极方向运动。空气的运动受地球自转偏向力影响而向右偏(北半球),在 30°N 纬圈外转为与纬圈几乎平行的向东流动,在这一纬度附近上空,由于有源源不断来自赤道地区上空气流的补充,在那里空气积聚,结果使这里空气密度最大,在地球引力的作用下,这

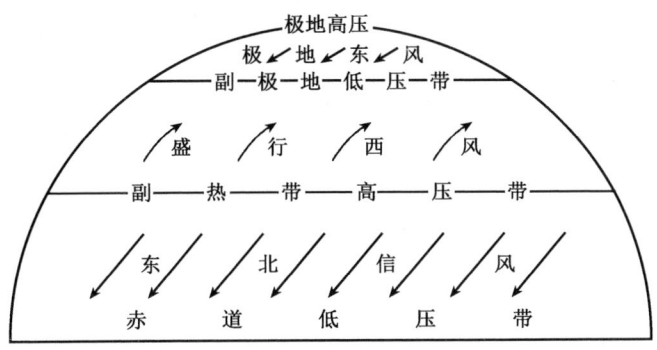

图 2.6 地球上的三风四带

些高密度的空气就不断下沉,这样,南北半球副热带(纬度 30°左右)近地面空气不断积聚而形成高压带,即副热带高压带。

(3)副极地低压带

副极地是指南、北纬 60°附近地区,处于副热带(南、北纬 30°附近)和极地两个高气压带之间,气压相对较低,称为副极地低压带。

(4)极地高压区

两极地区气温很低,空气堆积,密度大,加之极地上空有空气源源流入,使极地地面气压升高而形成高压区。

2.2.3 全球地表风场

全球 1 月和 7 月的地面风场分布(图 2.7)可见,全球风场的分布与大气活动中心有明显的联系。1 月在北太平洋有围绕阿留申低压的反时针气流,在东亚大陆则有明显的蒙古高压的顺时针气流。中国东部为偏西、偏北气流,清楚地反映出风由东亚大陆吹向太平洋,在北太平洋副热带东侧副热带区域有顺时针气流,表明副热带高压依然存在;在赤道北侧,太平洋有较大的东北风。南太平洋、印度洋低纬度地区有副热带高压气流,尤以太平洋东侧和印度洋东侧的东南气流最为强盛,赤道南侧的东南信风在 1 月份表现较弱;在南极风速稍小,其周围的大洋面上,有较强的西风气流。北冰洋风速较小。

7 月整个北太平洋为副热带高压的顺时针气流,在东亚大陆有明显的偏南风,表现出风由海洋吹向大陆。有趣的是中国西南地区到印度一带,1 月风向凌乱且风速较小,而 7 月则有强盛的西南风,且整个印度洋赤道以南低纬度地区有强盛的东南气流,在赤道地区转向为强盛的西南气流。在澳大利亚以北的赤道地区,1 月为西风,而 7 月为强劲的东南风。赤道以南的太平洋东侧 7 月仍与 1 月有强大的东南风,但在赤道太平洋

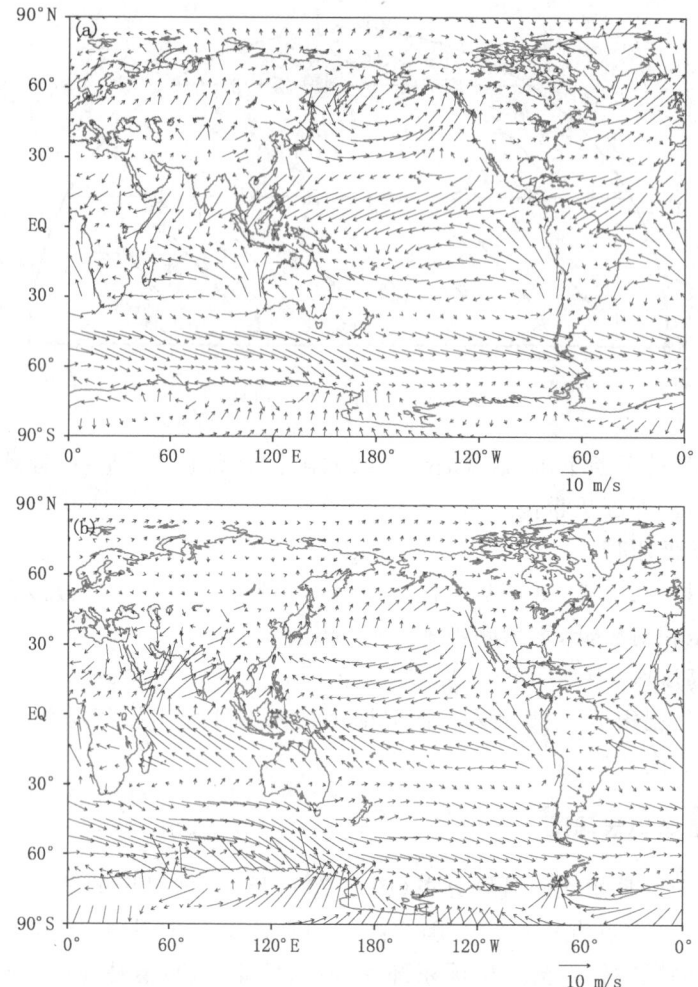

图 2.7　全球 1 月(a)和 7 月(b)地面风场

(箭头表示风向,线段长短表示风速大小。据 NCEP/NCAR 1981—2010 年再分析资料绘制)

中部及以西地区,1 月为偏北、偏西气流,7 月则为较强的偏南、偏东气流。在南极周围的大洋上,仍维持强大的西风,南极地区 1 月风速较小,7 月则有全球最强大的偏南风。北冰洋风速仍较小,冬、夏差异不大,风向稍有差异。

2.2.4　湿度

2.2.4.1　水汽压与相对湿度

湿度就是空气的湿润程度,它表示空气中水汽的含量。大气中(主要在对流层内)

含有水分，是由于地表各水体如海洋、河湖和潮湿土壤的蒸发和植物的蒸腾作用，使水分变成气态水进入大气的结果。水分进入大气以后，由于其本身的扩散和气流的传递而散布于大气之中，因而大气具有不同的潮湿程度。

水汽是大气的组成部分，也具有一定压强，称为水汽压。水汽压高，说明空气中水汽含量高，空气湿润；相反，水汽压低，说明空气中水汽含量低，空气干燥。因此，水汽压可以用来表示大气中水汽含量的多少。水汽压的单位与气压单位一样，用 mmHg[①] 或 hPa 表示。在一定温度条件下，一定体积的空气中所含水汽量有一极限值，此时的水汽压称为最大水汽压，又称饱和水汽压。

相对湿度也是表示大气湿度的一种方法。相对湿度是指大气中实际水汽含量与饱和空气的水汽量之比，用百分比表示。相对湿度能直接反映空气中水汽距饱和的程度和大气中水汽的相对含量。

2.2.4.2 相对湿度与空气温度

大气中相对湿度的变化同环境条件和气温密切相关。前者主要指地表的湿润状态和水源状况；温度影响主要是，即使空气中水汽量没有增加，只要温度下降，也可导致相对湿度升高。这是由于饱和水汽压与温度有关，并随温度的降低而降低。相反，气温升高，即使空气中水汽量没有减少，也将导致相对湿度降低。

2.2.4.3 露和霜

如前所述，气温下降可使相对湿度升高。当气温下降到足以使空气达到完全饱和时，我们把此时的温度称为露点温度。显然，露点温度是指空气完全饱和时的临界温度。低于露点温度，水汽会发生凝聚，将过饱和空气中的水汽凝聚成为液态水，在地面或地物表面上形成微小水珠，这就是露。如果露点温度在 0℃ 以下，则过饱和空气中的水汽将发生凝华作用形成白色冰晶，出现在地面或地物上，这就是霜。

2.2.4.4 云和雾

云是悬浮在大气中的微小水滴或冰晶的浓密聚集。这些云质点的直径在 0.02～0.06mm 范围内，云的形成必须有三个基本条件：一是要有水汽，二是要有使水汽发生凝聚的空气冷却，三要有促使凝聚的凝聚核。凝聚核通常是一些极微小的、对水汽具有亲和力的盐粒，它们具有吸湿能力。大气中，盐粒是大量的，海洋中上涌波浪经过风的吹拂，就会把盐沫带进空气里，这些飞沫蒸发后就剩下细小的盐粒，很容易飘浮到对流层内各处，成为理想的凝聚核，在合适的条件下形成云质点。

按云底的高度，国际上公认将云分为四个云族：高云、中云、低云和垂直发展的云（积云）。

雾，实际上就是近地面层大气中的云，其下层与地面相连接。雾，特别是浓雾的出

---

① mmHg 现在是废除单位。1mmHg＝133.3224Pa。

现,表明空气达到或接近露点温度,空气中有相当多的水汽冷凝成大量的云滴和冰晶。形成雾的基本条件是近地面空气中有充沛的水汽,有使水汽发生凝聚的冷却过程和凝聚核的存在。通常在风力微弱,大气层结稳定(即空气垂直对流微弱),并有充足凝结核存在的条件下最易形成。由于引起近地面层空气冷却的方式不同,雾的形成也有各种不同类型,如辐射雾、平流雾、蒸气雾、上坡雾、锋面雾等。

2.2.4.5 降水

降水是指从大气中自动降落到地面的雨、雪、霰、雹的统称。

雨是降水的最常见形式,由直径大于 0.5mm 的水滴连续不断下降形成。雨滴是由于水汽快速冷凝所致,并且与其他雨滴频繁碰撞合并而增大。雨滴也可以由雪花降落到较低处较暖的空中融化而形成。大的雨滴可能含有单个云滴里水量的 1000 倍,并且直径可增长到 5mm 那样大。超过这样大小的雨滴在下降时会裂开。毛毛雨的雨滴很小,直径小于 0.5mm。

雪是降水的固态形式,是由管状或六角形的冰晶组成,它们缠结在一起形成雪花。

霰也是一种固态降水,它是由雨滴下落过程中,经过冷空气层被冻结成的小冰粒。

雹是另一种形式的固态降水。雹常从有强烈上升气流形成的积雨云中降落。

降水是大气中的水汽转变成液态水和固态水并降落到地面的过程。只有当巨大的足够潮湿的空气团冷却到露点温度以下时,降水才能发生。而这种巨大空气团只有通过垂直上升才能发生持续的冷却过程。上升的空气即使没有向外丢失热量,温度也会下降,称为绝热冷却。上升的空气,其温度之所以下降,是因较高处的气压减小,使上升的空气膨胀而做功,做功时消耗内能而使温度降低;同理,下沉到较低处的空气,由于气压增大,空气受压缩,体积减小,温度上升。

促使气团上升的原因有多种,因而有不同形式的降水:①对流降水(对流雨),是地表剧烈受热,引起空气强烈对流形成的。这是因为受热的潮湿空气急剧上升,同时发生绝热冷却,当空气团到达某一高度,形成过饱和水汽时,即可发生降水。②地形性降水,是指暖湿气团在前进途中遇到高山,气团被强制抬升所引起的。地形雨多发生在山地迎风坡。③锋面降水,是由两种性质不同的空气团相遇时,暖湿空气被强制抬升所引起的。

§2.3 天气系统

天气是指某一地区、某一时刻的大气物理状况,由于大气每时每刻都在不停地运动和变化着,因而在同一地区的不同时刻有不同的天气,而同一时刻不同地区的天气也不同。

一个地区某一时刻的天气,是由该地区大气中大小不同的各类天气系统(如高压、低压、气旋、反气旋等)的移动、变化所引起的,而各天气系统之间又是相互作用、相互交织着的,共同形成不同形态的天气状况。主要天气系统有如下几种。

2.3.1 气团

气团是指一定范围内,在水平方向上物理属性(温度、湿度、稳定度等)相对比较均匀的大块空气。气团范围很大,水平方向上可达几百、几千千米,垂直范围达数千米至十几千米。要形成一个物理属性相似的气团,首先应具有大范围物理性质相当均一的下垫面,它决定着气团的性质。其次要有利于空气停滞和缓行的环流条件,如准静止高压、副热带高压等,都有利于空气停滞。如气团的温度高于所经过下垫面的温度,或高于相邻气团温度,则称为暖气团。相反,气团的温度低于其经过的下垫面温度或低于相邻气团温度,则称为冷气团。暖气团一般水汽含量丰富,所以当冷、暖气团相遇时,暖空气往往被冷空气抬升,降温冷却,常在高空形成云、雨。

2.3.2 锋

当两个不同性质的气团相遇时,就会出现一系列的天气现象。两个不同性质的气团相接触、相交绥的地带称为锋。由于气团在水平和垂直方向上都有一定的空间范围,因此,锋面在水平和垂直方向上也都有一定的空间范围。锋区总处于低压或低槽之中,气流辐合上升,极易形成云、雨。由锋区两侧冷、暖气团的移动方向、结构,可将锋分为冷锋、暖锋、准静止锋和锢囚锋等。

冷锋是由冷气团主动移向暖气团时形成的锋。这种锋面是冷气团向暖气团推进,迫使暖气团抬升,通常这种锋面坡度较陡,云、雨区范围不大,但降水强度较强,历时短,常呈阵性降水。

暖锋是由暖气团主动移向冷气团时形成的锋面。这种锋面的形成是由暖气团缓慢地滑行于冷气团之上而形成的。锋面坡度小,锋面影响面大,可产生连续性降水。

静止锋是冷暖气团相互对峙时形成的。移动很慢或甚至很少移动,也称为准静止锋。锋面范围更广,雨区面积更大,持续时间更长,往往会形成连阴雨天气。如长江流域的梅雨天气就是这种锋面形成的。

锢囚锋是由三种性质不同的气团,如暖气团、较冷气团和更冷气团相遇时,形成两条移动的锋合并而成的。常见的锢囚锋是一条冷锋赶上并推进到一条暖锋里,把暖空气完全托离地面。由于气团性质的差别,锢囚锋又可分为暖型锢囚锋和冷型锢囚锋,两种锢囚锋形成的天气也不一样。

2.3.3 气旋和反气旋

气旋和反气旋也是常见的天气系统,它们的频繁活动可造成复杂多变的天气现象。

2.3.3.1 气旋

中心气压低、周围气压高的大尺度空气涡旋,称为气旋。在北半球,气旋风是围绕其中心作逆时针方向旋转的;南半球相反。气旋是由于锋面上或密度不同的空气分界面上发生波动,进一步发展形成的。全球任一纬度上都可能发生气旋,但其大小和强度变化很大。强大的气旋,地面风速可达 30m/s 以上,大气旋的直径可达 2000km 以上,一般气旋直径也有数百千米。

气旋常常带来大风和降水天气。就锋面气旋而言,其天气状况取决于锋的结构、流场和气团属性。例如当锋面气旋中有强烈的上升气流,而气团的湿度又大的话,则很容易成云降水。又如,如果气团层结稳定,则可产生连续性降水;而如果气团层结不稳定,则产生阵性降水。

在低纬度热带地区形成的气旋称为热带气旋。它是由于热带洋面上局部聚积的湿热空气大规模上升,低层周围的空气向中心流动,在地转偏向力的作用下形成的空气大涡旋,直径约 200～1000km。热带气旋活动地区常有狂风暴雨天气。按国际热带气旋名称和等级标准,热带气旋可分为热带低压(中心附近最大风力 6～7 级)、热带风暴(8～9 级)、强热带风暴(10～11 级)、台风(≥12 级)。

2.3.3.2 反气旋

中心气压高,周围气压低,气流从中心呈顺时针方向(北半球)向四周涡旋式流散的天气系统,称为反气旋(又称高气压)。主要是因地面受热不均,引起气压差别所造成的。气流的积累或辐合都有利于反气旋的形成。在中高纬度地区,冬季严寒,有利于空气的积累而形成高气压区。亚洲大陆面积辽阔,冬季北部尤其严寒,聚积了大量冷空气,反气旋易于形成和发展。冬半年,蒙古地区易于形成蒙古高压,正是由于这一地区气候寒冷,地面冷空气易于积累造成的。蒙古高压是影响我国天气的重要天气系统。

此外,北半球副热带地区,如西北太平洋、北大西洋和北非大陆等地区,也易形成反气旋。这是因为这些地区处于西风带,常年有下沉气流补充,形成高压区(反气旋)。副热带地区反气旋属于常年存在的,而亚洲北部、蒙古地区反气旋只存在于冬半年。

在反气旋控制的区域,天气多属晴朗稳定的天气。这是因为在反气旋中,空气向外流散,中心由高空气流不断下沉补充,空气在下沉中绝热增温,降低了相对湿度;低层大气稳定,云雨不易形成。尤其在暖性反气旋中,下沉气流明显,因此,夏季大陆上暖性反气旋内天气往往晴朗炎热。盛夏季节,当西北太平洋副热带高压(反气旋)强大西伸时,我国东南部广大地区在其控制下,盛行偏南气流。尽管这股气流生成于西北太平洋,空气湿度大,但因受下沉气流影响,阻碍地面空气上升,难以形成云雨,天气显得更加闷热。长江中下游地区,夏季酷暑天气的出现,与副热带高压活动有重要的关系。

2.3.4 季风

季风是气象学上的一个重要问题,远在中古时代,人们便已经注意和利用了,但直到十七世纪以后,才把季风现象作为科学问题来讨论。随着近代科学技术的发展,气象探测资料日益增加,人们对季风的研究更为深入,认为季风是大气环流的重要组成部分,季风环流可以影响到南半球,是全球性环流现象,季风分布范围甚广,全球几乎约有四分之一的地区直接受到它的影响,因此,每年季风的强弱、出现时间的迟早和异常与否都直接关系到各季风区内旱涝、冷暖的变化,此外,分析和了解季风形成原因及其变化规律,对全球气候变化及其预报是十分有益的。

2.3.4.1 季风的概念

一般认为:一个地区冬、夏之间盛行风有显著季节性变化的现象,而冬、夏之间稳定的盛行风向相差120°~180°。根据研究,澳大利亚北部、西北太平洋以及北冰洋沿岸若干地区都是季风气候区,西非、南亚、东南亚、东亚等地为显著的季风气候区。东亚—南亚为世界上最著名的季风气候区。它具有以下特点:首先,盛行风向随着季节的变化有很大的差别,甚至相反,冬季盛行东北气流(华北—东北为西北气流),夏季盛行西南气流,中国东部—日本还盛行东南气流;其次,两种季风各有不同的源地,因而气团的性质有着根本的不同,冬季寒冷干燥,夏季炎热湿润。第二,造成的天气现象也有本质的季节性差异。冬季干燥少雨,夏季湿润多雨,尤其是多暴雨。在热带地区更有旱季和雨季的明显对比。

2.3.4.2 世界季风的分布

图 2.8 给出根据 NCEP/NCAR 再分析资料计算的 850hPa 平均风场(1968—1996年)从全球对流层低层季风区的地理分布非常清楚,所有经典的季风区如亚澳季风区、西非季风区等都被一一勾画出来,并且美洲季风系统也清晰可见。显然,从图 2.8 可知全球对流层低层季风系统按所处纬度可以分为三类:热带季风系统、副热带季风系统和在温寒带中的季风区。

热带季风系统的主体由一个相当宽广的区域组成,该区域在东西方向上从西非一直向东延伸到印度尼西亚和所罗门群岛,向南伸展到马达加斯加和北澳大利亚,向北则可扩展到青藏高原南部边缘所在纬度。在这个巨大的区域中包括的经典热带季风有南亚季风、印度尼西亚季风、南海季风、澳洲季风、西北太平洋季风、西非季风和索马里西印度洋季风等。此外,热带季风系统还包括如南美季风区、中美季风区。

副热带季风系统与热带季风系统相比,在面积上小得多,在形状上呈狭长的带状分布,这与副热带高压的季节性移动有密切关系。副热带季风系统的主要成员有东亚季风、北美季风、北非季风、沿着伊朗高原和青藏高原北部边缘的中亚地区内陆季风及高原季风、南澳大利亚季风、南非季风、以及沿着南北纬30°附近的海洋上狭长地带。值

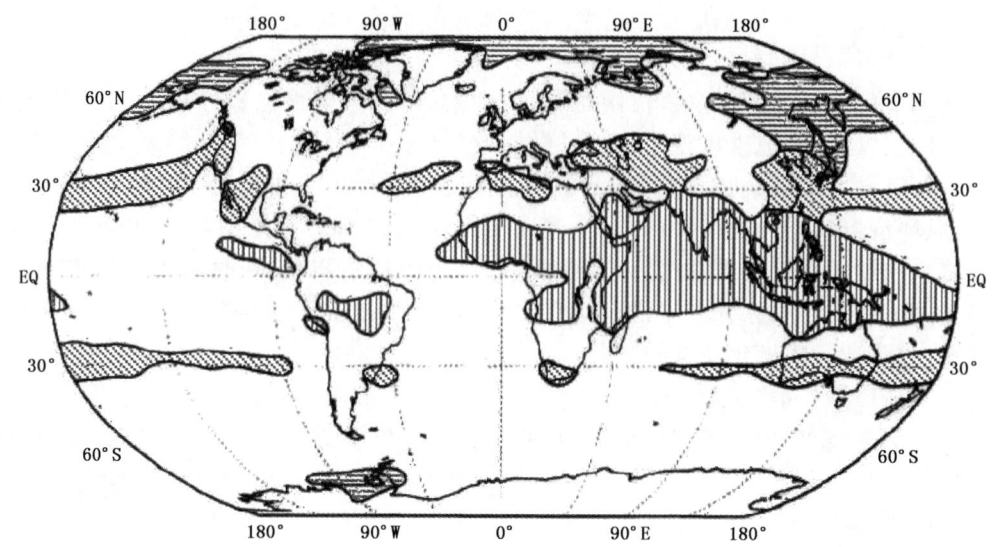

图 2.8 全球地面季风的地理分布(根据李建平等 2003 年的图改绘)
(图中竖线、斜线及横线区域分别表示热带季风区、副热带季风区和温寒带季风区)

得注意的是在副热带季风中东亚季风是最为典型的,范围最为宽广,它与 30°N 附近的北太平洋上空的副热带季风相联,从东亚地区一直延伸到北美西海岸,从而构成一个连接两个大陆的环流系统。

在温寒带中的季风区是三类季风系统中范围最小的,且主要出现在北半球,它涵盖了如在远东地区的远东季风、阿拉斯加北部地区和北极部分地区等等。

亚洲季风关系到全球 60% 人口的生存,因此,季风问题历来被气象学家所重视。在季风系统中,最为著名的是东亚夏季风和印度(南亚)夏季风。但是二者的成因和特点却不尽相同。东亚季风以海陆分布的因素为主,其行星风的交替现象很不明显;印度季风则以行星风带的季节变化为主因,且与海陆分布的影响相一致,因此,较之东亚季风,印度夏季风要深厚稳定得多。

(1)印度季风

南亚是典型的热带季风气候区。国际科学界对于季风的兴趣,始于印度季风。印度季风,又称南亚季风,即盛行于阿拉伯海及印度半岛一带的季风。印度季风是经典季风概念的典型。该地区夏季盛行来自印度洋和阿拉伯海的西南季风;冬季盛行来自亚洲大陆的东北季风。人们关心更多的是夏季的西南季风。西南季风主要来自南印度洋上的东南信风,包括东非沿海的低空气流,穿越赤道后,受地球自转偏向力的影响,转为西南方向的风。由于西南季风携带大量水汽,对印度半岛和东南亚一带的降水有重要贡献,因此通常说西南季风,就意味着季风雨。

西南季风在印度的建立过程非常明显,被称为季风爆发。在西南季风到达之前,印度是高温酷暑天气,天气晴朗干燥,为一年中气温最高的时期。但到了5月末或6月初,印度半岛南部天气突然转变,云量猛增,气温下降,大雨倾盆,有时还伴有海啸。这种突然的天气变化,标志着西南季风达到印度,并且在几天之内可向半岛北部推进几百甚至上千公里,这就是著名的季风爆发。季风爆发是在大气环流季节性转变的背景下发生的突变现象。但其他地区季风的开始,不像西南季风那样显著。因此,印度半岛所处的特殊地理位置和自然条件,特别是高耸于半岛北部的喜马拉雅山以及印度低压的发展,在热力作用和动力作用方面,均直接影响到西南季风的爆发。

印度季风的爆发,通常是以印度为中心的低层季风低压的建立和加强、低层强烈的西—西南气流到达印度半岛、印度中北部进入雨季为标志。学术界对西南季风爆发的具体日期,是根据印度各地逐日降水量的变化来确定的。西南季风一般于每年的5月底或6月初在印度南部的克拉拉邦爆发,并迅速向北推进,到7月中旬,遍及整个印度半岛。9月初,西南季风开始自半岛西北向东南撤退。所以6—9月是印度夏季风的盛行季节,也是印度的雨季,大部分地区年降雨量的75%集中在西南季风季节。11月到翌年4月是印度东北季风盛行期,冬季风在印度自北向南逐渐开始,降水明显减少,气温下降。因此,印度的季风气候非常显著,那里的人们通常按照季风活动的特点,将一年划分为四个季节,即东北季风季(12—2月)、热季(3—5月)、西南季风季(6—9月)和西南季风撤退季(10—11月)。

西南季风对印度降水具有重要影响。在西南季风盛行期,在印度中部和西部,有时一次充沛的季风雨可持续数周。当主要雨区从印度中部向北移至喜马拉雅山麓一带时,半岛中部降雨中断,被称为季风中断。当西南季风长期中断时,印度半岛就会发生严重的干旱现象,例如1972年的印度大旱,就是因为季风雨开始晚,中断时间又长造成的。各年西南季风中断的时间长短不同,平均1次中断约6天,短者2～3天,长者可达2周以上。一般西南季风每年可有1～2次中断,多者1年可中断4次,但也有些年没有发生中断现象。

对于印度夏季风,国外科学家的研究表明,印度季风包含一个庞大的环流系统,包括印度夏季风及相连的季风槽、南亚高压、高空自北半球向南半球的越赤道气流、南半球低空马斯克林高压、索马里低空越赤道气流和热带高空东风急流等,这些气流之间的变化是相互关联的,其中任一成员的变化,都会影响到其他成员的变化。根据研究,启动印度季风系统的成员是印度季风槽及相关的季风雨,一旦它们发生变化,便会影响高空东风急流及高空越赤道气流,之后影响到南半球印度洋西部的下沉和低空马斯克林冷性反气旋的增强,随后索马里低空急流加强、印度西南季风加强。因此,印度季风的变化是印度季风环流系统变化的一部分,该环流系统中任何一员的变化,均可影响其他成员,不一定以马斯克林冷高压爆发或印度季风中对流云系的变化为唯一启动机制。

(2) 东亚季风

顾名思义,东亚季风即盛行于东亚地区的季风,中国、朝鲜和日本都属于东亚季风区。东亚季风主要可分为东亚夏季风和东亚冬季风。东亚季风的建立与大气环流变化密切相关。在亚洲,夏季大陆为一巨大的热低压所控制,低压中心在印度半岛西北部,位于低压南部和东南部的南亚和东南亚盛行西南风。在低压东部的广大东亚地区,夏季风方向有东南、南和西南向。中国东部地区以东南向为主,其来临过程比较缓慢,常在几次加强或减弱的过程后,才成为明显的盛行风,不像印度的西南季风那样以爆发的形式开始。

影响中国的夏季风主要来源于热带和副热带海洋,开始影响各地的日期不同,大体上是由南向北推进的,对同一地区而言,年际差异也很大。一般夏季风在3月即可影响到华南沿海,并以渐进和急进两种方式向北推进,7月到达黄河以北,进入夏季风的极盛期,9月份开始撤退。根据具体统计,夏季风在华南的建立日期平均为5月1候,最早在4月4候,最晚在5月3候。在华中的建立日期平均为6月3候,最早5月6候,最迟6月6候。在华北的建立日期平均为7月3候,最早6月5候,最晚8月1候。

夏季风在中国华中盛行的日期,恰好是北半球大气环流从冬季流型向夏季流型转变的日期。这是青藏高原以南的副热带西风急流突然北移,500hPa高度场西太平洋副热带高压脊明显北跳,100hPa高度场上南亚高压移上高原,热带高空东风急流建立,印度西南季风爆发,中国江淮流域进入梅雨期。由于夏季风来自热带和副热带海洋,含有丰富的水汽,对中国各地降水具有重要作用。各地雨季的开始日期,大体上也是夏季风在这些地区开始盛行的日期。夏季风活动具有明显的年际变化,夏季风活动特别强或特别弱,都会给各地造成不同程度的旱涝灾害。

印度夏季风和东亚夏季风共同形成世界上最强的亚洲季风系统,因此,在很长的时间里,国际科学界认为它们同属一个季风系统。20世纪70年代末以来,随着中国季风和热带气象学研究的蓬勃开展,中国科学家的大量研究表明,这两个季风系统有许多不同的特征,东亚季风包括热带和副热带季风,而印度季风则纯属热带季风;东亚夏季风的平均结构在许多方面与印度夏季风不同。根据陶诗言等(1957)的研究,东亚夏季风系统的成员,它包括南海和赤道西太平洋的季风槽(或赤道辐合带)、印度的西南季风气流、沿100°E以东的越赤道气流、西太平洋副高和赤道东风气流、中纬度的扰动、梅雨锋以及澳大利亚的冷性反气旋。因此,东亚夏季风是一个与印度季风环流系统相对独立的环流系统,它不仅受到印度西南季风气流的影响,而且还受到副热带高压和中纬度扰动系统的影响。东亚季风系统成员在东亚的分布偏北或偏南,会引起中国江淮流域、朝鲜半岛和日本的干旱或洪涝。

与东亚夏季风不同,东亚冬季风是最为典型的。东亚冬季风来自西伯利亚高压,其风力不但比夏季风强,而且比印度的冬季风也强。其盛行风向是,在中国华北以及日本北部和中部为西北风;中国黄河以南地区和日本南部为东北风。冬季风带来干冷的大陆空气,强盛时会出现寒潮天气。受冬季风影响,东亚地区冬季的平均温度明显低于同纬度的其他地区。在冬季风的控制下,中国大部分地区的天气寒冷少雨。但当冬季风到达长江以南和日本列岛时,由于气团变性常会造成雨雪天气。东亚冬季风的变化和异常,特别是寒潮,是影响我国冷害、雪灾、早霜和晚霜等灾害性气候发生的重要原因。东亚冬季风还能够通过影响热带太平洋的海温,来影响到东亚夏季风的活动。

东亚冬季风的建立过程比较迅速,自北而南的推进速度也很快,平均9月初开始影响华北,10月中旬即可在全国建立,12月冬季风达到极盛期。中国冬季风自3月初开始从南向北撤退,大约需要4个月才能完全撤出中国。

冬季风同样是大气环流季节变化的结果。冬季,冷高压活动频繁,势力强盛。在地面天气图上,蒙古高压和阿留申低压同时达一年中最强、最稳定的阶段。蒙古高压盘踞亚洲大陆。强冷空气侵入中国时,蒙古高压环流可伸至南海地区。在这种大气环流形势下,我国广大地区盛行偏北风,冬季风达到最强、最稳定的程度。在高空等压面图上,环流呈现出三槽三脊结构,其中东亚大槽发展到最强最稳定。在东亚大陆和日本地区上空,西风急流的中心位置稳定在30°N左右的平均位置上,呈现出典型的冬季风环流形势。

2.3.4.3 季风的形成因素

观测事实表明,季风现象与地球表面不均匀所引起的冷热分布有关,是海陆分布、大气环流和大地形等三种因素错综复杂影响下的综合现象。而这些因素是因地因时而具有不同的重要性,因此研究任一地区季风形成时,必须抓住这些因素,权衡其轻重关系,尤其要注意全球性的综合分析。

(1)海、陆分布作用

由于海、陆间的热力差异以及这种差异的季节变化,产生了季风。在夏季,大陆上气温比海洋高,气压比海洋低,气压梯度由海洋指向大陆,所以气流从海洋流向大陆(图2.9a),形成夏季风;冬季则相反,气压梯度由大陆指向海洋,因此气流是由大陆流向海洋,形成冬季风(图2.9b)。

季风与海陆风形成原理基本相同,但在范围和周期上两者有明显差别。海陆风是由海陆之间气压日变化不同而引起沿海地区的风向转变现象,而季风是有海、陆之间气压的季节变化而起的风向转变,规模很大,且一年为周期的现象。由于这类季风所达到的高度夏季不超过5km,冬季只有1~5km,所以海陆季风又称为低空季风或地面季风。

(2)行星风带季节位移的作用

在表面均匀的地球上,行星风带基本上是纬向的,例如对流层中低层的赤道西风带、热带东风带、中纬度西风带、近地面层的极地东风带等。冬、夏之间,这些行星风带

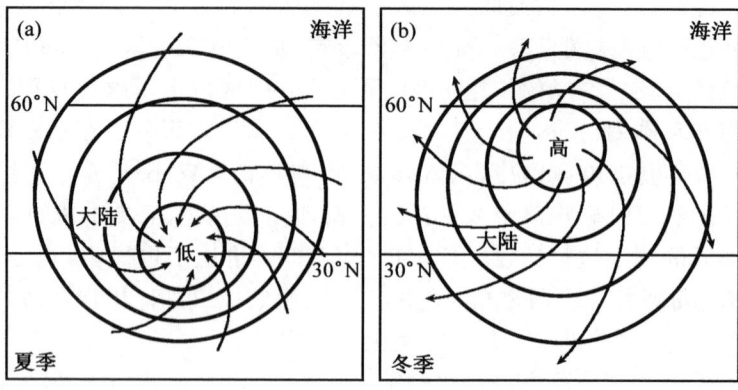

图 2.9 因海陆热力差异而引起的夏季风(a)和冬季风(b)示意图

有显著的经向位移,强度有很大的变化。在两支行星风带交替的区域,行星环流发生季节性的转移,盛行风向往往近于相反。人们把这种现象称为行星季风,并以低纬度地区(30°N—30°S)最为显著。在东半球的低纬度地区,即从东非经南亚到东亚以至西太平洋,海陆热机和行星环流季节变化的共同作用,形成了最为显著的季风气候区。

(3)青藏高原作用

青藏高原海拔高、面积大,耸立在 29°—40°N 间,南北约跨纬度 10°,东西约跨经度 35°,有相当大面积的高度在 5000m 以上,人称世界屋脊。由于高原本身的特殊地形,对应于周围地区具有明显的热力作用。冬季风盛行期间,东亚大陆位于冷高压脊或冷高压的控制下,为下沉气流区,由于高原对其四周自由大气而言是一个冷源,因此高原与其周围大气之间的气流输送方向是从高原向外输送,这样就加强了高原邻近地区的下沉气流,从而加强了地面高压系统,使冬季季风环流增强。在夏季风盛行期间,夏季高原是个热源.低层形成强大的热低压,盛行气旋性环流。它与中国东部—西太平洋的副热带高压相配合,不仅使其东侧的西南季风增厚,而且使夏季的西南季风更加深入到华北以至东北地区。东亚大陆为热低压控制,大部地区为上升气流。夏季高原巨大的热源有助于高层南亚高压和高层东风急流的形成和维持,这与印度西南季风的爆发有着直接的联系。青藏高原的存在,周围低层空气输入高原,高原上升运动大于周围地区,改变了正常的行星西风带的位置和强度,增强了海陆热机与行星环流热机的作用,使得南亚—东亚地区成为世界上最著名的季风气候区。

除热力作用外,高原的动力作用也是十分显著的。由于青藏高原东侧的山脉近于南北向排列,便有利于中国东部平原上冬、夏季风(冷、暖平流)的南北交换。东亚地区的季风不但比同纬度其他各地强,而且到达的纬度也特别南或北,各地气象要素的年较差特别大,这说明了高原地理因子的重要作用。

青藏高原起了阻挡季风平流的作用。在青藏高原南侧，印度和缅甸一带，由于高原阻挡了冬季风的直接袭击，因而使这些地区即使在隆冬都比其东西侧同纬度地区温度高和气压低，且气压和气温的年较差都小；在高原的北侧，中国甘肃、新疆一带，高原阻挡了夏季风的侵入，形成了这一带（即使在盛夏）少云雨的燥热天气与气候。另外，高原对高空西风带槽脊有制约作用，也间接地增大了中国东部冬夏季风的稳定度。

青藏高原对冬、夏季风的分支作用。夏季，西南季风由孟加拉湾向北推进时，分为两支。一支沿喜马拉雅山作气旋性弯曲转变为东风，维持了印度半岛北部低压；另一支则顺着山脉的走向呈反气旋性弯曲，流向中国西南地区。这现象自地面至6km高空都很清楚。冬季，在高原北部也可有冬季风分支现象，但不如夏季高原南部的明显。由于青藏高原大地形对冬夏季风的分支作用，因此都会机械地扩大冬、夏季风在东西方向上的影响范围。

§2.4　地球上的气候带

如果将大气运动的状态进行长年的统计分析，各地就可得到一定程度上稳定的大气现象的基本特征及一些极端事件。这种大气运动的统计特征就是所谓的气候。为了有足够长的时间进行统计分析，世界气象组织（WMO）规定用30年的时间长度作为描述气候状态的标准时段。因此，一地气候可用30年内各种气象要素和气象现象的统计性质作为特征值来表示。这个30年为一周期的统计特征是表现气候特征的最短年限。气候是地球上的一种自然现象，是自然地理环境的重要组成部分。在自然环境中，气候、土壤和生物三者之间，气候尤为最基本因素，同时气候作为一种资源，是自然资源中的基础资源。一方面是一切生物（包括人类）生存的自然环境条件，因而也就是如植物资源、动物资源、水资源、土壤资源等等的生成环境；另一方面气候也是人类创造财富的生产资源，如何合理地开发、利用气候资源，创造财富、发展经济这是各国各级政府都极其关心的大问题。显然气候又是一个极易变化的不稳定因素，常会出现一些非常事件，造成气象灾害，给环境、社会、经济带来严重的损失。

地球上的气候有着十分显著的空间分布，对气候的空间分布的划分有许多种方法，但主要表现为地带性分布和非地带性分布。这里主要介绍用斯查勒气候分类方法将世界气候划分为低纬度气候、中纬度气候、高纬度气候和高山气候。

2.4.1　低纬度气候

低纬度气候主要受赤道气团和热带气团所控制。影响气候的主要环流系统有赤道辐合带、信风、热带气旋和副热带高压。由于这些系统的季节移动，导致降水量的季节变化。全年地一气系统的辐射收入大于支出，因此，全年气温皆高，最冷月的平均气温在15～18℃以上。这个气候带中根据年内降水的分布又可分为下列5种气候型。

(1)赤道多雨气候

位于赤道两侧,伸展到纬度5°～10°左右。主要气候特征是:全年各月平均气温变化于25～28℃之间。全年多雨,无干季,年降水量大都在2000mm以上。这类气候主要分布在非洲刚果河流域、南美亚马孙河流域、亚洲与大洋洲之间的苏门答腊到新几内亚岛一带。

(2)热带海洋性气候

位于南北纬度10°～15°信风带大陆东岸及热带海洋的若干岛屿上。主要气候特征是:最冷月平均气温比赤道稍低,全年降水量皆多,夏秋雨季比较集中。这类气候主要分布在中美洲的加勒比海沿岸及海上诸岛、南美洲巴西高原东侧沿岸、澳大利亚东北部沿海地带。

(3)热带干湿季气候

位于热带多雨区外围5°～15°左右地区。其主要气候特征是:一年中干、湿季明显,全年降水量750～1000mm,雨季时高温闷热,多对流雨。这类气候主要分布在中美、南美、非洲纬度5°～15°地区。

(4)热带季风气候

位于热带纬度10°到回归线附近的大陆东岸地带,其气候特征是:热带季风发达,热带气旋盛行。年降水量大,集中于夏季。长夏无冬,春秋极短。这类气候主要分布在中南半岛、印度半岛大部、菲律宾和澳大利亚北部沿海地区以及中国海南岛、雷州半岛和台湾南端。

(5)热带干旱、半干旱气候

位于副热带高压带和信风带的大陆腹地和西岸,受高压下沉气流控制,又当信风带的背风海岸、冷洋流流经而降水稀少,呈现干旱和半干旱气候。

2.4.2 中纬度气候

中纬度是热带气团和极地气团角逐的地带。最冷月平均气温在15～18℃以下。影响气候的主要环流系统有盛行西风、温带气旋和反气旋、副热带高压和热带气旋。

(1)副热带干旱、半干旱气候

这类气候分布在南北纬度25°—35°的大陆西岸和内陆地区。因副热带高压下沉气流和信风带背风岸作用而干燥少雨。

(2)副热带季风气候

副热带季风气候位于副热带大陆东岸。其气候特点是:夏热冬温,季节明显,最热月平均气温在22℃以上,最冷月在15℃以下,0℃以上。年降水量700～1000mm以上,夏季较多,冬季较少,无明显干季。这类气候主要分布在中国秦岭淮河以南、热带季风气候以北地区。日本南部和朝鲜半岛南部也属此类气候。

(3) 副热带湿润气候

这类气候主要分布在北美大陆东岸纬度 25°—35°的沿海地区、南美、非洲的东南海岸和澳大利亚的东岸地区。主要气候特点与副热带季风气候相似,只是冬夏温差较小,降水量季节分配均匀一些。

(4) 副热带夏干气候(地中海气候)

主要分布在副热带纬度大陆西岸纬度 30°—40°地区,包括地中海沿岸、美国加利福尼亚沿岸、南美智利中部海岸、南非和澳大利亚南端。这里是热带半干旱气候与温带海洋气候间的过渡地区。其气候特点是:夏干冬雨,全年雨量 300～1000mm 左右,冬季最冷月气温在 4～10℃左右。

(5) 温带海洋性气候

温带海洋性气候主要分布于温带大陆西岸,约以纬度 50°为中心向南向北伸展 10°左右。在欧洲分布最广,在南北美洲、澳大利亚等地也有分布。其气候特点是:终年盛行西风,冬暖夏凉,气旋雨丰沛。

(6) 温带季风气候

主要分布在纬度 35°—55°的亚洲大陆东岸,包括中国的东北和华北地区。其特点是:冬季寒冷干燥,南北温差大,由于大陆冷高压强大,盛行寒冷的偏北风。夏季受温带海洋气团和变性热带海洋气团影响,暖热多雨,南北温差小。

(7) 温带大陆湿润气候

这类气候分布在欧亚大陆温带海洋性气候的东侧和北美大陆 40°—60°的东部地区。气候特征介于温带季风气候与温带海洋气候之间。

(8) 温带干旱、半干旱气候

温带干旱、半干旱气候在北半球占有广大的面积,分布在 35°—55°之间的亚洲和北美大陆中心部分。由于远离海洋,终年在大陆气团控制之下,气候十分干燥,年降水量在 250mm 以下。冬寒夏热,气温变化剧烈,年较差、日较差大。我国吐鲁番纬度 43°N 附近,但夏季 6—8 月三个月的月平均气温都在 30℃以上,极端最高气温曾达 48.9℃,极端最高地温竟高达 75℃,其干热程度由此可见。

2.4.3 高纬度气候

盛行极地气团和北冰洋气团。

(1) 副极地大陆气候

这类气候主要分布在北半球,50°N 或 55°—65°N 的地区。其气候特点是:冬季长(至少 9 个月)而严寒,暖季短促,例如西伯利亚的维尔霍扬斯克 1 月平均气温 −50.5℃,气温年较差特别大,达 65.2℃。在维尔霍扬斯克东南的奥伊米亚康 1 月绝对最低气温竟达－73℃,这一区域为世界"寒极"。降水量很少,集中于夏季。在东西伯利亚年降水量不超过380mm,在加拿大不超过500mm。其雨量虽不大,但因蒸发弱而湿度大。

(2)极地长寒气候(苔原气候)

这种气候主要分布在北美洲和亚洲的北部边缘,格陵兰沿海地带,北冰洋中若干岛屿和南极洲附近岛屿。其气候特点是:全年皆冬,一年中只有夏季的1~4个月平均气温为0~10℃,降水量少。

(3)极地冰原气候

分布在格陵兰和南极大陆冰冻高原上。其气候特点是全年严寒,各月气温均在0℃以下,具有全球最低的年平均气温。南极大陆冰雪覆盖,年平均气温约在－28.9~－35.0℃,是世界最冷的地区;北极地区年平均气温约为－22.3℃。

2.4.4 高山气候

在高山地带随着高度的增加,空气愈来愈稀薄,气压下降,水汽减少,日照增加,气温降低,在一定坡向、一定高度范围内降水随高度增加而增加,过了最大降水高度后变为随高度增加而减少。由于上述诸要素的垂直变化,遂导致高山气候具有明显的垂直地带性,即从低纬至高纬的热带、温带、寒带气候,在高山的垂直方向上也会自下而上的依次出现。

§2.5 气候的变化

气候不仅有区域上的空间分布的差异,而且在地球演化的历史过程中气候也是不断变化的,即所谓气候变化。气候变化有各种不同的时间尺度,如几个月、几年、几十年、……、几万年、几十万年、……的变化。度量气候变化通常用相对于气候平均状态的变幅,气候的这种变幅或正或负,或大或小。而且有些是周期性变化,有些是非周期性变化。

对于气候变化,由于时间尺度的不同、研究的方法不同,又分为地质时期气候变化、历史时期气候变化和近代气候变化。

2.5.1 地质时期气候变化

地质时期的气候变化是长时间尺度的。了解地质时期的气候变化是非常困难的,主要根据一些间接的资料,如地球的地质演变、古生物化石、地貌演变、地球化学等等方面来推断。在后一章中将介绍在地质时期经历了几次比现在寒冷的大冰期和比现在温暖的大间冰期。

2.5.2 历史时期气候变化

历史时期的气候变化是指有人类文明(约5000年前)以来的气候变化。这一时期的气候变化则主要根据地貌、史书、方志、物候、考古等进行推算。图2.10是O. Leistol(1960)给出的1万年挪威雪线的变化(粗线)(转引自竺可桢,1972),他把近1万年以来全球气候出现的几次比较寒冷的时期称为寒冷期,两次寒冷之间称为相对的温暖期。

第一次寒冷期距今约8000~9000年,主要寒冷期在公元前6300年前后。

第二次寒冷时期发生在公元前1000年到公元100年之间,主要寒冷期在公元前830年前后。

第三次寒冷期是在公元1550—900年间,主要寒冷期在公元1725年前后,在欧洲称之为现代小冰期。这几次寒冷期在图2.10的挪威雪线变化中都有很好地反映,在两个相邻寒冷期之间为相对温暖期。

第一次温暖期主要发生在公元前5000—公元前1000年间。这期间曾发生降温幅度较小的寒冷期,因此将这温暖期称为气候最适期。

第二次温暖期发生在公元900—1300年之间,称为第二次气候最适期。

竺可桢(1972)用大量的考古资料和历史文献记载研究了中国近5000年来气候变化,图2.10中的细线即为中国近5000年的温度变化。这条温度变化曲线与挪威雪线变化比较可见,两者在近5000年来变化基本上是一致的,这表明气候变化具有全球的一致性,尽管世界各地的最冷年份和最暖年份发生在不同的年代,但气候的冷暖变化还是前后呼应的。竺可桢认为近5000年来气候变化的主要特点是:温暖期持续时间越来越短,温暖的程度越来越低;寒冷期越来越长,寒冷的程度越来越强。任何最冷时期似乎都是从东亚太平洋海岸开始,寒冷波动向西传传输到欧洲、非洲大西洋海岸,同时也有从北向南传输的趋势。

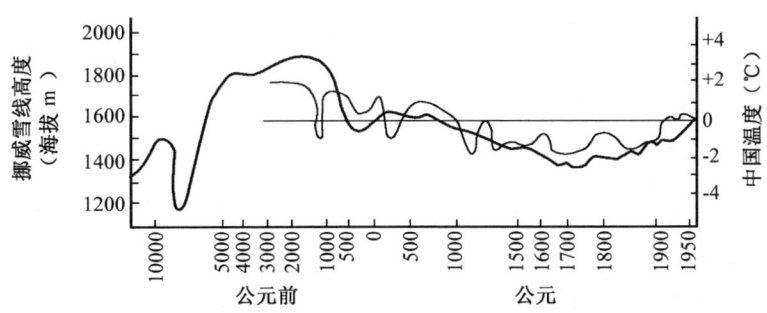

图2.10 1万年来挪威雪线高度(粗线)与中国5000年温度(细线)变化曲线

中国在近 5000 年中也有几次冷暖的变化：

(1) 近 5000 年的最初 2000 年，即从仰韶文化到安阳殷墟文化大部分时期的年平均温度比现在高出 2℃左右。冬季 1 月高出 3～5℃。

(2) 从公元前 1000 年的周代初以后，中国气候有一系列的冷暖波动，其最低温度时期分别在公元前 1000 年、公元 400 年、公元 1200 年和公元 1700 年。温度变化 1～2℃。其中第四次寒冷期大约在 1550—1900 年期间，最冷在 1725 年前后，在欧洲称之为现代小冰期。

(3) 每个 400～800a 的期间里，可以分出 5～100a 为周期的波动，温度变化 0.5～1.0℃。

2.5.3 近代气候变化

近代气候变化是指有气象观测记录以来的气候变化。图 2.11 是近 100 多年来地球表面平均温度曲线图。由图 2.11 可见，1866 年以来地球表面温度呈脉动式变化，温度时高时低，但总的趋势地球表面在不断增温变暖，从 20 世纪 70 年代至今持续上升。从曲线变化规律来看，未来地球温度仍应该是脉动式的变化，近期其总趋势仍可能是上升的，温度仍维持在较高水平。

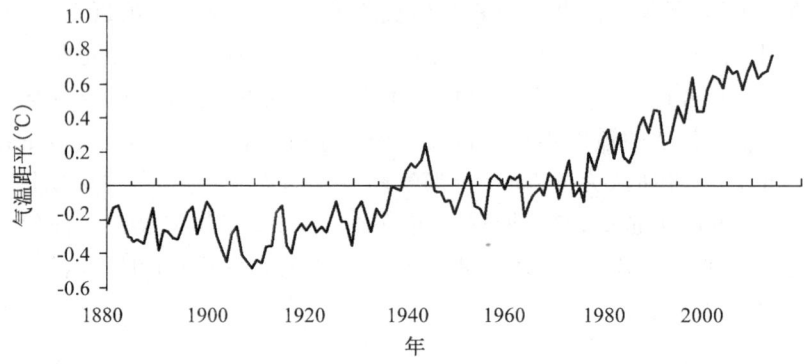

图 2.11　1880—2014 年全球年平均气温距平序列（相对于 1951—1980 年）

2.5.4　气候变化的影响因子

气候是地球上自然环境中最积极、最活跃、最复杂的因子之一。各地气候的形成和变化有极其复杂的因素，科学家们对此一直在不断地探索，得到一些重要的认识，主要有自然因素和人为因素。这些因素是如何影响气候变化的，至今仍不完全清楚。

从 20 世纪 70 年代起，人们开始用系统论从整个行星地球去研究气候的形成及其变化的原因。即从"气候系统"的概念来认识气候的形成和变化。认识气候是整个行星地球运动的结果,是行星地球的一种自然现象。它受制于行星地球各个圈层的相互作用,即大气圈、水圈、岩石圈、生物圈、冰雪圈及其各圈层之间的相互作用。行星地球有规律地从太阳获得大量的辐射能,并在各个圈层间发生相互转换、传输等一系列的物理过程和化学过程,这中间还伴随着一系列的物质交换过程。其中某一圈层发生某些变化,那么其他的圈层就会有相应的正负反馈作用而产生一系列的变化。由此可见,地球上气候的形成和变化除受太阳辐射影响外,还与海-气相互作用、水汽输送、海陆分布、大陆地形、冰雪覆盖、植被分布、人类活动等有关(图 2.12)。

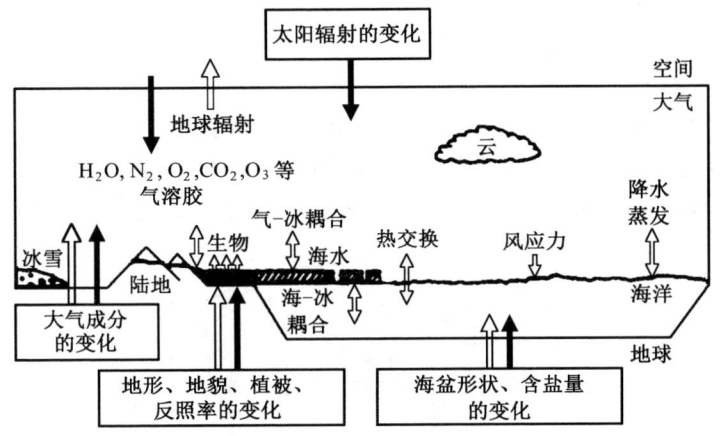

图 2.12　气候系统示意图

(图中实线箭头是气候的外部过程,空心箭头是气候的内部过程)

第3章 地球构造

§3.1 地球的圈层构造

3.1.1 地球的内部构造

人们能够直接观察的只是由矿井和钻井揭露或出露地表的地壳最上层,达到15~20km左右。关于地球内部物理性质的研究只能依靠地震波的传播、热的传导以及磁性和重力等各种间接的线索,其中地震波的传播情况分析是最有效的方法。

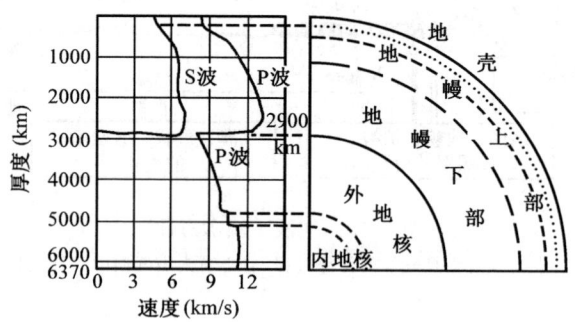

图 3.1 地球内部地震波速度分布及其分层

根据对地震波在地下不同深度传播速度的分布的研究,地球固体内部存在着两个主要的分界面,在分界面上地震波传播速度发生急剧变化。第一个间断面位于地表以下平均33km处,称为莫霍洛维奇间断面,简称莫霍面;第二个间断面位于地表以下2900km处,称古登堡间断面。这两个间断面把地球内部分成三大层,即地壳、地幔和地核。这三大部分还可再分为7层(图 3.1 及表 3.1)。

3.1.1.1 地壳

地壳是地球外表一层由岩石组成的固体硬壳,外部同大气圈、水圈、生物圈相接触,呈现凹凸不平的轮廓。其底界即莫霍面。地壳的厚度各处不一,变化于5~75km之间,大陆地壳一般厚30~40km,其中褶皱山系地壳厚度可达50~75km,岛弧地区地壳厚20~30km,大洋地壳厚5~10km。地壳主要由各种硅酸盐类岩石组成,具有弹性和塑性,愈往深处塑性愈大。地壳分上、下两部分,上部称硅铝层,主要由沉积岩和岩浆岩

表 3.1 地球内部的分层

分层		厚度(km)
地壳		0～33
莫霍洛维奇断面(M 界面)		
地幔	上地幔	33～410
	过渡层	410～1000
	下地幔	1000～2900
古登堡面		
地核	外地核	2900～4980
	过渡层	4980～5120
	内地核	5120～6371

中的花岗岩构成,富含氧化硅和氧化铝,平均密度为 2.7g/cm³;下部称硅镁层,主要由玄武岩和辉长岩类构成,富含氧化硅和氧化镁,平均密度为 2.9g/cm³。地壳约占整个地球质量的 0.8%,体积占整个地球体积的 0.5%。地壳表层因受大气、水、生物的作用,可形成土壤层、风化壳和沉积物质的堆积,厚度介于 0～10km。

地壳上层的温度可以直接测量。在一年中太阳辐射对地层的变热作用只深入到地面下 10～20m,在这个深度处,温度约等于地球表面上一年的平均温度,而且经常保持不变。在常温层以下随深度约每增加 33m,温度增高 1℃。当深入地下三四十千米以后,温度高达可以熔化岩石的高温(岩石熔化的温度为 1100～1400℃)。有人认为主要的原因是地球内部含有许多放射性元素,它们在蜕变时放出的大量热能使得地球灼热起来。

地壳虽然是由坚硬的岩石所组成,但它一直是在不断地发展和变化着。它经受外力的改造,又受地壳运动和岩浆活动等内力作用,发生变形和变位,形成各种类型的褶皱和断裂、隆起和凹陷等地壳的构造变化和岩石的变位作用。

3.1.1.2 地幔

地幔亦称中间层,介于莫霍面与古登堡面之间。这一层厚度自莫霍面直到 2900km 深处。地幔分为上地幔和下地幔以及它们之间的过渡层,又将过渡层归入上地幔。上地幔的构成物质除硅与氧外,铁和镁显著增加,铝则明显减少,由类似橄榄岩类岩石构成,平均密度约 3.8g/cm³;下地幔的构成物质除硅酸盐外,主要是金属氧化物与硫化物,特别是铁、镍成分显著增加,平均密度为 5.6g/cm³。地幔物质呈可塑性状态。地幔的温度约 1200～4000℃,温度和密度都随深度增加而增加,100km 深处的温度为 1300℃,300km 深处的温度是 2000℃。地幔的压力可达 $140×10^4$ atm。地幔质量为 $4.05×10^{21}$ t,占地球总质量的 67.8%,体积占地球总体积的 82%。

近些年来,地球物理学和地质学研究认为,上地幔上部 60～250km 深度范围内存在一个地震波低速带,可能是由于放射性元素大量集中,蜕变生热,产生高温异常现象,超过了物质在该深度的熔点,使物质呈熔融状态,故也称为软流层。这里是岩浆的发源地,与地幔对流、海底扩张、火山与地震的发生、矿物的形成等地球表层的许多活动有密切的关系。

3.1.1.3 地核

地核是从 2900km 深处的古登堡面直到地球中心。地核的密度为 $9.7\sim13g/cm^3$,温度为 $3700\sim6000℃$,压力可达 $(300\sim370)\times10^4 atm$,质量和体积分别占全球的 31.5% 和 16.2%。根据地震波传播速度不同,地核又可分为内核和外核以及过渡层三部分。地表以下 $2900\sim4980km$ 叫外核,据推测可能是高压状态下铁、镍成分的液态物质;$4980\sim5120km$ 深处是内外两层的过渡带;而由 5120km 直到地心则为内核,半径为 1255km,物质可能是固体状态的。

地球内部状况,由于目前除地壳部分外,还不能直接观察分析,因此所讲的情况是否真正符合客观实际,还有待进一步研究。

3.1.2 地壳运动

地壳运动是指由于地球内动力作用所引起的地球表层变位或变形的机械运动,又称构造运动。如大洋板块的漂移和俯冲、大陆壳的破裂及其相对错移、区域性的隆起和沉降、地质体的变形和变位等。

3.1.2.1 地壳运动的一般特点

地壳自形成以来,在地球的旋转能、重力和地球内部的热能、化学能的作用下,以及地球外部的太阳辐射能、日月引力能等作用下,任何区域和任何时间都在发生运动。从地壳的构造来看,最快速的地壳运动是地震。此外尚有许多不为人类的感官所觉察的十分缓慢的运动,如地壳的升降和板块的移动,但它们在漫长的地质时期中也显示出极大的变化。从世界上最古老到最新的岩石中都保留有地壳运动的各种行迹,如岩层的褶皱和断裂等。可见,地壳运动不仅过去有,现在有,将来也不会停止。通常把发生在新第三纪的地壳运动称为新构造运动。

地壳运动具有一定的方向性。地壳运动的方向最基本的有两种:水平运动和垂直运动。水平运动是指地壳部分沿平行于地表即沿地球各地表面切线方向的运动,它使地壳受到挤压、拉伸或者平移甚至旋转。这一运动可以形成巨大的褶皱山脉和断裂构造。因此,水平运动又称造山运动。例如,昆仑山、祁连山、秦岭、喜马拉雅山以及世界上的许多山脉,都是遭受水平方向的挤压而褶皱隆起的。垂直运动是指地壳物质垂直于地表即沿地球铅垂线方向的升降运动,它使岩层发生隆起与凹陷,从而造成地势高低起伏和海陆变迁。垂直运动又称为造陆运动,它一般反映地壳比较稳定,水平运动和垂直运动是构成地壳整个空间变形的两个分量,彼此不能截然分开,但也不能等同起来看待。它们在具体的空间和时间中的表现常有主次之分,在一定的条件下还可彼此转化。

地壳运动具有非匀速性。地壳运动的速度有快慢,即使缓慢的运动其速度也不是均等的。喜马拉雅山的变化就说明了这一点。据研究,在 3×10^8 年前的晚古生代,这里只是一个海峡(古地中海),约在 4×10^7 年前的老第三纪才开始上升,当时以平均每年约 0.05cm 的速度慢慢升高,直至 2×10^6 年前的新第三纪才初具山的规模。随后,上升的速度加快,从 1862—1932 年的 70 年间的观察资料表明,上升的速度增为平均每年 1.82cm。据长期观测,目前还以平均每年 2.4cm 的速度加快上升。到目前为止,其总的上升幅度已超过 10000m。

地壳运动具有不同的幅度和规模。地壳运动的幅度常大小不一,这与运动的方向和速度有关。若运动的方向在长期内保持一致而且速度又较快时,其运动的幅度就增大;若运动的方向变化频繁,其幅度可能就小。由于地壳运动的速度、幅度和方式不同,其波及的范围也就不同,有的可影响到全球或整个大陆,有的仅涉及局部区域。所以,地壳运动亦有不同的尺度。

3.1.2.2 地质构造及其地貌表现

构成地壳的岩石或岩体,在地球内营力作用下发生的地壳运动中产生各种类型的褶皱和断裂、凹陷和隆起以及与之相伴的岩浆活动和变质作用,因而其岩性、岩相、岩层厚度和岩层之间的接触关系都会发生变化并留下行迹。我们可以根据地质剖面中的这些行迹,用历史比较的方法加以分析,便能恢复地质历史时期地壳运动的形式、特点、范围、幅度和地壳构造的发展阶段等。

承受地壳运动的岩层或岩体,在地应力的作用下发生变形变位的结果,称为构造形迹或地质构造。地应力作用的方式和结果有三类:压应力使岩石发生挤压作用,形成压性构造;张应力使岩石发生拉伸作用,形成张性构造;扭应力使岩石发生扭曲作用,形成扭性构造。岩石的应变,除与应力的大小、方向、性质和作用时间的久暂有关外,还与岩石本身的理化性质和周围的地质条件有关。构造变动在层状岩石中表现最为明显,基本的构造类型有:水平构造,倾斜构造,褶皱构造和断裂构造等,其规模有大有小,行迹也多种多样。

地壳运动是地貌形成的一个重要因素。受地质构造控制并能反映构造特点的地貌,称为构造地貌。根据构造与地貌的关系,可以从构造来解释地貌,也可以从地貌来分析构造。

(1) 水平构造

原始岩层一般是水平的,它在地壳垂直运动影响下未经褶皱变动而仍保持水平或近似水平的形状者,称为水平构造。如第三纪的红层中常见。

在水平构造中,新岩层总是位于老岩层之上。当地面未受切割时,地貌上表现为同一岩性构成的平原或高原。在受切割的情况下,老岩层出露于低处,新岩层在高处。当顶部岩层较硬时,常形成桌状台地、平顶山或方山。

如果水平构造的岩层是软硬相间,在差异剥蚀作用下常形成层级状山丘地貌,在侵蚀斜坡上便形成构造阶地(即假阶地)。

在我国东部第三系层状平缓的红色砂砾岩中,受侵蚀后常形成顶平、坡陡和孤立突出的城堡状、屏风状、塔状、柱状等地貌形态。如河北省承德附近的双塔山、棒槌山,广东北部的丹霞山等。这种地貌总称为丹霞地貌。

(2)倾斜构造

倾斜构造是指岩层经构造变动后岩层层面与水平面间具有一定的夹角。倾斜岩层常是褶曲的一翼,断层的一翼,或者由不均匀的升降运动引起的。测定倾斜岩层的产状是研究地质构造的基础。

在较大范围内如果岩层倾角由陡至缓逐渐减小,在地貌上可能依次出现猪背脊、单面山,以及台地和方山等一系列与构造有关的地貌类型。

(3)褶皱构造

褶皱是地壳运动的结果,是岩层受水平挤压力的作用而发生的波状弯曲的塑性变形。岩层如果只发生一个弯曲,则称为褶曲,两个或两个以上的褶曲组合叫作褶皱。

褶皱的最简单形态是对称性(图3.2),即地层被褶皱变形为一个向上的褶曲(背斜)和一个相对应的向下褶曲(向斜)。两个褶曲的中心线称为轴,两侧称为翼。背斜和向斜是褶曲的最基本的形式。背斜核心部位的岩层年代较老,两侧的岩层年代较新,岩层一般向上弯曲。向斜核心部位为新岩层,两侧为老岩层,岩层一般向下弯曲。在一个地区的背斜和向斜总是相间排列的,其中的背斜和向斜在形态的朝向上往往是一致的。实地工作中应根据地层的相对年龄和新老岩层的出露情况来判定背斜和向斜。任何能

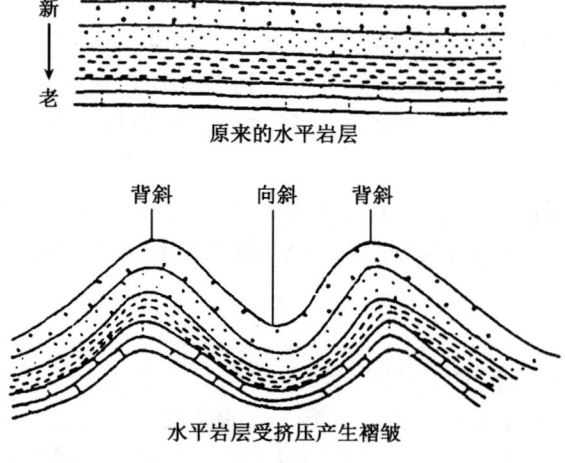

图 3.2 褶皱示意图

使最老地层出露的褶曲为背斜,而能使最新地层出露的所有褶曲为向斜。

在自然界,褶曲的产状和形态是多种多样的。按照褶曲的转折端形态可以分为圆滑褶曲、梳状褶曲和箱形褶曲等;根据褶曲轴面的产状,又可分为直立褶曲、倾斜褶曲、倒转褶曲、平卧褶曲、扇形褶曲和翻转褶曲等(图 3.3);根据褶皱各部位的岩层厚度可将褶皱分为平行褶皱、相似褶皱和顶薄褶皱;还可以根据褶皱轴的倾伏情况分倾伏褶曲、短褶曲、穹窿构造、盆地构造等。

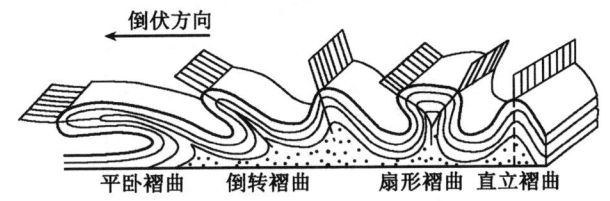

图 3.3　各类褶曲的几何形状

褶皱的规模有大有小,有时可能只产生大小几厘米的褶皱,有时可形成蜿蜒延伸几十或几百千米的一系列高大山系。世界上大部分山系也正是由于褶皱形成的。如在上石炭纪至二叠纪时期的海西褶皱造山运动隆起的山脉有乌拉尔山、天山、阿巴拉契亚山和澳大利亚东部高地等;在新生代中期的喜马拉雅褶皱作用时期隆起的山脉有喜马拉雅山和阿尔卑斯山。

(4)断裂构造

岩石受应力作用而发生变形,当应力超过一定强度时,岩石便发生破裂,甚至沿破裂面发生错动,使岩层的连续性、完整性受到破坏者,称为断裂构造。按断裂的规模和破裂程度,可分为节理、劈理、断层等基本类型。

劈理因规模很小,与地貌的关系不大,故不作介绍。

节理是指岩石沿破裂面两侧无显著位移的裂隙。它在空间上表现为面状。由于岩石受力的情况不同,节理面有的平直、光滑,有的弯曲、粗糙,有的裂隙张开,有的闭合,而且深浅大小也不一样。

节理并不完全是由于地壳运动引起的,有些节理是由外力作用,如风化、重力作用等形成的裂隙。因此,根据其成因,节理可分为构造节理和非构造节理两大类。前者由内力作用形成,与褶皱和断层有一定的成因组合关系,产状也比较稳定;后者主要由外力作用而形成,规律性较差,规模也较小。

断层是指岩层或岩体受力破裂后,破裂面两侧的岩块沿断裂面发生较大位移的断裂构造。断层在地壳上分布极其广泛。它对矿产的形成和改造,工程基地的稳定,地震的形成等都起到很大的作用。

断层的要素有:断层面、断层线、断盘和断距等(图 3.4)。断层面是指岩层发生相对位移的断裂面。断层线是断层面与地面的交线。断盘是沿断层面发生相对滑动的两侧岩块。如果断层面是倾斜的,位于断层面上方的叫上盘,位于其下方的叫下盘。如果断层面是垂直的,则没有上下盘之分。断距是指断层上下盘沿断层面发生相对位移的实际距离。按断层两盘相对位移的关系,断层类型可分为:正断层、逆断层、逆掩断层、平移断层、直立断层和捩转断层等(图3.5)。

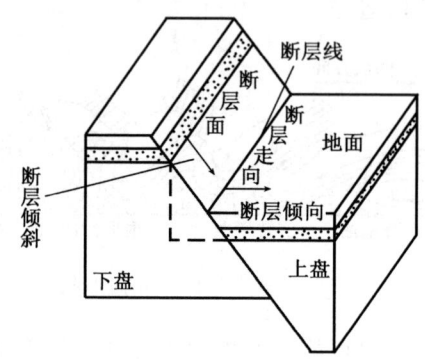

图 3.4　断层的几何要素

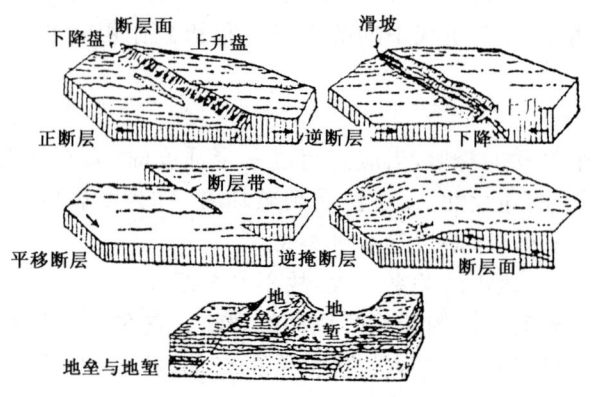

图 3.5　各类断层的立体图

自然界的断层,很少单个地存在,而是由若干条断层构成一定的组合形式。成组出现的断层,走向大多是平行的(但不很规则)。一组断层又可能被另一组断层切割破坏。如果某地区的地壳被一组产状大体相同的断层切割,各断盘依次上升(或下降),呈现阶梯状,则称为阶梯状断层。如果地壳被两组大致平行的断层切割,中间的断盘相对下降,两侧的断盘相对上升,则构成地堑;相反,如果中间断盘相对上升,两侧断盘相对下降,则形成地垒(图3.5)。大规模的成组断层交叉出现时,则会把地壳切成地块,中间地块相对上升、四周地块相对下降的称为断块山地;中间地块相对下降、四周地块相对上升的称为断陷盘地。

3.1.3 地壳的演变

3.1.3.1 地质年代的概念

地壳在各种内外动力作用下,经常出现组成、结构和构造以及外表形态的变化。这种变化或改变在时空上的连续事件便构成地壳的演化。表示地壳演化的时间和顺序的概念称为地质年代。计算地质年代的方法有相对年代和绝对年代两种。

相对年代法主要根据岩层的沉积顺序和古生物化石进行对比和划分。这种方法又称古生物地层法。通过古生物地层法并结合地壳运动和古地理等特征,对全世界的地层进行对比研究,把地质历史划分为两大阶段:老的叫隐生宙;新的叫显生宙。宙以下分代,代以下分纪,纪以下分世,等等(见表3.2)。地质历史划分阶段的单位是宙、代、纪、世、期。每个时代单位都有相应的地层单位,它们称为:宇、界、系、统,等等。

表 3.2 地质年代表

相对年代			距今年数（百万年）	生物发展阶段		主要构造运动		气候概况
宙	代	纪		动物界	植物界	中国	西欧	
显生宙	新生代	第四纪	2~3	人类时代	被子植物时代	喜马拉雅运动 燕山运动 印支运动	阿尔卑斯运动	第四纪大冰期气候
		晚第三纪	26	哺乳动物时代				大间冰期气候
		早第三纪	70					
	中生代	白垩纪	138	爬行动物时代	裸子植物时代			
		侏罗纪	190					
		三叠纪	230					
	晚古生代	二叠纪	275	两栖动物时代	蕨类植物时代	海西运动 加里东运动	海西运动 加里东运动	石炭—二叠纪大冰期气候
		石炭纪	330					
		泥盆纪	385	鱼类时代				大间冰期气候
	早古生代	志留纪	435	海生无脊椎动物时代	藻类时代			
		奥陶纪	500					
		寒武纪	600					
隐生宙	元古代	震旦纪	1500?	低级原始动物		蓟县运动		震旦纪大冰期气候
	太古代	前震旦纪	4600	生命发生和最初分化时期				
				地球最初发展阶段				

绝对地质年代学是关于以通常的绝对天文单位——年,表达地质时间量度的方法。绝对年代法是通过矿物或岩石的放射性同位素的测定,并按放射性蜕变定律计算其具体年龄,用数量时间单位来表示。同位素年龄测定法有多种,如铀—铅法、铅同位素法、钾—氩法、铷—锶法、放射性碳法等。这些方法各有特点及其适用范围。

3.1.3.2 地壳演化简史和古地理概貌

(1)太古代

太古代属隐生宙,是地质年代中最古老、历史最长的一个代,距今约 25 亿年,即原始地壳及原始大气圈、水圈、沉积圈和生物的发生发展的初期阶段。据认为,原始地壳的形成开始于 46 亿年前左右,这时,全球是一个统一的泛古大陆,地壳厚度较小,具有大洋地壳的性质,常有超基性、中基性断裂喷溢活动。岩浆活动与火山活动也比较频繁。估计在距今 40 亿年左右开始形成原始的大气圈和水圈,因而开始有沉积岩的形成。但地壳物质主要还是火山岩和火山沉积岩,后变质成为绿岩。这些古老的绿岩是古地台的基底。这一时期由于只有原始大气和水,因而地球上还没有生命,是一片荒凉死寂的世界。

与太古界岩石相关的有变质矿床:铁矿、金、铀矿,如我国鞍山铁矿、澳大利亚西部铁矿等,都分布在太古界地层中,这同太古代时期构造运动强烈、次数频繁等因素有关。

(2)元古代

元古代属隐生宙,距今约 25 亿～6 亿年。据古地磁资料说明,在晚元古代,泛古大陆已不复存在,已分裂成五个分离的大陆,它们是古北美、古欧洲、冈瓦纳大陆、古西伯利亚和古中国。这一时期的特点是出现菌藻类植物,在元古界中发现很多菌藻植物化石和微古植物,因而又将元古代称为菌藻植物时代。此外,在元古代末期,还出现了著名的伊迪卡拉动物群,其中有腔肠动物、环节动物、节肢动物和介壳动物。元古代的岩石类型有各种碎屑沉积和生物化学沉积等较弱变质的沉积岩。元古代中期发生过广泛的地壳运动,如我国的吕梁运动,而火山活动已逐渐减弱。元古代后期曾发生过全球性的大冰期(震旦纪大冰期),冰碛岩广泛分布于南方冈瓦纳古陆上。元古代中也可以找到许多有用矿产,如铝土矿、磷矿、金、铁、铀矿以及石油等。

(3)古生代

古生代距今约 6 亿～2.3 亿年,分为早古生代和晚古生代。

早古生代包括寒武纪、奥陶纪和志留纪。这一时期的化石记录表明,早古生代时已存在大量而复杂的生物,是地球上动物界的第一次大发展。其中最多的是节肢动物中的三叶虫,其次是腕足类动物,此外,笔石、珊瑚、鹦鹉螺等也十分繁盛。半陆生的高等植物——裸蕨类首次出现在志留纪。脊椎动物的无颌鱼类在中奥陶纪首次出现,到志留纪得到进一步发展。到志留纪末才出现陆生生物,所以可以认为,整个早古生代为海生无脊椎动物时代。

据早古生代厚层灰岩和珊瑚礁的广泛分布,一些地质学家认为,这一段时期全球气候是温暖而均一的。尤其是在寒武纪气候可能更温暖干燥,早、中奥陶纪也属温暖气候,但到晚奥陶纪则气候变凉,特别是南半球中高纬地区。晚奥陶纪在非洲和南美洲发育冰川。到了志留纪,海平面升高,可能与在冰期以后冰的融化有关。

根据古地磁资料推断,早古生代地壳发生过分离和合并,认为在寒武纪初期可能已存在着五个分离的大陆,而这些大陆在中奥陶纪又开始拼接。由于地壳的分合运动,在早古生代的不同时期和地区发生了强烈的褶皱运动。通常称发生在早古生代特别是志留纪末期的构造运动为加里东运动。由于加里东运动的结果,地槽先后褶皱隆起。到志留纪末,褶皱更为强烈。

晚古生代包括泥盆纪、石炭纪和二叠纪。晚古生代是地壳构造活动强烈时期,世界上的许多地槽都逐步转化为高耸的山脉。由于板块的碰撞和大陆的隆起,导致普遍的海退。后来又在多处发生海侵。

晚古生代开始时,陆地大都是不毛之地。由于加里东运动的结果,陆地面积扩大为动植物向陆地迁移提供了有利环境。陆生植物迅速繁盛起来,其中有蕨类植物、木贼和松柏。脊椎动物中的鱼类已登陆,并演化出现两栖类,进而演化为爬行类。这时的生物界再也不是海生无脊椎动物的一统天下了,而是陆生植物、脊椎动物和无脊椎动物的三足鼎立世界。由于乔木类植物的繁盛,晚古生代的石炭纪和二叠纪是主要的成煤时期,此外还有铁、锰矿等。

晚古生代气候逐渐变凉,如泥盆纪的气候比较凉爽,可能和现在差不多。晚石炭纪开始气候迅速变冷,到晚石炭纪后期和早二叠纪早期,南半球有广泛的冰川分布。早二叠纪后期稍变暖,但二叠纪可能一直都比较凉。

(4)中生代

中生代距今约2.3亿～7000万年,包括三叠纪、侏罗纪和白垩纪。中生代最重要的地理变化,是在古生代时由各个古老大陆拼接而成的泛大陆又开始解体。泛古大陆的解体进行得非常缓慢,年平均仅几厘米,而且并非同时一次发生,而是从晚三叠纪开始一直进行到新生代的晚第三纪。

中生代的生物界与古生代显著不同。生物的进化发展到更高级的阶段,植物界的裸子植物占主导地位,故中生代有"裸子植物时代"之称。但到侏罗纪,进一步进化,开始出现了被子植物。到白垩纪,多数地区的被子植物已取代了裸子植物而成为优势植物。动物界的进化也很显著,以爬行动物的极度发展为其特征,特别是恐龙极为繁盛,成为当时动物界的统治者。故中生代又称为"爬行动物时代"或"恐龙动物时代"。

但到白垩纪末期,发生大量生物的灭绝,如恐龙、翼龙、蛇颈龙、鱼龙、中龙、菊石、箭石全部灭绝,爬行类只有蜥蜴、蛇、龟和鳄鱼幸存下来。双壳动物、有孔虫、珊瑚、腕足动物等许多属也绝灭了。陆生植物中本内苏铁灭绝,裸子植物大量衰减。发生这一现象的原因,人们曾提出过许多假说加以解释,如有疾病说、灾变说、种群竞争说、海退说、特化说等。但是,无论是哪一种解释,单一的原因不可能造成白垩纪末大量生物的灭绝。灭绝可能是综合因素共同作用造成的,其中最主要的是大陆的升起,陆缘浅海的撤退,气候降温,大陆的解体,生物生存竞争和特化。

中生代的气候,同古生代和新生代相比,都稍暖和,三叠纪时,气候异乎寻常地干燥,这个时期没有冰川沉积;而侏罗纪和白垩纪则要潮湿一些。到晚白垩纪初期,全球气候开始了一个长期降温的过程,并一直延续到新生代的第三纪晚期和第四纪,发育大陆冰川而达到最冷。

(5)新生代

新生代约开始于7000万年以前,一直延续至今,包括早第三纪、晚第三纪和第四纪。其中,早第三纪又分为古新世、始新世、渐新世、晚第三纪分为中新世和上新世,第四纪分为更新世(冰期)和全新世(现代)。

第三纪的一个特点,是各大陆继续分离,大西洋和印度洋宽度增大,太平洋宽度缩小。由于非洲、印度板块与亚欧板块的碰撞,太平洋和特提斯海边缘的地槽发生广泛的构造运动,转变为高峻的山岭。在阿尔卑斯和喜马拉雅地区也由于主要大陆板块之间的挤压,在渐新世和中新世发生强烈的褶皱变形,因而称之为阿尔卑斯造山运动和喜马拉雅造山运动。

第三纪标志着现代生物界的开始,哺乳动物在个体大小、数量和种类上都迅速发展变化,到始新世末期占领了各种可栖居的生活环境。同时出现了高度发展的哺乳类动物——灵长类。据认为,中新世灵长类森林古猿和拉玛古猿可能是现代人类的祖先。在植物界,则以被子植物的大发展为特征。

第三纪时期气候的总趋势是逐渐变凉,出现了冰川作用,这可能同造山运动、大陆的造陆上升以及大陆漂移到极区等因素有关。南极洲的冰川活动早在始新世就已经出现,到中新世晚期已形成了大陆冰盖。

第四纪是最后一个、至今尚未结束的纪。第四纪最重要的特征是人类的出现。在这一时期,人类完成了进化过程,从早期猿人发展到晚期猿人、早期智人、晚期智人,直至现代人的出现。所以,第四纪又称为"灵生代"。

第四纪的另一个重要特点是更新世全球性大冰期。据估计,现代冰川约覆盖地球陆地表面的11%,主要分布在南极洲、格陵兰、冰岛和高山地区。而第四纪更新世时期大陆冰川的覆盖面积相当于现代冰川的3倍多,约$4000 \times 10^4 km^2$。在欧洲,冰盖南缘可达50°N附近,在北美,冰盖前缘一直伸到40°N以南,南极的冰盖也远比现在大得多,包括赤道附近在内的地区的山岳冰川和山麓冰川,都曾下达到较低的位置。这次大冰期,有多次的冰川进退,至少可以分四次冰期和三次间冰期。在最大的一次冰期中,世界大陆有32%的面积为冰川覆盖。大量的水分停滞于大陆上,致使海面下降约130m。在第四纪大冰期中,气温平均比现在低3~7℃左右,降雨量和降雪量也比较大,不但高纬度地区为冰川覆盖,就是中低纬度也出现寒冷气候,并在山区发育山岳冰川。

第四纪构造运动和火山活动的历史,是第三纪开始的陆壳板块和大洋板块运动的结果。许多山脉和高原升起,但没有明显的褶皱。例如北美科罗拉多高原在晚第三纪和早第四纪上升近1500m。阿马拉契亚山脉抬升几乎1000m。构造运动的结果是断层和断陷盆地的形成,例如菲律宾断层、新西兰的阿尔卑斯断层、南美的阿塔卡玛断层等。由于大洋板块在沿大陆的太平洋边缘之下的活动,因而环绕太平洋盆地形成频繁的地震和火山活动。

§3.2 大地构造学说

关于全球性地壳运动的原因、规律和表现形式的研究,是大地构造学说的基本内容。目前有多种大地构造学说,它们以不同的观点解释大地构造。

3.2.1 板块构造学说

板块构造学说又称板块构造说,是现代最引人注目的全球性构造理论。它是在大陆漂移、海底扩张等学说的基础上继承、发展而来的学说。

3.2.1.1 大陆漂移说

德国的魏格纳(A. Wegener)在1912年根据被大洋隔开的两边陆地的轮廓、地层、构造、古生物、古气候和冰川等各种现象和特点的相似性、相关性和连续性,提出了轰动一时的大陆漂移说。他认为,在中生代以前,地球上所有的大陆都曾连在一起,构成一个统一的超级大陆(即泛大陆),海洋也只有一个泛大洋。后来在地球自转的离心力和天体引潮力的作用下,超级大陆开始被分离。由较轻的硅铝层组成的陆块、像冰块浮于水面一样,在较重的硅镁层(洋壳)上漂移,逐渐形成了现有的海陆分布轮廓。这一假说与当时盛行的地壳水平位置固定不变而只有升降运动的观点是针锋相对的,因而激起了"漂移"与"反漂移"的热烈争论。由于漂移说当时还缺乏洋底地壳性质的了解,对驱动力的解释也不够有说服力,存在一定的缺陷。结果在1930年代几乎被人遗忘了,后来只有少数人还在继续研究。直到1950年代后,由于各种资料尤其是海洋地质和地球物理方面的资料更丰富了,大陆漂移说才又被人们重视起来,并得到了新的发展。使大陆漂移说重新抬头的重要原因是从古地磁的研究中得到了有力的证据。古地磁的特性表明,岩石,尤其是岩浆岩,形成时都按地磁场的方向被磁化,并具有稳定的不受后来位置变动影响的剩余磁性。据此,便可测出不同地质时期和不同地区岩石形成时的磁纬度和地磁极。测定的结果发现,各大陆岩石的古地磁极与现在的地磁极位置发生了明显的相对变动,而且各大陆有不同的磁极变化轨迹。这就是说,不是地磁极和地轴发生了明显的位移就是大陆发生了漂移,二者必居其一。事实上,前者的变动是相当微小的,主要是被磁化了的岩石和大陆一起后来发生了显著的位移。古地磁极的移动轨迹对于古大陆的复原提供了重要的证据。迪茨(R. S. Dietz)和侯尔登(J. C. Holden)(1970)根据新资料编绘出一套新的大陆漂移图(图3.6)。

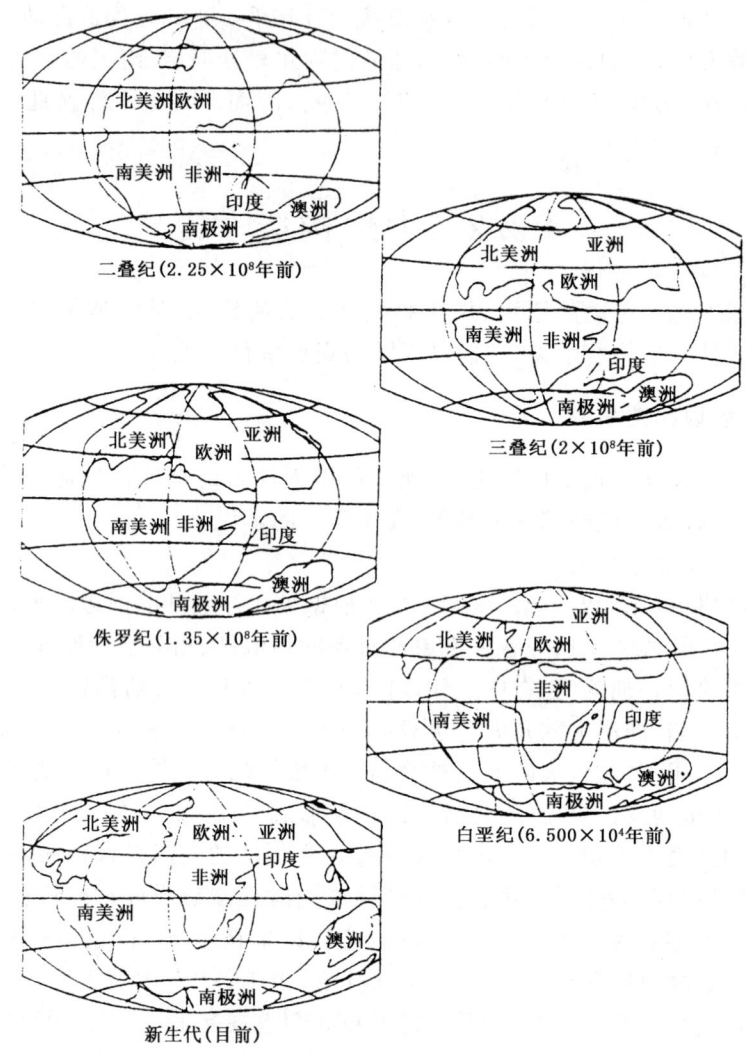

图 3.6　大陆漂移简图(引自 Dietz 等,1970)

3.2.1.2　海底扩张说

自第二次世界大战以来,对洋底大规模的考察中发现,洋底岩石的年龄相当年轻,洋底沉积层也很薄;而且发现了环绕全球的高热流的大洋中脊和裂谷体系等新情况。在 1961—1962 年,赫斯(H. Hess)和迪茨在大陆漂移说和地幔对流说的基础上,根据洋底的新资料提出了有名的海底扩张说。该学说认为,裂谷加宽,大陆张开而形成大洋,这个裂谷就是后来的大洋中脊,在裂谷中由软流层熔出的物质形成了新的洋壳。但海底扩张说与过去的地球膨胀说不同之处是,较早形成的洋底,当其远离中脊被推至海沟处时,便沿一斜面向下潜入地幔中,于是造成地幔物质的循环(图3.7)。故地球总的体积基本上保持恒定,而洋底则在不断更新。

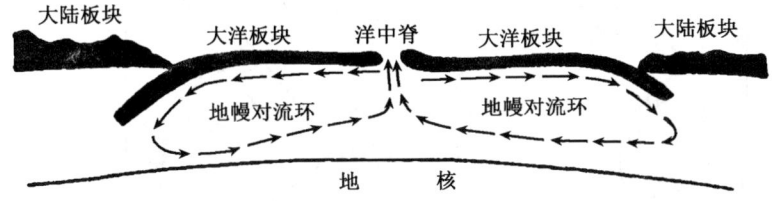

图 3.7　地幔对流系统的简化模型

据研究,海底扩张的速度每年约数厘米,在$(1\sim2)\times10^8$a 的时间内扩张的幅度便可达几千千米,整个洋底便可更换一次,完成一次对流周期。所以,洋底没有发现侏罗纪以前($>1.9\times10^8$a)的岩石,沉积层的厚度也很薄。

海底扩张的原动力主要来自地幔物质的对流。所谓大陆漂移也正是由于海底扩张引起的。这种解释与魏格纳的也有所不同,即软流圈的物质对流是作用于岩石圈的下部,使洋底发生更新;而岩石圈下部的移运带动了上层大陆地壳的漂移。所以大陆不是独立、主动地漂移,而是被洋壳载运着在地幔对流体上移动。

3.2.1.3　板块构造说

在1968年,在一系列地球物理学家的文章中,提出岩石圈板块构造学说(简称板块构造说)。它把海底扩张、大陆漂移、地震与火山活动、山脉的形成等许多地质现象,纳入一个比较符合逻辑的理论体系之中,用统一的动力学模式来解释全球性的构造运动的过程及其相互关系。它对地球科学的发展起到巨大的推动作用。

板块学说认为,地球的岩石圈不是整体一块的,而是被一些构造活动带如大洋中脊和裂谷、海沟、转换断层等分割成相互独立的构造单元。这些构造单元或岩石圈的块体,称为板块。板块内部是比较稳定的区域,各板块之间的接合处则是相对活动的地带。目前认为,对全球构造的基本格局起控制作用的有六大板块:太平洋板块、亚欧板块,美洲板块,非洲板块,大洋洲(或印度洋)板块和南极洲板块(图3.8)。当然,除六大板块外还可划分出许多较小的板块。

板块构造的内容和特点主要表现在其边界上。已知的板块构造边界有三种类型:

(1)扩张(或增生)型边界。它是新地壳增生的地方,喷出物多为玄武岩;以张应力产生的正断层和节理为主;地震的震源较浅,烈度也不大。如美洲板块与非洲板块之间的边界等。

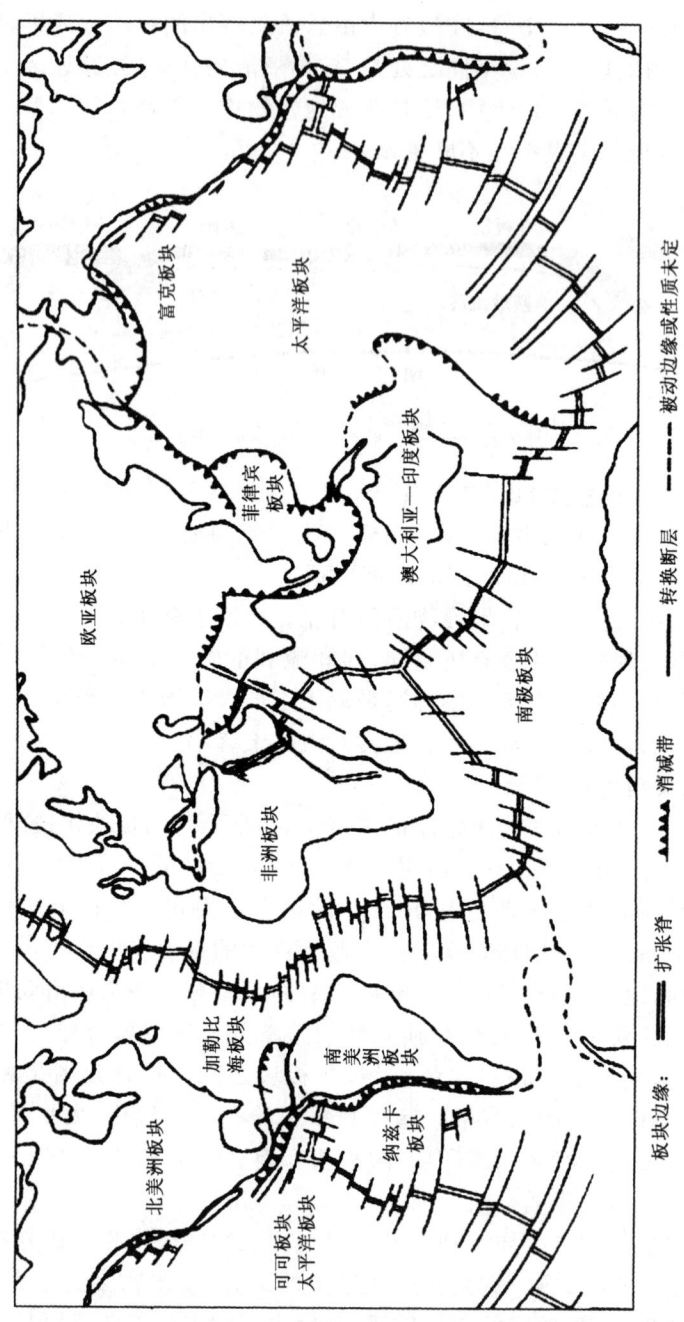

图 3.8 全球板块分区图

(2) 俯冲(或汇聚)型边界。它见于两个板块相汇聚、消减的地方。它们又可分为两种：①岛弧海沟型边界，即质量较重的大洋地壳俯冲到较轻的大陆地壳之下，并在重返地幔中而消亡；俯冲的这边皆为深长的海沟，被挤压抬升的一边则形成岛弧和海岸山脉；这一带多火山(以火山岩喷出物为主)和地震(浅至深源地震，烈度大而频繁)，以及出现超深断裂及叠瓦式逆掩构造。如太平洋板块与亚欧板块之间的边界。②地缝合线型边界，当两个上覆大陆地壳的板块汇聚时，最后在原弧沟系中发生碰撞，由于两边陆壳的轻重彼此相当，于是产生大规模的水平挤压，褶皱成巨大的山系。这种边界的范围很宽而且界限不明显；强烈地震多，分布亦广；板块拼缩的速度较前者小(前者每年约缩减 5cm 以上，后者多在 5cm 以内)。如印度洋板块与亚欧板块之间的边界——喜马拉雅山系。

(3) 转换断层(或次生)型边界。这类边界中物质既不大量增生也不发生减少，而只是由于前两类边界的活动导致板块间的其他部分作剪切向水平错动成为板块的分界。它仅见于大洋地壳中，以浅震为主，亦有少量玄武岩喷出。

另外，在三个板块相邻接的地点，称为板块的三连接合点。这个点可随板块的运动而位移。若其中一个大的活动的板块及其边界条件与应力场不相适应时，将会导致板块边界的全球性大调整。

现代的构造活动大多发生在这种定义的板块边界上，目前还可粗略地测定各板块移动的速度和方向，并可合理地解释各种大地构造现象和其他许多特征，如地磁、地震、火山、地热、岩浆活动、洋底地形、大洋的成因和年龄、大陆漂移，等等。所以，这学说比其他学说更全面，经受了实践的检验。这一学说的基本原理，即板块存在大规模的水平移动，板块可以增生也可以消减的论点，得到愈来愈多的证实，充满着强大的活力。

3.2.2 地槽－地台说

地槽－地台说是最早的有关地史的传统学说，它曾为大地构造学说奠定过基础。它主要从地壳运动的历史观点出发，按地壳的物质组成和建造及其表现形式划分大地构造单元(主要是大陆部分)，故又称为地史学派。它的基本论点是：地壳运动主要受垂直运动所控制，地壳此升彼降造成所谓振荡运动，而水平运动则是派生的或次要的。槽台说认为，驱动力主要是地球物质的重力分异作用。物质上升造成隆起，而下降则造成凹陷。主要的构造单元有地槽和地台两类，并认为地台是由地槽演化而来的。

地槽区是地壳活动强烈的地带，地壳构造复杂的活动地区，在地表呈长条状分布；具有升降速度快和幅度大，接受巨厚的沉积并有复杂的岩相变化，褶皱强烈，岩浆活动频繁等特点。地槽的发展大致分为两阶段：初期以不匀速的下沉为主，地势起伏很大，接受巨厚的沉积，并有基性岩浆活动，沉积物以陆源碎屑为主，随着下沉的幅度增大，沉积物也由粗变细，乃至出现碳酸盐类沉积。后期，地槽受强烈挤压抬升，沉积物由细变粗,并产生强烈的褶皱和断裂,同时出现中、酸性岩浆活动和变质作用,最后形成突起的褶皱带(造山带)。如喜马拉雅地槽、昆仑地槽、秦岭地槽等。地槽经过强烈的降升活动之后,活动性减弱,并受长期的剥蚀夷平,此后逐渐转化成为地台。

地台区是地壳上地质作用比较微弱,地壳较稳定的区域,升降运动的速度和幅度都较小,构造变动和岩浆活动也较弱。由于其前身是由地槽转化而来的,故下部为紧密褶皱和变质的基底;上部沉积了较薄的盖层,常形成宽阔的褶皱,构造形态和地势起伏较地槽区简单。若地台区的沉积盖层被剥蚀而露出古老的褶皱基底时,则称为地盾。地台的例子如中朝地台,俄罗斯地台,加拿大地盾等。

地槽和地台也有规模大小和等级的差异。另外在地台与地槽之间具有过渡性质的地区,常又分出另一种构造单元,称为山前凹陷或边缘凹陷带。

在地壳发展历史中,构造运动具有强弱交替的周期性和阶段性。地壳运动的周期性决定了地壳发展历史具有阶段性。因此从地史的观点出发,把地球上曾经发生过的比较强烈和影响范围较广的构造运动分为若干阶段,称为构造运动期或造山运动演化。如加里东运动期、海西运动期、燕山运动期、喜马拉雅运动期等。由于地壳运动发展的阶段性,可引起地壳的组成、结构和构造以及古地理环境的一系列的发展和变化。

这一学说的理论基础主要是根据大陆上的资料得来的,极少涉及现代海洋的构造和演变情况,故具有一定局限性。地槽转化地台一说也不够全面。大量资料表明,地台区也不是固定不变的,只是相对稳定的一种构造单元。因此,地台和地槽都不是地壳发展的最后形式,彼此可以转化。

3.2.3 地质力学学说

中国地质学家李四光从1920年代起,运用地质力学的观点,研究了海水进退、大规模地壳运动和大地构造的问题,建立了一个新学派。他认为,地球表面布满了地壳运动遗留下来的痕迹(如褶皱、节理、劈理等),它们是一定方向和形式的力的长期作用下形成的。全球地质构造的展布不是杂乱无章的,而具有一定的分布和组合规律。这是在地壳运动的一定动力方式作用下,形成了相应形式的构造应力场的结果,从而产生出一定方向和方位的构造体系。

构造体系是地质力学的基本概念。它是指"许多不同形态、不同性质、不同等级和不同次序,但具有成生联系的各项结构要素所组成的构造带以及它们之间所夹的岩块或地块组合而成的总体"(李四光)。构造体系可划分为三种基本类型(型式):纬向构造体系,经向构造体系,扭动构造体系(图3.9)。

(1)纬向构造体系。它们的主体走向是沿纬线方向延伸的,构造上是剧烈的挤压带,在大陆上往往表现为东西向的隆起山脉。它们规模较大,常各自出现在一定的纬度上。如我国的天山—阴山构造带,昆仑—秦岭构造带,南岭构造带,这是因为地球自转

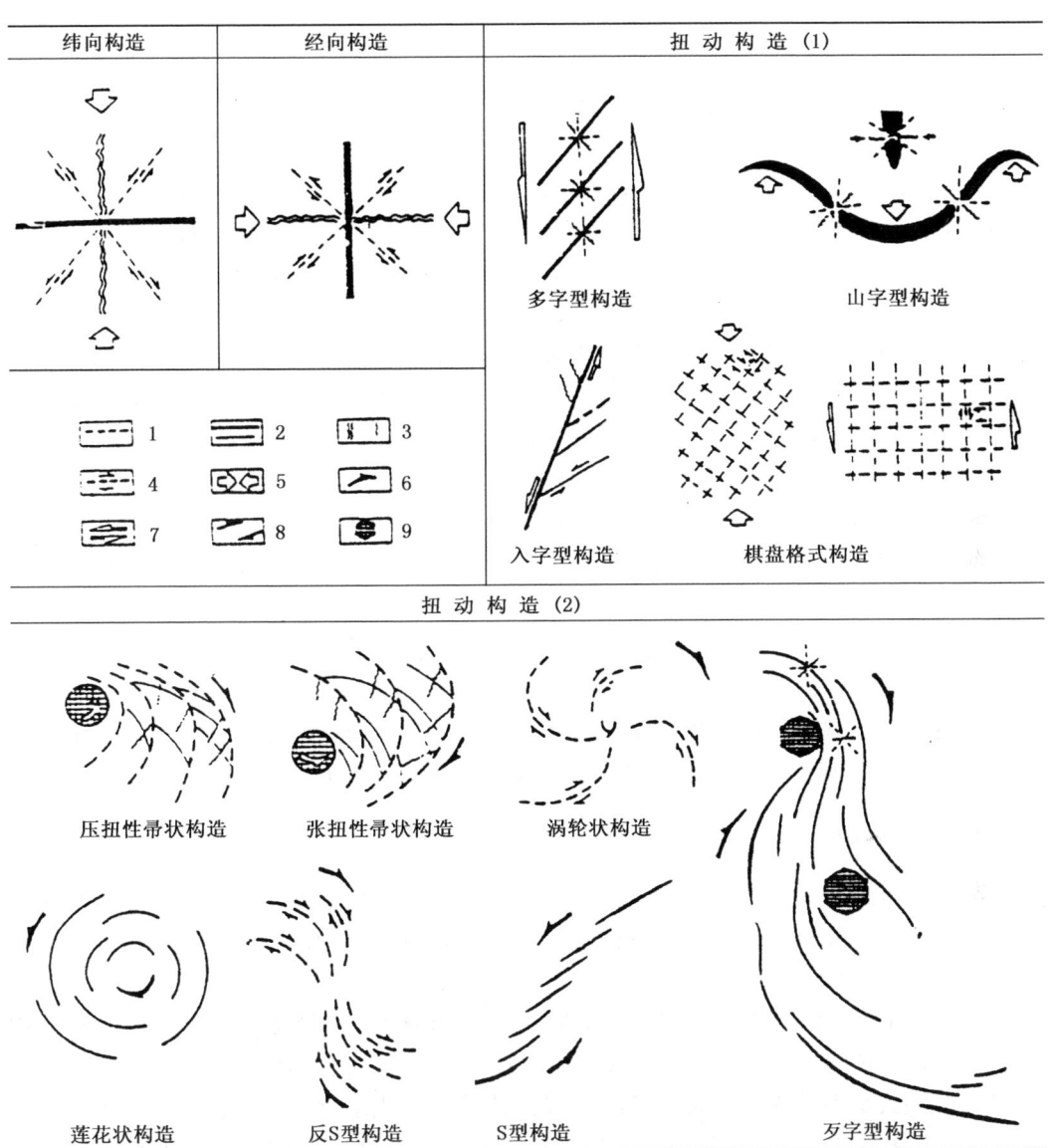

图 3.9 构造体系的各种型式

（1. 扭性结构面；2. 压性结构面；3. 张性结构面；4. 扭性结构面两盘相对位移方向；5. 外力方向；6. 扭转；7、8. 扭动外力；9. 相对稳定地块）

所产生的离心力,使地壳物质发生由极地向赤道方向的运动,从而形成南北向的挤压力与压性构造带。

(2)经向构造体系。它们是南北向的强烈构造带,这种构造体系可能是由于大陆相对于大洋作自东向西运动的结果。按其性质可分为二类:一为巨大的张裂带,如东非裂谷;一为大的压性构造带,如我国的川滇南北向构造带,在地貌上为横断山脉。

(3)扭动构造体系。这是地壳表面大量存在的构造型式,可分为多种类型,如山字形、多字形、歹字形、帚状、S形、棋盘式等等构造型。总之,它们是受某种扭动力的作用而造成的,规模大小不等,复杂程度不同,主要反映了区域性构造运动的方式。如我国西北的"祁—吕—贺"山字形构造是由西翼的祁连山、东翼的吕梁山和中间脊柱的贺兰山组构而成的一个体系。我国东部至太平洋西岸是个大型的多字型构造体系,其主体是由一系列北北东走向的大致相互平行的隆起带和沉降带组成,其间又受若干条东西向复杂构造带的分隔。它对我国东部地貌的形成与分布影响甚大。

综上所述,各学派的基本观点及划分大地构造单元的方法和结果都不同,因为对同一事物或问题可以从不同的角度和不同的方法进行考察。但除了差异之外,其中必有一定的相互联系,可相互补充,为建立统一的大地构造理论体系提供了可能性。

§3.3　火山与地震

火山和地震是地球内力作用中比较快速的一类地壳运动,是人们可以直接观察和感觉的一种自然现象。它们对自然环境和人类生活都有重大的影响。

3.3.1　火山

火山是由地表的狭小裂口喷溢出的岩浆,及其包含的气体所形成的锥状或穹隆状构造。火山喷发是地球内部物质和能量骤然强烈释放的一种形式。

3.3.1.1　火山喷出物与类型

火山喷出物质的化学成分很复杂,既有气体、液体,也有固体。火山喷出的气体中最常见的是水蒸气,一般占60%～90%,此外还有氢、氯化氢、硫化氢、一氧化碳、二氧化碳、氟化氢、氨等。火山爆发前后都有气体从火山口或附近裂缝中冒出来。火山喷出的气体物质不是全部逸散,其中有相当一部分直接由气体凝固成升华物堆积于火山口附近。火山喷出的液体物质就是熔岩。不同的火山熔岩的性质和喷出量也不同。火山喷出的固体物质是指喷发时抛射出来的熔岩和围岩的碎屑物质,如火山灰、火山渣、火山豆、火山弹、火山块等,大小非常悬殊。大到巨砾般的熔岩固结物落在火山口旁边;火山灰被喷射到高空中,可以被风吹送到很远的地方,但大部分仍落在火山口附近;极微细的火山尘则可以升高到对流层和平流层悬浮多年。这些固体物质的来源主要是:一为火山通道中凝固浆岩和通道四周的围岩;二为气体或液体物质喷射到空中冷却凝固的产物,有些甚至降落到地面时尚未完全硬化。

大量的火山灰可以使日光成橘红色或红色,甚至使天空变黑暗。如1883年印度尼西亚的喀拉喀托火山突然爆发,烟柱上升27km,散落在$77\times10^4 km^2$范围内,并使几百平方千米的天空昏暗无光,火山灰进入80km高空的平流层,环绕了地球好几圈。

火山直接喷出的粒子和气体在大气中转化成的粒子可以被输送到高空,是平流层气溶胶粒子的重要来源。重要火山爆发以后常在全球范围观测到平流层气溶胶的明显增加,这种影响常可持续好几年,而且会影响辐射分布和收支,会对全球气候变化造成影响。例如1991年6月初开始的,以1991年6月15日的喷发最为猛烈的菲律宾皮纳图博火山喷发是近百年来最强的火山喷发,大约有超过$20\times10^9 kg$的SO_2进入平流层$18\sim30km$的高度。这次火山喷发对全球气候变暖有非常显著的影响,如1991年下半年出现的许多异常事件:平流层的强烈增温,对流层的强烈降温,平流层臭氧的减少,平流层和对流层环流的显著变化等。

火山有各种各样的形状和大小,这取决于熔岩的类型和是否夹有岩屑。火山喷发的形式有两大类:

(1)裂隙式喷发,是岩浆沿着地壳上的巨大裂缝溢出地表,多见于大洋中脊的裂谷中,常可造成海底扩张。陆上仅见于个别地方,如冰岛拉基火山。裂隙式喷发主要形成熔岩流和熔岩被。

(2)中心式喷发,是呈管状的喷发。它们基本又可分为爆炸式喷发和宁静式喷发,这与岩浆的类型有关。长英质熔岩的特点是黏度极高,并有大量高压气体,它的喷发是非常猛烈的呈爆发式喷发。铁镁质熔岩的黏度低,流动性极高,并夹有少量的气体,没有猛烈的火山碎屑物喷发,因而喷发是呈宁静式的,而且熔岩可以成薄岩层散布到很远的距离。还有特点介于前两者之间的中间型喷发。中心式喷发的差异,主要与喷发物的性质和含量等有明显的关系。通常,岩浆的黏度愈高、酸度愈高、气体含量愈多,其爆炸性就愈强。但同一火山在不同时期喷发的强度也可能发生变化。

3.3.1.2 火山的分布

火山爆发的景象非常壮观,但也常给人类带来灾害性的破坏。火山的分布有一定的规律性。绝大多数的火山活动分布于大洋边缘、环绕大洋的岛弧和大洋岛屿等各板块的边界上,大陆内活动的火山很少见。在大洋中脊的裂谷中,任何地方都可能喷出熔岩。环太平洋的弧—沟系是火山密集之地。据统计,世界上的活火山约有500多座,其中370多座就出现在这一带,占2/3。它从阿拉斯加半岛经阿留申群岛、堪察加半岛、千岛群岛和日本群岛、菲律宾群岛,至新西兰的北岛和南岛,以及中美和南美西部,就是火山的集中分布带。

亚欧板块南界也是一条火山分布带,称地中海—印度尼西亚火山带。这里分布着

117座活动的和正处于衰亡期的地面火山,与该带在太平洋内延伸的部分合起来,有近150座火山。地中海区有许多有名的火山如维苏威火山、埃特纳火山、斯特朗博利火山等。由此向东活火山较为少见,这可能与板块近期俯冲活动减弱和地壳厚度过大有关。印度尼西亚一带火山活动有19世纪曾猛烈爆发的坦博拉火山和喀拉喀托火山。

在大西洋的大洋中脊区有许多陆上的火山,更多的是水下的火山,而在大陆近岸区几乎没有火山。在以上三个带中集中了所有活火山的90%。此外,极少数火山不是分布于大板块的边界上,而是在小板块的边界上(如东非的火山),或在"热点"上(如太平洋中部的火山)。北太平洋从中途岛至夏威夷岛的一列火山岛群,据认为是板块向西北面移动过程中通过热点时造成的。这个热点便是夏威夷岛的基拉韦厄活火山,离开这个热点愈远,火山的年龄愈老。南太平洋中也有类似的情况。

我国境内已发现的火山有600多座,以濒临太平洋岛弧系的台湾一带最为活跃。它们可以分为三个系统:环蒙古高原系统,如大山火山、河曲火山以及高昌火山;环西藏高原系统,如腾冲火山以及1951年喷发的昆仑山脉火山;环太平洋系统,如长白山以及山东、江苏、浙江、福建和海南岛、台湾等处的火山。

3.3.1.3 火山过程的阶段性

火山过程的表现可以划分为三个阶段:早期的次火山阶段,火山喷发的主阶段和火山后的喷气阶段。

在次火山阶段,在上地幔的软流层有形成岩浆的最有利条件,那里的温度达到1200℃,促使软流层物质熔融。岩浆具有很大的可移动性,它力求向上运动,并形成大量的水蒸气和气体,因而那里的压力非常大。岩浆、水蒸气和气体运移的过程中伴有不深的和相对较弱的地震,其震源越来越接近于地表。在岩浆运动过程中,常常在地幔的软流层以上或地壳中形成火山源地。

在火山过程的主阶段,火山能量释放和岩浆物质通过喷出口喷出地表的瞬间标志着喷发的开始,但各类火山喷发的过程是不一样的。固体的和流体的喷发产物一般都集中在喷出口周围并在这里渐渐生长成锥状的火山,火山顶是平的,常常在山顶上可以看到一个漏斗状的火山口,在它的底部有一个或数个喷出口,喷出口与火山通道相连。在多次喷发的活火山口附近常形成一大型火山口凹地,它的形成与大量物质在爆炸时的抛射有关,抛射物堆积在锥的顶部,或者当前一次喷发完了后又回落到火山通道中去。当下一次喷发来临时,在火山口中可以产生新火山锥、火山口和喷出口。一些情况下火山过程短暂,限于一次性喷发;另一些情况下则持续很多天或数月。

在火山期后阶段,火山活动性大为减弱,熔岩已不能溢出地表,但可流出大量的火山气流和热水,所以又称火山喷气阶段。火山期后阶段可以持续几十年甚至几百年。火山过程的完全减弱可能与火山岩浆的耗尽有关。

由于火山喷出物质不同以及火山形成过程不同,会形成各种各样的火山地貌。常见的有(图 3.10):灰渣火山堆、富硅质熔岩穹丘、基性熔岩盾、次生火山锥、复合火山锥,破火山口、火山塞、火山口湖等。

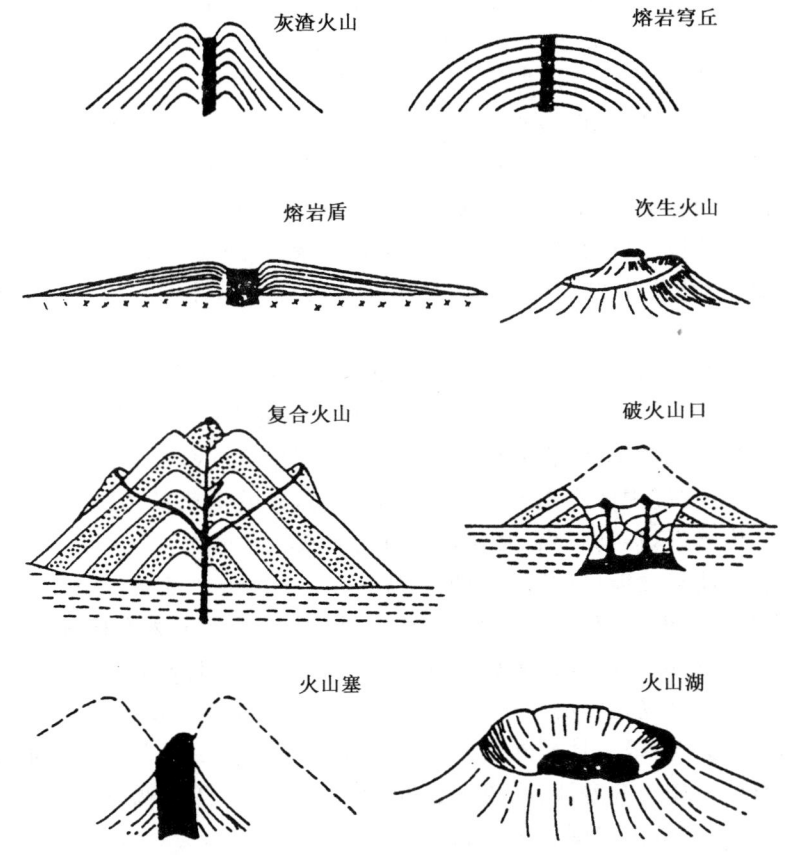

图 3.10 火山地貌的各种形态

火山爆发和熔岩流是环境中极其严重的意想不到的自然灾害,给火山附近居民带来灾难,而且可能引起地震、山崩和海啸等现象,并会引起全球气候变化。但是,火山活动也常带来丰富的地热和温泉,以及多种的矿产和肥沃的火山灰土壤等资源,可供开发利用。有些火山地区还成为人们喜爱的旅游或疗养胜地。

3.3.2 地震

3.3.2.1 地震的概念

地震是地球表面的快速震动,从微弱的颤动直到足可震塌建筑物和使地面开裂的强烈振动都属于地震,属地壳运动的一种特殊形式。地壳中的岩层在地应力的长期作用下,会发生倾斜和弯曲。当积累起来的地应力超出岩层所能承受的限度时,岩层会发生断裂或错位,同时急剧地释放出所积聚的能量,并以弹性波的形式向四周传播,引起地表的震动成为地震。据估计,即使是人们刚能感觉到的轻微地震,它也要放出$10^3 \sim 10^8$ J的能量。这些能量足以使1万t重的物质升高1m。而一个8.5级的大震,其能量约为3.6×10^{17} J,比一颗氢弹爆炸所释放的能量还大,相当于一个10×10^5 kW发电站连续十年所发出的电能总和,可见其威力之大。

地震只发生于地球表面至700km深度以内的脆性圈层中。地震时,地下岩石最先开始破裂的部位叫作震源,它是地震能量积聚的地方。震源在地面上的垂直投影位置叫震中。按震源深度不同可把地震分为三种类型:震源深度为0~70km的称为浅源地震,70~300km的称为中源地震和300~700km的称为深源地震。我国绝大多数地震都是浅源地震。

从震源发出的地震波分为两大类:在地球内部传播的称为体波;沿地面传播的称为面波。其中,体波又可分为横波(又称S波,质点振动的方向与传播方向互相垂直的波)和纵波(又称P波,岩石质点振动的方向与传播方向一致的波)。地震时,纵波较快地传播到地面,因此在震中区常先觉察到上下的跳动,接着而来的横波则造成左右摇晃。面波的传播速度最慢,振动强烈,对地表建筑物的破坏性最大。

一次地震所能释放能量的程度用里克特(C. F. Richter)地震震级表示。震级范围为0~9或更高。一般三级以下的地震为无感地震,三级以上为有感地震,其中5~10级叫强震,7级以上叫大地震。例如1960年5月22日在智利发生的8.7级大地震。地面及房屋建筑物遭受地震的影响和破坏程度(即衡量地震波的破坏性)用地震烈度表示。烈度通常分为12级。地震烈度的大小与震源、震中、震级、地质构造和地面建筑物等综合特性有关。如震源愈浅、距震中愈近、震级愈大,烈度也就愈大。但一次地震只有一个震级,在影响范围内则有多种烈度。

地震对人类危害是众所周知的。地震除直接给人类带来灾害外,往往也可能伴生山体滑坡、火灾、水灾和海啸等。2015年4月25日14时11分,尼泊尔(28.2°N,84.7°E)发生里氏8.1级地震,震源深度20km,震中位于博克拉,地震至少造成8786人死亡,22303人受伤,中国西藏、印度、孟加拉国、不丹等地均出现人员伤亡;尼泊尔大地震带来的不仅仅是人类浩劫,对地理环境也有的巨大改变,如尼泊尔这次8.1级大地震,造成尼泊尔首都加德满都向南移动了3m,中国西藏自治区日喀则市的吉隆镇向南水平移动了约57cm,相对靠南的聂拉木县也南移了约60cm,聂拉木县城还出现了10cm左右的垂直下降,世界第一高的珠穆朗玛峰也被活生生拉低了1m。1976年7月28日3时42分53.8秒,中国河北省唐山、丰南一带(39.6°N,118.2°E,)发生了强度里氏7.8级(矩震级7.5级)地震,震中烈度Ⅺ度,震源深度23km,地震持续约12s。强震产生的能量相当于400颗广岛原子弹爆炸,地震造成242769人死亡,16.4万人重伤,名列20

世纪世界地震史死亡人数之首,仅次于陕西华县特大地震(明嘉靖关中大地震)。2008年5月12日14时28分04秒,我国四川省汶川地区发生里氏震级8.0的强烈大地震,有69227人遇难,374643人受伤,17923人失踪。2011年3月11日,日本当地时间14时46分,日本东北部海域发生里氏9.0级地震并引发海啸,造成重大人员伤亡和财产损失,地震造成日本福岛第一核电站1—4号机组发生核泄漏事故。

为了减少地震造成的损失,许多国家正大力进行这方面的研究,寻求对付它的方法。如注意加强各种抗震措施以减少震后的破坏;注意实地观测,提高地震预报水平;而且还考虑从积极方面进行控制、预防某些大震的发生。总之,随着世界人口的增长和城市化的发展,地震的可能危害性也增加了,更应引起足够的重视。

3.3.2.2 地震的分布

世界的地震分布与板块的边界非常一致,呈带状延伸。在扩张边界上地震带较窄;在汇聚型边界上地震带较宽;尤以大陆碰撞型边界上更为分散。全球地震能量的95%都是从板块边界中释放出来的,其中很大部分又是来自汇聚型边界中。而且在汇聚型边界上震源的深度与大洋壳俯冲的深度有关,即从海沟附近至岛弧内震源深度逐渐增加,这种变化方向与板块运动的方向相同。可见,板块间的相互作用是引起地震的一种主要因素,板块内部的地震活动则少得多。

世界地震的分布与大地构造运动密切相关,主要集中于下列几个带(图3.11):首先是环太平洋地震活动带。全世界地震释放总能量的80%来自这个带。大约80%浅源地震和90%的中源地震以及几乎全部深源地震都集中在这里,成为地球上最主要的地震活动带。其最显著的特点是,中、深源地震多沿海沟及岛弧分布,而且在横截岛弧的剖面上,有靠近海沟一侧为浅源地震,向大陆方向逐渐变为中、深源地震的分布特征。

其次为地中海—喜马拉雅带,又称阿尔卑斯—印尼地震带。大致沿地中海经高加索、喜马拉雅山脉,至印度尼西亚和环太平洋带相接。基本上是浅源地震,多位于大陆部分,分布范围较宽,约占全球地震的15%。此外,大洋中脊地震带的地震活动性较弱,释放的能量很小,均为浅源地震。这里因板块厚度小、形成年代新、热流值高,故多为小震。震中主要分布在中央裂谷附近及转换断层处。东非裂谷地震带的地震活动性较强,均为浅源地震,这与其新构造运动和火山活动密切相关。

我国地处环太平洋地震带和地中海—喜马拉雅带地震带之间,是地震较多的国家之一。台湾恰处于环太平洋带上,是我国地震最多的地方。东部其他地区的地震主要发生于强烈凹陷下沉的平原或断陷盆地以及近期活动的大断裂带附近,是比较稳定的地台区,地震活动性相对较弱,但是在地台内部,由于断陷活动,地震也较强烈。如河北平原、汾渭地堑、郯城—庐江大断裂(北起沈阳、营口,南经渤海至山东郯城、安徽庐江,直达湖北黄梅)等地。我国西部属地中海—喜马拉雅地震带的组成部分或受其影响的地区,是比较年轻的地槽褶皱带,地震活动性较东部大陆强烈,主要分布在强烈隆起的

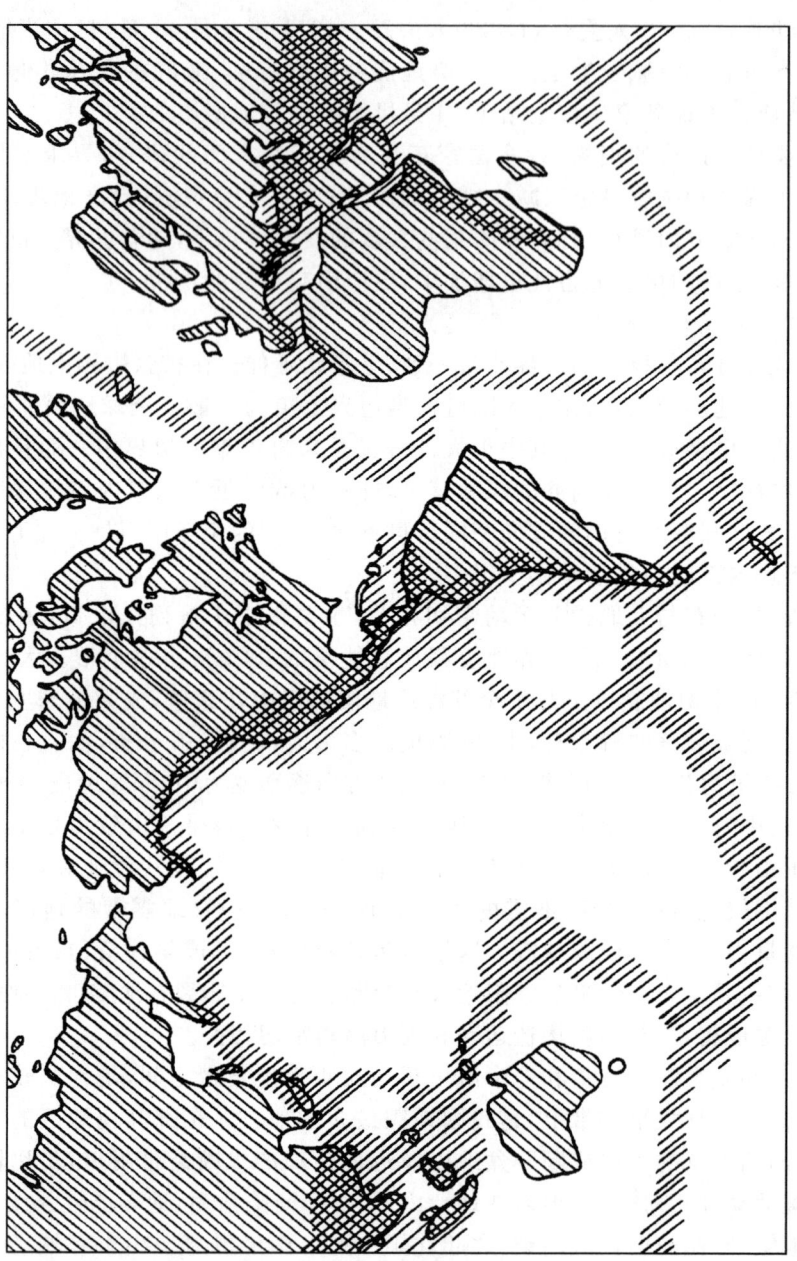

图3.11 世界地震分布

青藏高原四周、横断山脉、天山南北、祁连山地以及银川—昆明构造线一线。在我国,深源地震仅见于黑龙江、吉林一带;中源地震只有三处,即台湾东部、雅鲁藏布江以南和新疆西南部;其余地方均为浅源地震,但西部比东部稍深。

第 4 章　地球表面概况

地球表面是人类及其一切生命赖以生存的空间。地球表面的组成极为复杂，它包含气候系统中四个重要的子系统：岩石圈、水圈、生物圈、冰雪圈；在某种意义上说，地球表面状况决定了气候状态、气候演变、大气的运动状态；气候又反过来影响地球表面状况，形成如冰雪覆盖、动植物分布、裸露的地表、人类生活的不同区域等等。同时，地球表面是动植物生长和繁衍的环境和场所，一切生命的形式都取决于地球表面的状况，这些地表状况与地表动植物构成了地球的生态系统和环境系统，人类就是在这样的地球气候、生态和环境中生存和繁衍。因此，地球表面形态不仅在大气科学的研究中是极为重要的影响因子或边界条件，而且也决定了区域生态和环境的状况。至今，科学家不仅需要了解世界各区域的各种地形、植被分布、土壤分布、冰雪覆盖状况，甚至连海洋深处的地形，都要有详细的认识。只有更进一步了解地表形态，才能深入研究气候、生态和环境的形成和演变，为国家未来的生态、环境和气候资源开发政策提供科学的决策支持。

§4.1　地球表面形态及其演化

4.1.1　现代地表基本形态

地球表面包括陆地和海洋，总面积为 5.1 亿 km^2，其中海洋面积为 3.61 亿 km^2，约占地表总面积的 71%，陆地面积 1.49 亿 km^2，约占地表总面积的 29%。海洋和陆地面积之比约为 7：3。由于海洋和陆地面积相差悬殊，因此不论在哪个半球上，海洋面积都比陆地面积大，海洋分布是不均匀的（表 4.1）。由表 4.1 可见，在东半球（35%）的陆地面积较西半球（20%）大；北半球（39.3%）较南半球陆地的面积（19.1%）大。各纬度带海陆所占面积可见表 4.2。从南北半球的海陆分布图（图 4.1）上，更直观地看到全球海陆分布状况。全球的海洋连成一统一的水体，对各大洲自然地理、生态环境的形成有着重要的意义。

表 4.1　两半球海陆面积比较

	海洋(%)	陆地(%)		海洋(%)	陆地(%)
东半球	65	35	南半球	80.9	19.1
西半球	80	20	水半球	90.5	9.5
北半球	60.7	39.3	陆半球	52.7	49.3

表 4.2　各纬度海陆所占面积 ($\times 10^4 km^2$)

纬度(°N)	面积		纬度(°S)	面积	
	陆地面积	海洋面积		陆地面积	海洋面积
80—90	0.4	3.5	0—10	10.4	33.7
70—80	3.4	8.2	10—20	9.4	33.4
60—70	13.5	5.4	20—30	9.3	30.9
50—60	14.6	11.0	30—40	4.2	32.2
40—50	16.5	15.0	40—50	1.0	30.5
30—40	15.6	20.8	50—60	0.2	25.4
20—30	15.1	25.1	60—70	1.9	17.0
10—20	11.3	31.5	70—80	8.0	3.6
0—10	10.1	34.0	80—90	3.8	0.1

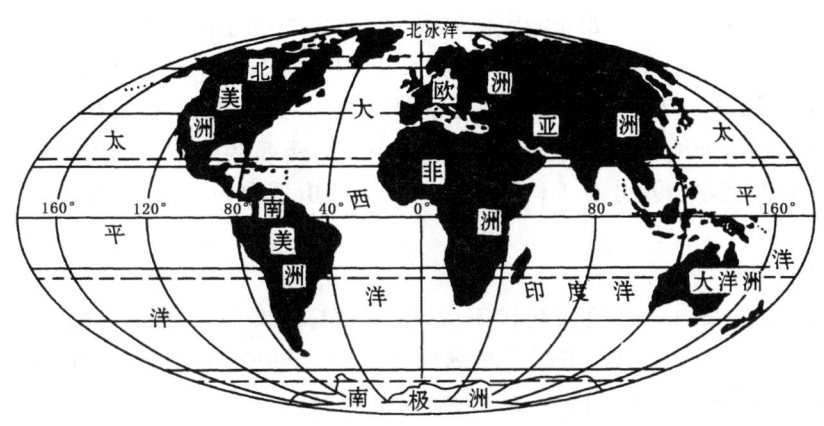

图 4.1　全球海陆分布状况

4.1.1.1　海洋

世界海洋是指地球所有的大洋和海的总称,在第 5 章中有详细的介绍。

4.1.1.2 陆地

全球陆地平均海拔高度为 875m，但地表高低相差悬殊，形态复杂多样。陆地的最高点是喜马拉雅山脉的珠穆朗玛峰，海拔 8844.43m（2005 年中国国家测绘局测量的岩面高）。陆地的最低点是死海洼地，低于海平面 392m，高低竟相差 9240m。根据海拔高度和形态特征，可将陆地地形分为山地、高原、平原、盆地、丘陵和岛屿六种类型。

(1) 山地

是指海拔 500m 以上的低山、中山、高山分布地区的总称。陆地上有两条巍峨雄伟的山带，一是环太平洋带，沿太平洋东西两岸呈南北向分布，它包括纵贯北美洲和南美洲大陆西部的科迪勒拉—安第斯山系；亚洲和澳大利亚大陆，太平洋沿岸及东亚岛弧。二是略呈东西走向，横贯欧亚大陆中南部及非洲大陆西北边缘，包括西起北非的阿特拉斯山系和欧洲南部的阿尔卑斯山系，连接亚洲的安纳托利亚高原南北两侧的山脉、伊朗高原周围的山脉、帕米尔高原和青藏高原南部、中南半岛西部的山脉，向东南延伸到巽他群岛南列岛弧，与环太平洋山带相接。两大高山带是中生代末以来近期地壳运动（阿尔卑斯山运动）的产物。地球上最高峰、宏伟的山脉几乎都集中在这里。古生代加里东和海西运动形成的山脉，因成山年代已久，在长期的外力作用下，与上述两大高山带相比山势已比较低矮平缓。

(2) 高原

是指海拔一般在 500m 以上，顶部较为平坦或呈波状起伏，面积广阔的高地。陆地上广泛分布着大片隆起的高原，它们一般以前寒武纪古陆块为基地，地壳相对稳定，地表起伏不大，属古老高原。如非洲大陆的高原，亚欧大陆的中西伯利亚高原、蒙古高原、阿拉伯高原、德干高原，南美洲大陆的巴西高原、圭亚那高原，澳大利亚西部高原等。南极大陆也以高原地形为主，其上覆盖着巨厚的冰盖。另一类高原是伴随着年轻的褶皱山脉抬升的高原，地壳活动比较强烈，海拔较高，地壳起伏很大。如青藏高原、伊朗高原、安纳托利亚高原以及分布于科迪勒拉—安第斯山系中的一些山间高原，都属于这种类型的高原。

(3) 平原

是指海拔 200m 以下，地表起伏不大，面积宽广的地区。陆地表面平原的面积最广，约占陆地总面积的 1/4。平原多呈纵向分布于大陆中部。北美洲从哈得孙湾沿岸的平原起，经密西西比平原，到墨西哥湾沿岸。南美洲大陆中部，从奥里诺科平原起，经亚马孙平原到拉普拉塔平原，几乎是连续不断的平原地带。澳大利亚大陆中部的平原也是呈南北向延伸的。在欧亚大陆，平原的分布比较复杂。大平原主要分布在东西向高山带以北，从西向东有中欧平原、东欧平原、西西伯利亚平原和土兰平原等。山带以南多为河流冲积平原，主要有美索不达米亚平原、印度河—恒河平原，我国的东北平原、华北平原、长江中下游平原等。

(4)盆地

是指四周为山地和高原所环绕、中间较为低的地区。盆地有大小之分。如我国的四川盆地、柴达木盆地、塔里木盆地,非洲的刚果河盆地等,面积都在 $10\times 10^4 \mathrm{km}^2$ 以上;小的盆地面积只有几平方千米,如我国云贵高原上的"坝子"等。

(5)丘陵

是指海拔高度 500m 以下,高低不平,连绵不断的低矮而丘顶较浑圆的平缓的山地。如我国江南丘陵、山东丘陵等。

4.1.2 地球表面形态的演化

目前地表的海陆分布及其复杂多变的形态,是经过漫长的地质时期,地球的内力和外力共同作用的结果。内力是指源于地球内部放射性元素蜕变产生的热能,地幔物质的热对流和地球自转产生的动能等。它是地壳发展变化的主导因素。内力使地壳产生水平运动和垂直运动以及随之产生的褶皱、断裂、火山喷发、岩浆侵入、地震等现象。内力作用是造山、造海运动的主要原因,使地表形成巨大的起伏。外力是指来源于地球以外的太阳能所引起的风化、流水、冰川、风、海浪、海流等作用力。外力作用是对地球表面进行剥离、侵蚀、搬运和堆积等。它不断地把高山夷平,洼地填平,使地表日趋平缓。内力和外力对地球表面的作用是矛盾对立的,又是互相联系互相转化的。从局部地区来看,地壳上升,河流的侵蚀下切作用增强;地壳下沉,河流的沉积作用加剧。如果山地、高原久经侵蚀,高度和体积逐渐变低减小,使地壳压力减小,从而失去平衡,引起地壳再次上升,这表明内、外力是相互转化的。

§4.2 地形形成的基本规律及地貌表现

4.2.1 地形形成的动力

内营力(内力)作用使地球表面产生规模巨大的凹凸面,主要指大陆、海洋以及大陆和海洋的基本地形,如山地、平原、海洋深槽与海底山脊等。上述地表基本面貌也称"原生地形"它是由内力作用形成的。外营力(外力)因素主要是作用于地表的原生地形,破坏或削平那些由内力作用形成的隆起部分,把剥蚀的碎屑物质堆积到低地或海洋中去。因为,凡是使地表岩石圈的风化物离开其产生地点而移至较低地方的作用,统称为剥蚀作用。重力是剥蚀作用以及堆积作用的主要动力之一。因此,有人认为外营力修饰了地表的基本形态,次生地形是外营力作用的结果。实际是地表的形态和地形发育应是内营力和外营力两种力共同作用的结果。例如,地壳上升使河流侵蚀复活,产生强烈的下切作用,地壳下沉使河流发生旺盛的沉积作用,这反映内营力变化影响外营力。又如,地壳上的高原山岭经过长期的侵蚀作用,使高度及体积逐渐降低,结果使地壳内部的压力减少而失去平衡,引起地壳上升,这是外营力促使内营力发生变化。因为,内、外营力是有联系而又不可分的,它们相互作用的结果,促使了地形的发育。

地壳虽然是由坚硬的岩石所组成的,似乎是固定不变的,其实它是在经久不息地运动着,只是这种变化极其缓慢,由微小的量变逐渐积累达到质变,古语"沧海桑田"作了高度的概括。内营力主要表现为地壳运动,这已在3.1.2中有较详细的介绍。

岩浆活动,是由岩浆入侵地壳内部或喷出地表所引起的作用,也即火山作用,它所形成的地形在大陆上及海洋中皆可出现。火山大部分分布在北半球,特别以赤道带最多,其中又以太平洋赤道居多,其他火山位于大西洋和印度洋。除以上地壳运动外,地震也是内营力引起运动的一种形式,是地球内部物质运动的一种反映,也可构成局部地形。

外营力包括重力、风化、流水、冰川、风力、波浪、海流作用等。总的可以归纳为剥蚀作用和堆积作用。每种外营力均可产生两种地形,剥蚀地形及堆积地形。

除重力外,任何一种外力均与气候有关,其中大部分外营力均在一定的气候条件下进行着,由于气候的纬度地带性和垂直地带性,也使地形具有分带性。在寒带地区由于全年处在低温条件下,岩石受强烈的冰冻风化,形成大量碎石,构成特殊的堆积地形及冰川、冻土地形。在温带地区可分为温带森林、草原和沙漠区,在森林地区以水的作用为主,河湖沼泽分布很广,植物茂密缓和了外营力的作用。草原区具有大陆性气候特征,有利于各种风化作用的发展,地面流水作用强烈,沟谷地貌分布较为普遍。在沙漠半沙漠区,由于气候干燥,气温年日变化剧烈,尤以日变化更为剧烈,地表植被稀疏,物理风化、风力作用为地形的主要营力,产生沙漠地形。热带地区全年高温、降水量大,水和化学风化(水解氧化)作用强烈,形成河流侵蚀堆积,使河谷景观占主要地位,热带森林区风化壳非常厚。

最后必须指出,人类活动对地形的影响,随着科学技术的进展越来越显示其巨大的能力,如大规模水利工程、沙漠化改造、植树造林、地下水大量抽用引起的地面下沉等。

4.2.2 流水地貌

地表面各种规模、成因和不断变化的起伏形态统称地貌。它是通过火山和构造过程起作用的地球内营力和地球外营力之间的平衡而形成的。由内营力作用产生的地形叫作原始地形,由外营力作用产生的地形属于后继地形。流水地形是表面径流和河床径流的流水作用生成的。在全世界大陆地表中主要是流水地形和河流作用生成的地形。流水地形在陆生生物环境中起主要作用,是人类获得食物资源的主要来源。河流作用形成的地形分为侵蚀地形和沉积地形。

4.2.2.1 流水作用

地表流水在陆地上是塑造地貌的最重要的外力。流水最活跃的地区是温湿气候带。流水在重力作用下由高处向低处流动,在流动过程中不断地侵蚀地表,同时搬运堆积冲积下来的物质。流水作用的大小决定于水量和流速的平方,即水流作用力 $= mv^2/2$,这里 m 为水量(m^3),v 为流速(m/s)。流水作用力大时,产生侵蚀搬运,流水作用力小时产生沉降堆积。流水活动过程中可有三不同性质的作用。

(1)侵蚀作用。流水对地表的侵蚀破坏作用可分片状和线状两种。片状侵蚀是指大气降水或融雪时,沿倾斜地表形成一层水层,产生地表径流,对土壤表面施加曳力,因而能带走一部分土壤表面物质。侵蚀量的多少取决于降水强度、坡面坡度、植物覆盖、岩石性质等。人类活动对土壤性质有重大影响,自然植被的破坏,加速了侵蚀过程。线状侵蚀是指地表流动的许多水流集中在凹的地方,汇合成更大的水流进行的线状侵蚀。侵蚀形成槽形凹地、沟谷和河谷。流水加深沟谷与河谷的作用称下蚀(深切侵蚀),下蚀的强度决定于流水量、流速、冲积物质含量及岩石硬度。流水作用加宽了沟谷、河谷称为"旁蚀"。旁蚀主要发生在河床弯曲的地段。此外还有向源侵蚀,即流水向沟谷或河床的源头侵蚀,结果是谷地伸长。

(2)搬运作用。流水将风化和侵蚀下来的物质搬移到别处,这种在水流介质的作用下搬运地表物质的过程,称为流水搬运作用。由片状侵蚀作用搬运的物质一般都是断断续续的,距离不远且物质颗粒比较细小。线状侵蚀时流水可以搬运各种物质,其搬运方式可分溶移(物质溶解在水中随水迁移)、悬移(细小颗粒物质在水中呈悬浮状搬运)和牵引滚动。上游是后者较多,下游则以前者较多,主要决定于河床宽度及流速。

(3)沉积作用。河水在搬运物质过程中,如果搬运能力减小而不能随水搬运时则发生沉积和堆积作用。片状侵蚀流水冲刷下来的部分堆积在斜坡低凹地方,部分堆积在坡麓地带。线状侵蚀流水。如果是暂时性水流,堆积主要发生在沟谷口,形成冲积堆或冲积扇,经常性水流则发生在河流下游及河口地区。

综上所述,流水对地表的作用是同时进行并交织在一起的。侵蚀、沉积、堆积因降水性质、地表状况、水流速度、河床宽度、植被状况等而异。世界各大河流沉积物差异很大,其中以我国黄河为世界悬移泥沙量最高的河流。主要是由于黄河上中游地区为风积粉沙(黄土)易于冲刷流动,加之植被稀疏,降水比较集中在夏季(季风雨区),形成大量的泥沙冲积沉降。南美亚马孙河流量为世界之冠,但泥沙沉积物输出量极少,其原因在于高大雨林的保护,大大降低了泥沙输送。表 4.3 为世界几大河流泥沙沉积量。

表 4.3 世界几大河流泥沙沉积量

河流	流域 ($10^3 km^2$)	平均流量 ($10^3 m/s$)	年平均输沙量 ($10^3 t$)	年平均沉积物产量 (t/km^2)
黄河	725	1.5	1900000	2600
恒河	959	12	1500000	1400
科罗拉多河	648	0.17	14000	380
密西西比河	3108	18	310000	97
亚马孙河	6216	181	360000	60
刚果河	3885	40	65000	16
叶尼塞河	2461	17	11000	4

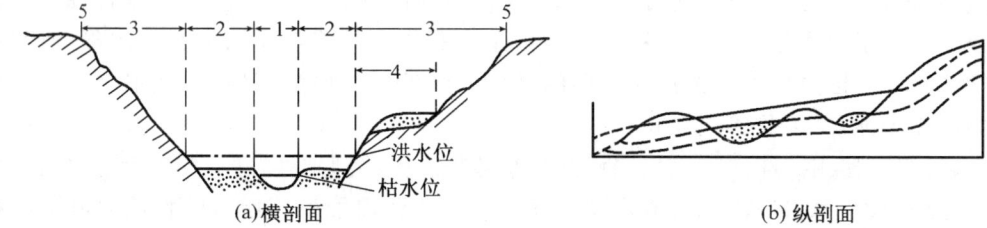

图 4.2 河谷剖面示意图

(1. 河床;2. 河漫滩;3. 谷坡;4. 阶地;5. 坡缘。
点区:地表面低洼地区的沉积;虚线:纵剖面形成的几个阶段)

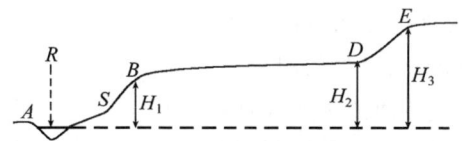

图 4.3 河流阶地形态

(R:河流;A:河漫滩;BD:阶地面;S:一级阶地;DE:二级阶地;H_1:阶地前缘高度;
H_2:阶地后缘高度;H_3:二级阶地前缘高度)

4.2.2.2 河谷地貌

河谷是一种线性伸展的倾斜凹地。河谷的组成包括谷坡和谷底两大部分,在坡的上部弯曲处称坡缘,下部弯曲处称坡麓。谷底可分为河床和河漫滩。河床是经常有水流过的部分,河漫滩只是在河流洪水泛滥时被水浸没的部分(图4.2)。由于河流的下切使河床不断加深,使河漫滩高于洪水水面而形成阶地,这个过程的不断进行,形成多级阶地。阶地分侵蚀阶地、堆积阶地和基座阶地三种类型。阶地形成中,由于地壳上升,使谷坡抬升而形成阶地称构造阶地;由于侵蚀基准面下降引起河谷、河床下降增加,使河水下切侵蚀增大,侵蚀沿河谷向源头发展称溯源侵蚀,其所达到的范围而形成阶地称基准面变化形成阶地。由气候变化引起的阶地,气候寒冷地区,流域内的物理风化加强;气候向干燥方向发展则流域内植被减少,引起水系上游沟谷活动加强,坡面冲刷强度增大;气候朝湿润炎热发展,植被增加使流域内泥沙量减少,但径流量增加,使河床下切侵蚀增强。图4.3为河流阶地形态图。河床的横向移动决定了河漫滩的空间规模和类型,在河床平缓地带及河流转弯处,使冲积物堆积下来形成滨河床浅滩,随着河床侧向侵蚀及河曲移动,谷坡逐渐后退使河谷底部加宽扩大,流速减慢,植被发育,在河床浅滩上沉积一些细小物质、黏土粉沙等冲积层,形成河漫滩(图4.4)。河水流动时由于受各种自然条件的影响,在较易冲刷的河岸和下移较慢的边滩,河岸有可能冲成凹岸,凹岸形成后,由于水质点惯性和离心力的作用,使凹岸环流加强,形成强烈淘刷而形成陡岸峭壁,流水量的增大使岸坡加强了崩塌(如洪水或汛期)。在凸岸因远离最大流速线

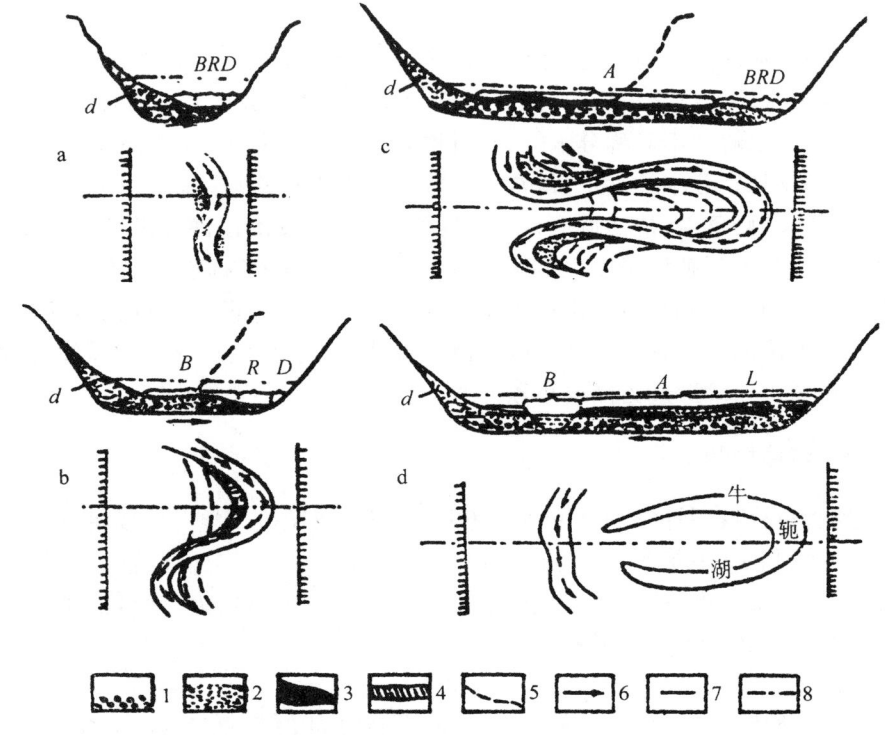

图 4.4 河漫滩形成过程示意图

1、2. 河床相冲积物(1. 砾石,2. 沙);3. 牛轭湖相;4. 河漫滩相;5. 早期波谷的位置;6. 河床移动方向;
7. 平水位;8. 洪水位。R:河道;A:河漫滩;B:河岸沙堤;d:坡积物;L:牛轭湖;D:谷坡

流速减小,使泥沙在凸岸堆积,河曲曲度日益增加,当洪水季节河流漫溢取直径而过,留下来的河道成为废弃河曲,因状似牛角状又称牛轭湖(图4.4)。

冲积扇是河流在出山口以后由于坡度骤减,流水搬运能力减弱,冲积物质在山口沉积下来,成为扇形堆积体称"洪积扇"。洪积扇分布与发育受构造运动和气候变化影响很大。在潮湿气候区,由于河水流量增加,带来的冲积物质较多,使洪积面积扩大,坡面比较平缓。在干旱半干旱地区,因降水变率大,在暴雨期因流量骤增,加之植被稀少,地表风化厉害,结果使输沙量增大,洪积扇坡面较陡,且分布范围相当广。

河流三角洲是河流在入海或入湖的河口处,由于比降减小,流速减慢,动力输送减弱,使夹带的泥沙大量沉积下来,形成呈"△"形态的沉积地形,故称三角洲。其形成条件:①应有大量的河流冲积物;②近海区水浅,比降小;③无强大的波浪和洋流作用。它的形成一般都是由水下三角洲开始,能否形成水上三角洲取决于冲积物来源数量及地壳运动性质来确定。三角洲地表地势平坦,河网纵横交错,湖泊星罗棋布。根据形成条件不同可分为尖头形、鸟足形、多岛形及扇形四种不同的类型。

4.2.2.3 分水岭

分水岭是河流的分水地带,把相邻的两个流域分隔开来的高地。水由这里各自流向主干河流,分水岭可以是山岭、高地或缓丘。分水岭两侧坡度是不对称的。分水岭按形态可分对称分水岭和不对称分水岭,不对称分水岭最为常见。按稳定程度分,可分为稳定分水岭和不稳定分水岭,后者最常见。分水岭受流水的侵蚀而发生破坏产生移动,由于岩石性质、气候条件、地面坡度、水量、含沙量、植被及离侵蚀基准面的距离等条件不同,分水岭的移动和破坏程度也不同。由于分水岭的移动和破坏而改变了水流方向即一条河劫夺了其他河的河水,这种现象称为劫夺河。劫夺河因水量剧增河流下切加速,可形成新的阶地及河谷。被劫河因上流水被劫,成为断头河,水流量减少,两岸泥沙堆积河床,在源头处可形成沼泽或小湖。

4.2.3 岩溶地貌

岩溶地貌也称喀斯特(Karst)地貌,是19世纪末南斯拉夫学者司威治(J. Cvijic)首先提出的。我国340多年前,明代徐霞客(1586—1641年)在广西、云南、贵州一带对岩溶地貌进行了大量考察,并有详细记载。我国岩溶地貌分布极为广泛,其研究对建筑、地下水利用、岩溶储藏等有实际意义。

4.2.3.1 岩溶作用

凡是对可溶性岩石以化学溶解和沉淀为主、机械过程为辅所引起的破坏与改造作用称岩溶作用。这种作用所形成的一系列地形,总称岩溶地貌。岩溶地貌形成的基本条件是岩石的可溶性和水的溶蚀能力。

(1)岩石的可溶性。可溶性岩石可分为三类,即碳酸盐类岩石(石灰岩、白云岩、泥炭岩等)、硫酸盐类岩石(石膏、硬石膏等)、卤盐类岩石(岩盐、钾盐等)。水通过可溶性岩石的溶解而形成岩溶地形。

(2)岩石的透水性。地表水渗至地下而发生运动并使之向纵深处发展,形成岩溶地形。岩溶强烈程度主要取决于降水量多少,而降水量又与气候有关,在我国热带、亚热带季风雨区如广西、云南岩溶作用较强烈,而干旱少雨区岩溶作用较微弱。此外影响岩溶地形的因素还有:地表覆盖、地面坡度、水的运动、岩石结构与成分等。由于不同时期上述因素的不同,岩溶地形的发育各有其独特性。

4.2.3.2 岩溶地貌形态

由于雨水(包括雪水)在地表流动时,一部分沿着可溶性岩石的裂缝向下流动并对岩石产生溶解,产生许多石质沟槽、石芽、溶斗、地下河和溶洞。

(1)溶沟和石芽。流水沿可溶性岩层或裂缝流动,进行机械侵蚀使岩层表面形成一系列石质沟槽,称深沟。其深度由几厘米至几米,甚至更深。沟槽之间凸起的石脊称石芽。地表有许多溶沟时,称溶沟原野。如石林便属于大型石芽。

(2)溶斗。由于沿裂缝下流,对石壁的溶蚀和机械侵蚀,使口面不断扩大加深形成漏斗状,称岩溶漏斗(图4.5)。可分溶蚀漏斗和塌陷漏斗,深度一般为几十米,斗口直径一般不足100m。

(3)落水洞。指从地表或低洼底部通向地下河道或溶洞的通道。这种通道能吸取地表水并把水引至地下深处,在地貌学上称落水洞。落水洞深度可达100m以上,但宽度比较小,当地表水流较大时,因管道狭窄、流速较大,水中夹带大量岩石碎屑,使管壁不断扩大,加深了落水洞。

(4)地下河与溶洞。溶洞是地下水沿可溶性岩石进行溶蚀和机械侵蚀开拓出的地下孔道,在其中有石笋、石钟乳和石柱。溶洞大小不等,形态各异。如地下长廊形、大厅形,有单层也有复层的。在有的溶洞,底下水积聚在溶洞底部形成地下河(图4.5),若通道被阻可形成地下湖,若溶洞顶部塌陷可形成明湖,即部分地下河转为明流。

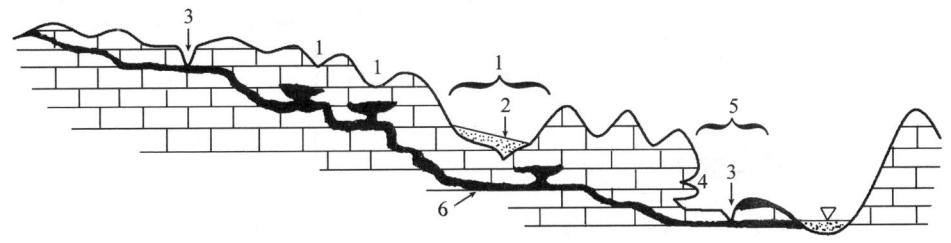

图 4.5 井状落水洞、岩溶漏斗
(1. 溶蚀洼地;2. 漏斗;3. 竖井;4. 溶洞;5. 阶地;6. 地下河)

(5)溶岩盆地与坡立谷。溶岩盆地是由溶蚀作用形成四壁陡峭狭长形的盆地。通常底部有规模不大的湖泊,一般认为是由于溶斗的扩大并与相邻溶斗合并而成。在溶斗之间凸起部分逐渐降低,四周风化物质填塞洼地而成较大型的盆地,如云贵高原一些大的坝子多属溶岩盆地。

坡立谷是一种大致呈椭圆形的盆地。通常是向一个方向延伸,长度长的可达数千米,面积由几平方千米至 $100km^2$ 左右。一般是由几个岩溶分地扩大而成(图4.6)。

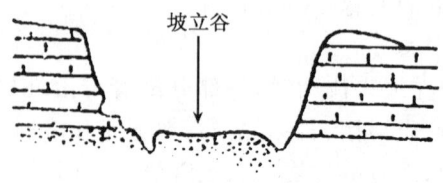

图 4.6　坡立谷

(6)峰丛、峰林与孤峰。成簇相连或同一基座二峰顶分散的石灰岩山峰。峰丛内部的洼地、漏斗和落水洞发育齐全。例如广西红水河上游为典型的峰丛地形。峰林为成群或分散的石灰岩山峰,一般为峰丛进一步发展的结果。在褶皱紧密的地区峰林呈条脊状排列;在水平或微微倾斜的岩层地带,峰林多呈圆柱或锥形;在倾角较大的岩层常呈单斜式。我国的峰林主要形成于第三纪,是一种古热带峰林。峰林形态与气候条件有关,在热带季风区及赤道雨林区对峰林发育非常有利,如我国的广西、贵州、云南、广东诸省,岩溶峰林发育非常典型,桂林、阳朔秀丽的山水是人所尽知的。图4.7为峰丛、峰林、孤峰地貌。

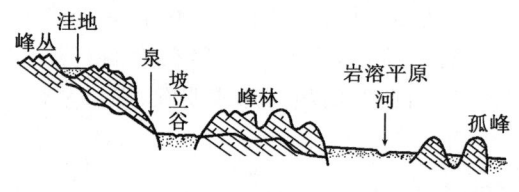

图 4.7　峰丛、峰林、孤峰

4.2.4　冰雪冻土地貌

在高纬度和高山地区,常年气温偏低,冬季寒冷而漫长,夏季短暂凉爽,大气降水多固态形式,如果累积量大于消融量,便产生冰雪累积,反之如消融量大于累积量则产生冰雪的消退,累积和消退间接地反映了气候的变化。多年的累积冰雪由于压力作用而变密实,形成冰层,在压力和重力的作用下,冰层沿着斜坡滑动,则称冰川。由冰川作用形成的各种地貌形态通称为冰川地貌。地表在冻结和溶解过程中形成地表变形,而产生的地貌称冻土地貌。

冰川是现代的一种环境营力,冰川的进退可引起海面的升降和地壳运动,造成海陆轮廓的重大变化。同时它强烈地影响地表的辐射平衡和热量平衡,也是影响地球水量平衡及水分循环的重要因素。在研究古气候及气候变迁的物理机制中,冰川的演变是极为重要的因素。有关内容在第六章有详细介绍。

4.2.5 干燥区地貌

干燥区的面积约占世界大陆总面积的 30% 左右。其中大部分属于无水流外泄的内陆流域,气候十分干燥,属于荒漠景观。我国主要干燥区分布在西北六省区。

(1)干燥区的特点

1)气候特点

降水量稀少,年平均降水量在 200~250mm,有些地方年平均降水量还不足 50mm,如柴达木盆地的冷湖,年平均降水量只有 15.4mm,塔里木盆地的若羌也只有 15.6mm。有时可连续多年无雨,也有时在短时间内降大到暴雨,往往几年的降水集中在极短的时间内完成。降水量稀少,但日照强烈,如冷湖日照小时数一年可达 3620h,平均每天有 9.9h 日照。因此,太阳辐射量极大,年总辐射量达 125604×10^2~$132582 \times 10^3 W/m^2$,为全国最高的地区。降水少、辐射强、导致蒸发特别强烈,蒸发量比降水量大几倍、几十倍、甚至上百倍,如准噶尔盆地石河子为 14 倍,柴达木盆地格尔木为 120 倍。干燥区另一气候特点是气温日较差大,平均可达 10~14℃,极端日较差达 30℃以上,巨大的温度日较差引起岩石的物理风化。荒漠地区沙尘暴较多也是其特点之一。

2)植被特征

由于严重缺水,对植被生长非常不利。为适应荒漠气候条件,植物具备许多耐旱性特点,根系比较发达,可吸收深层水分;颜色多白色、灰白色;多带刺、矮生垫状灌木,如耐盐灌木梭梭、沙拐枣、白刺等。

3)内陆水系

由于地表缺乏植被覆盖,在强烈的辐射作用下,加强了机械风化作用的进行。稀有的暴雨形成洪水冲刷山坡,携带风化物质汇集到山麓或山间盆地积聚起来,形成堆积地形。洪流形成的许多水流,常以盆地中心或低地作为侵蚀基准面,有时因强烈的蒸发而中途干枯,使盆地和低地积累起大量盐分,如我国青海省的查尔汗盐湖(干湖)。

4)风成作用

风在干燥气候区极为强盛,形成风成地貌。风成地形愈复杂,显示风的作用愈利害。

(2) 干燥区的地理分布

干燥地貌的形成主要取决于太阳辐射、距海远近、大气环流、水汽等条件。因此，在世界上主要分布在亚热带、温带内陆地区，有明显的纬度地带分布。亚洲、非洲、大西洋洲的荒漠面积都很大，尤以非洲为最。干燥区的地理分布如图 4.8 所示。

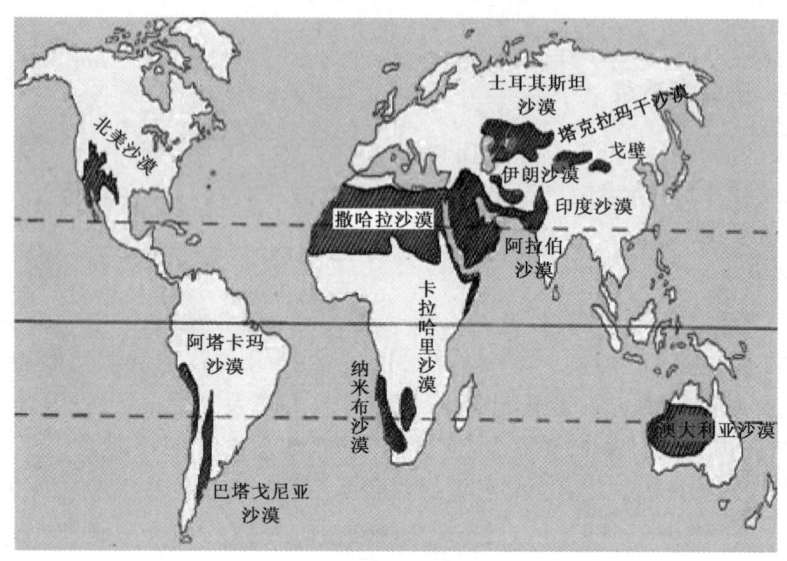

图 4.8　世界干燥区分布

1) 亚热带荒漠带

它主要分布在副热带高压带下沉气流区，或干燥离陆信风地区。有人称这种沙漠为气候沙漠，如北半球的撒哈拉沙漠(沙质荒漠)、塔尔沙漠(印度)、墨西哥荒漠等；南半球大洋洲的维多利亚、吉布森大沙漠；南美阿得卡马沙漠等。

2) 温带荒漠

它主要指卡拉库姆沙漠以及蒙古的大戈壁，美国西部大荒漠，中国西北内陆荒漠。上述地区多处于温带纬度，但因距海洋较远、地形闭塞，使海洋暖湿气流不易流入，夏季炎热，冬季严寒，日较差大于同纬度其他地区，故形成内陆温带荒漠。

(3) 风蚀地形

在干燥地区强风的作用是地形发展的重要动力。风对地表的应力以及产生的涡流，在地形形成中有特殊意义。风对地表的塑造，一种是通过风的侵蚀作用，吹走地表的沙粒、尘土，使下层岩石裸露出来，也有因风夹带的沙粒而磨蚀岩石。另一种是搬运和沉积作用，可以是浮运也可以是拖运，使物质易地沉积下来。风蚀地形主要有风蚀凹地、风蚀谷地、石蘑菇、雅丹地形等。

1) 风蚀凹地

它是风对松软或未经黏结的组成物质吹蚀结果。大量物质被吹走后,在原来的地表宽广轮廓不明显的凹地,形成外貌呈椭圆形,成排并向主要风向方向伸展,循着风向前面凹下很深,并呈陡壁(图 4.9),在陡壁前由涡流携带的风沙堆在相对的一边或两侧的风蚀地形。我国西北干旱区常可见到。

素描图　　　　　　　　　剖面图

图 4.9　风蚀地形

2) 风蚀谷

干旱区偶有大雨出现时,对地表可产生强烈的侵蚀形成沟谷,风便沿着沟谷进行吹蚀,使沟谷不断扩大形成风蚀谷(图 4.10)。它多呈狭长形、崎岖不平,形似干涸河床。

图 4.10　风蚀谷

3) 石蘑菇

风挟沙不断对孤立的岩石进行磨蚀,使岩石形成蘑菇状。在长期磨蚀作用下,下部越来越小,如重心仍在基座垂线上,下部与基座脱节,则会形成摇摆石,即随风而摆动(图 4.11)。

图 4.11　风成石蘑菇及风摆石

4)雅丹地形

它是由含沙的气流对干涸的湖底泥质岩层进行磨蚀的结果。在龟裂地更为常见,风沿裂缝不断扩大,形成和发育为许多不规则山脊和沟槽,即雅丹地形(图 4.12);维吾尔语"陡壁小丘"之意。通常高度有 0.5~10m,宽为 2~5m 左右,长度约 50m。

图 4.12 雅丹地貌

(4)风积地形

指风搬运的物质(沙、粉沙、尘土等)在一定条件下沉积形成的地貌。按照形态主要介绍三种沙地地貌。

1)沙地

它也称覆盖沙。是由不同起源的堆积物经过风化改造在原地形成的。覆盖度不一,表面有风成波痕,波痕延长方向垂直于风向。由于地面各部分风的作用不同以及障碍物阻碍,可形成若干砂堆。

2)沙丘

它也有称砂堆沙。是一种分布很广很普遍的风积地形。根据形态可分为:新月形沙丘及新月形沙丘链。新月形沙丘形似新月得名,高度一般在 10m 左右,也有达 30~40m 高的新月沙丘。宽度一般为 100~300m,迎风坡平缓(11°~15°),背风坡较陡(30°~33°),并且在敞开的两侧形成对称的两个沙角(芽尖),见图 4.13。两个以上的新月沙丘连接在一起称新月形沙丘链,此时沙丘两侧的沙角消失,但仍具有明显的不对称坡。沙丘不是固定不变的,其位置常沿着盛行风向移动,移速慢的一年数米,快的一年数十米,更快的一年数百米不等。

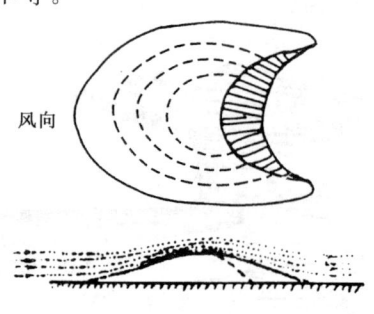

图 4.13 新月形沙丘

3) 垄岗沙

新月形沙丘或沙丘链一般排列方向与主风向垂直或近于正交,即通常称为横丘。当风向改变时,则使一个沙角萎缩,一个沙角增强加长,最后形成纵向沙垄(图 4.14)。此外,也可以是在风向稳定的单向风或风力很强的地方形成排列数千米以上的沙丘,沙丘中间为风移动的通道。

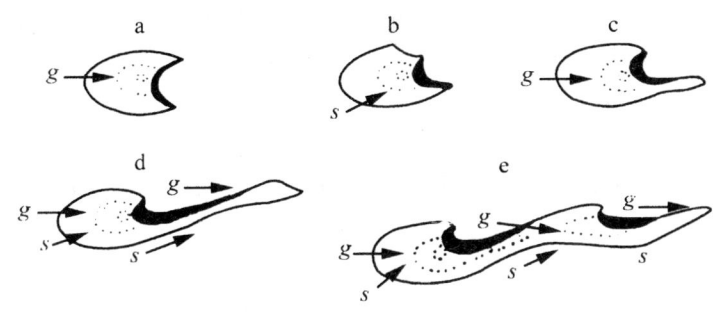

图 4.14　新月沙丘转为沙垄示意图

(g:风向;s:新的风向)

(5) 沙丘的移动及沙漠成因

沙丘的移动与风速的强弱、植被状况、水分及沙丘高度等因素有关。其移动方向大致与该地多年盛行风方向一致。起沙风与地表湿润、覆盖状况、沙粒粗细有关,根据 1975 年在青海格尔木考查,一般风速达 3m/s 便出现沙土的流动,达 5m/s 便出现较大规模的沙移。移速与风速成正相关;与沙丘间距离成正比;干沙移速大于含水量大的沙;与植被覆盖率多少成反比;平坦地比起伏地移速快些;细粒沙快于粗粒沙。

根据 B. A. 费得洛夫关于风向风速与沙丘形成和发展的关系,沙丘分布可分为:信风型沙丘,因风向比较稳定故多形成新月形沙丘;季风形沙丘,因季风风向的季节更迭,多横向沙垄、新月形沙丘链等;对流型沙丘,根据地表热量平衡,总辐射能量大部用于干热输送,形成强烈的对流不稳定,多龙卷及尘卷风,形成独特的蜂窝状沙丘;干扰型沙丘,因气流运动遇山体阻挡而产生紊流,多形成金字塔形沙丘,如遇地表植被阻挡,多形成网格状沙丘,在植被附近形成半球状沙丘堆。

沙漠的成因主要有:地理纬度、大气环流、距海远近、水分状况等。沙漠是干燥气候的产物。全球沙漠主要分布在副热带纬度,由于下沉逆温、辐射强烈、水分稀少而形成的。同处于副热带、热带纬度,因距海远近有干沙漠和湿沙漠之分。如美国南部西海岸属于湿沙漠,因冷洋流经过,大气中水汽虽多,但因大气层结稳定,很难形成降水。另一种是属于内陆性沙漠,如我国的塔里木盆地、柴塔木盆地、吐鲁番盆地,因四周山脉阻挡,又远离海洋,水分稀少,冬季干冷,夏季炎热干燥,日射强烈,地表物理风化强烈,逐渐形成沙漠。

(6)荒漠类型

1)石质荒漠

在干燥的山地中,岩石的机械风化十分强烈,地面被切割破碎不堪,山坡岩基裸露,四周崩塌下的疏松物质填塞盆地形成很厚的岩屑石,甚至连山体本身也因受到暂时性流水作用而使山岭剥蚀。盆地中心因细沙与泥土淤积加高而干涸,湖底突露地面形成泥沼与龟裂地。这种以突露岩石组成的地貌称白质荒漠或岩漠。

2)漠砾(砾石荒漠)

地表面为砾石所组成。砾石可来源于古代冲积层、冰川夹带碎屑、母岩风化残积层等。在强风作用下吹走表层细沙及微尘,留下颗粒较大的;砾石覆盖地面,形成大片砾石荒漠,蒙古语称"戈壁"。

3)沙漠

是荒漠中最为常见也是面积最广的地表。在强风作用下形成形态不一、大小不同的风成地形(主要为风积地形)

4)泥漠、盐沼泥漠

形成于干燥凹地或盆地中心,表面平坦,植物稀少,暂时性流水所携带的物质,至凹地中心形成浑浊的泥流,并且不断沉积干涸形成泥漠。由于盐分积聚于凹地,也称盐质泥漠。

4.2.6 黄土与黄土地貌

黄土及黄土状岩石是第四纪形成的有特殊性质的堆积物,不是土壤作用的产物,而是风力搬运的堆积。堆积后在其各种引力作用下,形成各种形态称黄土地貌。外营力——水对黄土的侵蚀作用十分巨大,我国黄土高原地貌便属于风积黄土和流水侵蚀共同作用的结果。

4.2.6.1 黄土

黄土由黄色或棕黄色的粉沙细粒所组成,质地均一,结构疏松,具有多孔性,有显著的垂直节理。黄土在干燥时较为坚固,但是遇流水侵蚀则迅速剥落、溶解。

世界黄土分布极为广泛,约占世界陆地面积的 9.3%,约为 $13 \times 10^6 \mathrm{km}^2$,平均厚度约 10m。我国黄土主要分布在太行山以西、秦岭以北、阴山以南、贺兰山、月亮山以东广大地区,形成著名的黄土高原。另外,在东北南部、华北平原、新疆及长江下游也有黄土分布。黄土厚度,在黄土高原一般多在 100m 以上,陕西陇东局部可达 150m,陇西有的地区厚度可超过 200m;其他地区厚度一般不过 10~20m 深。

4.2.6.2 黄土地貌

从世界范围看,黄土地貌分布有两个主要特点:呈断续的带状分布,多分布在南北半球比较干燥的中纬度地区;分布于大陆内部,主要是在温带荒漠及半荒漠地区的外缘或古冰川区的边缘。关于黄土成因尚处于探讨阶段,主要有三种说法:风成说、水成说及土壤残积说。

覆盖在古地貌上的黄土,反映了古地貌的形态特征,并受到各种条件和因素的影响,如地壳运动、地表水侵蚀、地下水的潜蚀等,使黄土地面被切割得支离破碎,千沟万壑,从沟底仰望,两壁十分陡峭。黄土地貌主要有侵蚀地貌和潜蚀地貌。

(1)黄土沟谷地形。由于流水长期不断的侵蚀,和黄土本身松散、垂直节理的特点,在流水侵蚀下,切割形成复杂的黄土沟谷。

(2)黄土潜蚀地形。流水沿黄土裂隙或洞穴下渗,进行机械侵蚀和溶蚀,同时将黏土微粒及钙质微粒带走,使上层崩陷落形成侵蚀地形。最常见的黄土碟是一种圆形或椭圆性的小凹地,这种地形常见在平缓的地面上。黄土蝶状凹地的进一步发展就形成了黄土陷穴,陷穴分布在地表容易积水的沟间地边缘地带和谷坡上部。陷穴形态有竖井陷穴、漏斗陷穴和串珠状陷穴等。

黄土陷穴的进一步陷塌就形成了黄土桥和黄土柱。陷穴残余的洞底构成了弓状形的黄土桥,如再陷塌残余的土柱便形成黄土柱。

(3)沟间地地形。是指沟谷之间的地面。黄土区原始地表都是黄土高原和黄土平原,由于地壳运动、河沟的侵蚀,使平坦的地面形成起伏的外貌。主要地形有三种(图4.15):塬、墚、峁。

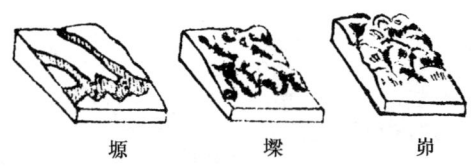

图 4.15　沟间地地形

1)黄土覆盖的较高平地称塬。塬面平坦,面积在数平方千米以上,塬中央部分地面倾斜一般不超过 1°,至边缘地带平均坡度约为 3°～5°,因此,水土流失轻微。塬周围为沟谷环绕,在平面上成花瓣状。塬在黄土高原为良好的耕作区。

2)长条形黄土丘陵称墚。它位于两条平行沟谷之间,长度可达几百米至几十千米,宽度仅几十米至数百米。

3)孤立的黄土丘,顶部浑圆,呈半圆形的孤立形状称峁。这种地形由古地形和现代沟谷切割而成。若干峁连在一起,称为墚峁。

在黄土地区水土流失是个严重的问题。产生的原因,一方面是黄土本身的特性、降水的性质、地形条件、植被及人类活动;另一方面与社会制度、政策有关。要在短期内改变黄土高原水土流失的局面,还需要付出艰巨的努力,但也不是不可能的,如大片的人工林都已成活。近几年的实践表明,治理水土流失更多的是人们认识上的问题,即对水土流失问题的严重性认识不足,国土遥感资料显示我国黄土高原边治理边破坏的现象仍十分严重。

§4.3 世界地形概述

地球表面的形态是多种多样的,有大陆和海洋,山地和高原,丘陵和盆地,河谷和平原,沙漠、溶洞等。它们是内力和外力互相作用的结果。而不同的地表形态由于动力、热力作用,构成特有的能量循环系统,形成各种不同的自然地理环境。

4.3.1 世界地形概要

地球表面分布着四大洋和七大洲(图4.16)。七大洲按面积大小依次排列为亚洲、非洲、北美洲、南美洲、南极洲、欧洲和大洋洲。散布在海洋、河流或湖泊中的小块陆地是岛屿。岛屿面积大小差异很大,小的不满$1km^2$,大的可达几百万平方千米,如格陵兰岛为世界上最大的岛屿,面积为$217.56×10^4 km^2$,比大洋洲只小3.5倍。世界上岛屿总面积约为$970×10^4 km^2$,约占世界陆地总面积的1/15。彼此相距较近的岛屿泛称群岛,如阿留申群岛、夏威夷群岛、大小巽他群岛、大小安得列斯群岛、亚速尔群岛、舟山群岛、西沙群岛等。海底山脉高出海面成为弧形排列的群岛,称为岛弧,如太平洋上的千

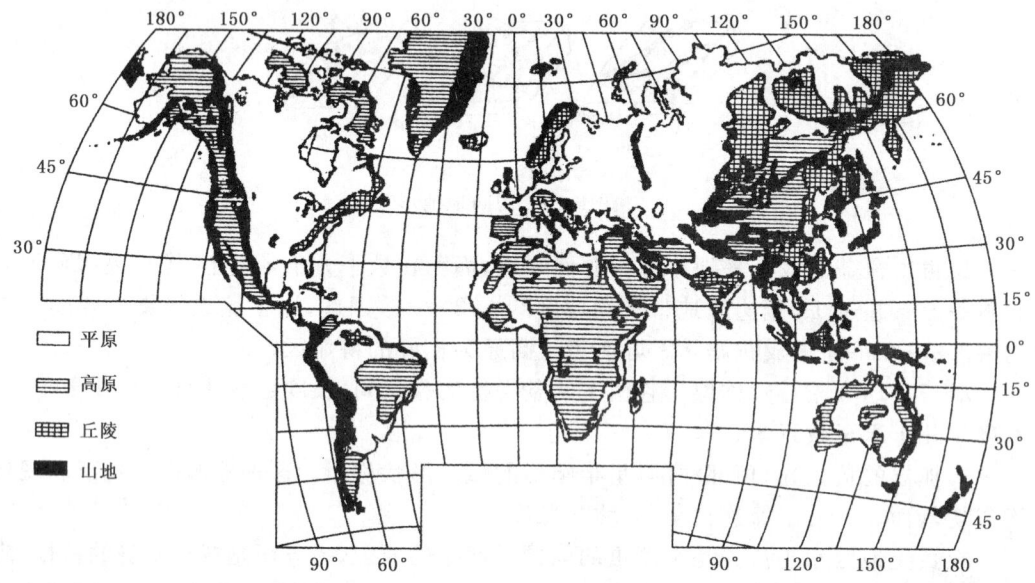

图4.16 世界地形图

岛群岛、日本群岛、阿留申群岛等。世界上岛弧主要集中在太平洋西部,靠近大洋的一侧往往伴有很深的海沟,属于海洋地貌中活动强烈的地质构造区,有广泛和强烈的火山喷发、频繁的地震活动,以及特殊的重力异常分布。深入海洋或湖泊的陆地,一面同陆地相连,其余面为水体包围的陆地叫半岛。世界上主要的半岛有:阿拉伯半岛、印度半岛、中南半岛、朝鲜半岛、堪察加半岛、加利福尼亚半岛、佛罗里达半岛、索马里半岛、斯堪的纳维亚半岛、亚平宁半岛、巴尔干半岛、拉布拉多半岛、小亚细亚半岛、辽东半岛、山东半岛、雷州半岛等。上述半岛中以西南亚的阿拉伯半岛为最大,面积约 $300 \times 10^4 \text{km}^2$。

按照高度和起伏形态,陆地地形可分为平原、高山、山地、丘陵及盆地等。

山地是最引人注目的大陆地形。山地起伏大、坡度陡、相对高差大,线状延伸的山体称作山脉。在成因上相互联系的若干山脉总体称山系。现在世界上的高大山脉大多是地壳活动特别强烈的地带逐渐形成的,大致可分两个大地带:环绕太平洋两岸的南北向地带;横贯亚洲、欧洲南部、非洲北部的地带。

太平洋地带是指自阿留申群岛开始,包括北美洲至南美洲的科迪勒拉山系、安第斯山脉,亚洲、大洋洲太平洋沿岸及边缘海外围岛屿上的山脉。

横贯欧、亚、非大陆的青年山带,大致可分南北两支:北支有比利牛斯山、阿尔卑斯山、喀尔巴阡山、巴尔干山、安纳托利亚高原北侧克罗卢山脉、高加索山、厄尔布尔士山地、科佩特山脉、帕米尔、喜马拉雅山系北部、云南高原和中南半岛东部山脉。南支有阿特拉斯山脉(非洲北缘)、亚平宁山、狄那里克阿尔卑斯山、希腊的品都斯山脉等山地、爱琴海中的岛屿、托罗斯山、伊朗高原南部的扎格罗斯山脉和苏来曼山脉等诸山、兴都库什山、喀喇昆仑山、喜马拉雅山、缅甸诸山和巽他群岛。这一山带在巽他群岛的南列岛弧处与环太平洋相接。另外天山、阿尔泰山和若干其他山脉也属于地球上高山之列,其成因和地质史与前述山脉并不相同。从现代形态上看,上述两大地带的山脉高度都较高,海拔 4000~5000m 的高峰大多分布在这两个地带。地球上的最高峰是喜马拉雅山的珠穆朗玛峰,海拔高度为 8844.43m。两大地带也是世界上火山、地震活动最频繁剧烈的地带,据统计世界上每年约发生 500 万次地震,其中人们可以感觉到的约 5 万次,强烈的地震约 18 次左右,95% 的地震就发生在上述两大地带。目前世界上活火山约 500 座,基本上也分布在上述两大地带。世界最高的火山是南美洲的彭加托火山(位于阿根廷西部),海拔为 6800m。

高度较大、起伏较小,边缘通常以悬崖为界的高地称高原。世界上最高的高原是青藏高原,平均海拔在 4000m 以上,面积约 $220 \times 10^4 \text{km}^2$。世界最大的高原是巴西高原,面积为 $500 \times 10^4 \text{km}^2$。其他有名的高原有:墨西哥高原、圭亚那高原、巴塔哥尼亚高原、拉布拉多高原,非洲全境为高原型大陆,其中可分为东非高原、埃塞俄比亚高原、南非高原、北非高原等。

宽广平坦或略有起伏而边缘并无悬崖的平地称平原。世界上最大的平原是南美的亚马孙平原，面积约 $560\times10^4 km^2$。其他如北美中部、大洋洲的卡奔塔利亚平原、东欧平原、中欧平原和西欧平原。亚洲平原另外介绍。

四周高（山地或高原）、中间低（平原或丘陵）的地区称盆地。如果我国的四川盆地、非洲刚果河盆地等，都是世界著名的盆地。

地表面局部低洼的地区，或位于海平面以下的平展的内陆低地通称为洼地。一般来讲，规模较小、地面排水不良、中心部分常有积水，形成湖泊或沼泽。如死海低地，最低点位于海平面以下 392m。

4.3.2　亚洲地形概述

4.3.2.1　地理位置、面积和轮廓

亚洲（Asia）是亚细亚的简称，位于东半球的东部和亚欧大陆东部。北、东、南三面分别濒临北冰洋、太平洋、印度洋。西亚的南北部濒临大西洋的两个属海——地中海和黑海。亚欧两洲陆地毗连，形成世界上最大的陆块——亚欧大陆。亚洲大陆除和欧洲接壤外，其余均为海界。亚欧两洲的界线，一般沿乌拉尔山东麓，经乌拉尔河，然后从里海通过高加索山脉北麓、黑海、博斯普鲁斯海峡、马尔马拉海、达达尼尔海峡、爱琴海到地中海。亚洲和非洲之间是以红海、苏伊士运河分界。东南部从帝汶岛和澳大利亚之间的海面与大洋洲分界。亚洲与北美洲远隔重洋，但东北面仅隔 86km 的白令海峡与北美洲相望。

亚洲面积（包括所属岛屿）约 $4400\times10^4 km^2$，占世界陆地总面积的 29.4%，为世界第一大洲。其中半岛面积约 $1000\times10^4 km^2$，岛屿面积约 $270\times10^4 km^2$。

亚洲大陆水平轮廓比较完整，既有距海遥远的广阔内陆，也有支离破碎的海岸肢节。大陆周围，有许多半岛、岛屿和边缘海。半岛和岛屿多分布在太平洋沿岸。其中阿拉伯半岛面积约 $300\times10^4 km^2$，是世界上最大的半岛。其余的半岛有楚科奇半岛、堪察加半岛、朝鲜半岛、中南半岛、印度半岛等。岛屿很多，自北向南主要有千岛群岛、萨哈林岛、日本群岛、琉球群岛、台湾岛、菲律宾群岛、大小巽他群岛、安达曼群岛和马来群岛。其中马来群岛是世界上最大的群岛，由 12000 多个大小岛屿组成。

亚洲所濒临的海洋，除多半岛和岛屿外，还形成了许多边缘海和海峡。北冰洋有喀拉海、东西伯利亚海，太平洋有鄂霍次克海、日本海、黄海、南海；印度洋有安达曼海、孟加拉湾、阿拉伯海、红海和边缘海。此外还有黑海等。著名的海峡有北冰洋和太平洋的白令海峡，日本海和东海之间的朝鲜海峡，东海和南海之间的台湾海峡，连接太平洋和印度洋之间的马六甲海峡，从阿曼湾进入波斯湾的霍尔木兹海峡，印度洋与红海之间的曼德海峡等。这些海峡都是亚洲或世界性的交通要道，具有重要的航运和战略意义。

亚洲有世界上最大的半岛和群岛，海岸线长达 69900km，居各洲之首，但因面积广大，

海岸线比率为591∶1,即平均每591km² 面积有1km海岸线,缺少深入大陆内部的内海和海湾。

综上所述,亚洲特有的地理位置、庞大的面积和完整的大陆轮廓,为各地理要素的演化和相互作用,提供了特殊的空间条件,而且对亚洲自然地理环境的复杂性,各地理要素特征的极端性,以及自然资源的多样丰富性也具有十分重要的作用。

4.3.2.2 地形的基本特征

(1)地势高峻,起伏极端

亚洲是世界上最高的一洲,平均海拔950m。地形以山地和高原为主,约占全洲面积的3/4,而低于海拔200m的平原和丘陵仅占1/4。号称"世界屋脊"的青藏高原,平均海拔4500m;高原南缘的喜马拉雅山脉,雄伟高大,长2500km,宽200～350km,平均海拔6000m。世界上海拔8000m以上12座高峰全在亚洲境内,其中位于我国和尼泊尔交界处的珠穆朗玛峰海拔8844.43m,是全球第一高峰。亚洲不仅有世界最高的高原和山峰,而且具有世界著名的平原和洼地。广阔的西西伯利亚平原,大部分海拔在100m以下;位于西亚的死海,水面和湖底,分别低于地中海海平面392m和792m,是世界上最低的洼地。亚洲大陆东缘的弧形列岛与太平洋相接触部分海沟,也表现出起伏极端的特征。

(2)中部高四周低的地形结构

亚洲中、南部的地势高耸,多崇山峻岭和高原,向四周是中、低山脉、丘陵和平原分布于大陆边缘和各大河的中、下游地带。山脉的结构多成群、成带分布并与山间高原、盆地紧密相连。这种山脉结构、构成了亚洲地形的主要框架。全洲山脉主要可分三条山带(图4.17):第一条山带为伊朗高原、安纳托利高原和青藏高原东西隆起带,以帕米尔山结、亚美尼亚山结为纽带。在隆起带北侧的山脉有:高加索山、厄尔布尔士山、兴都库什山脉、昆仑山脉、阿尔金山脉和祁连山脉;在隆起带南侧有:托罗斯山脉、扎格罗斯山脉、苏来曼山脉、喀喇昆仑山脉和喜马拉雅山。第二条山带位于亚洲东部,呈东北向或东西向分布,主要山脉西部有萨彦岭、杭爱山、阿尔泰山、天山等,东部有雅布罗诺夫山、外兴安岭和阴山等。第三条山带呈东北－西南走向,分布于大陆东部边缘,最外一列为太平洋岛弧山脉;第二列为锡霍特山脉、辽东半岛、朝鲜半岛及中国东南沿海各山脉;第三列有朱格尔朱尔山脉、大兴安岭、太行山、巫山和雪峰山等。

在高山高原外围分布着若干广阔的平原,如美索不达米亚平原、印度河－恒河平原、松辽平原、华北平原、西西伯利亚平原和中亚的土兰平原。

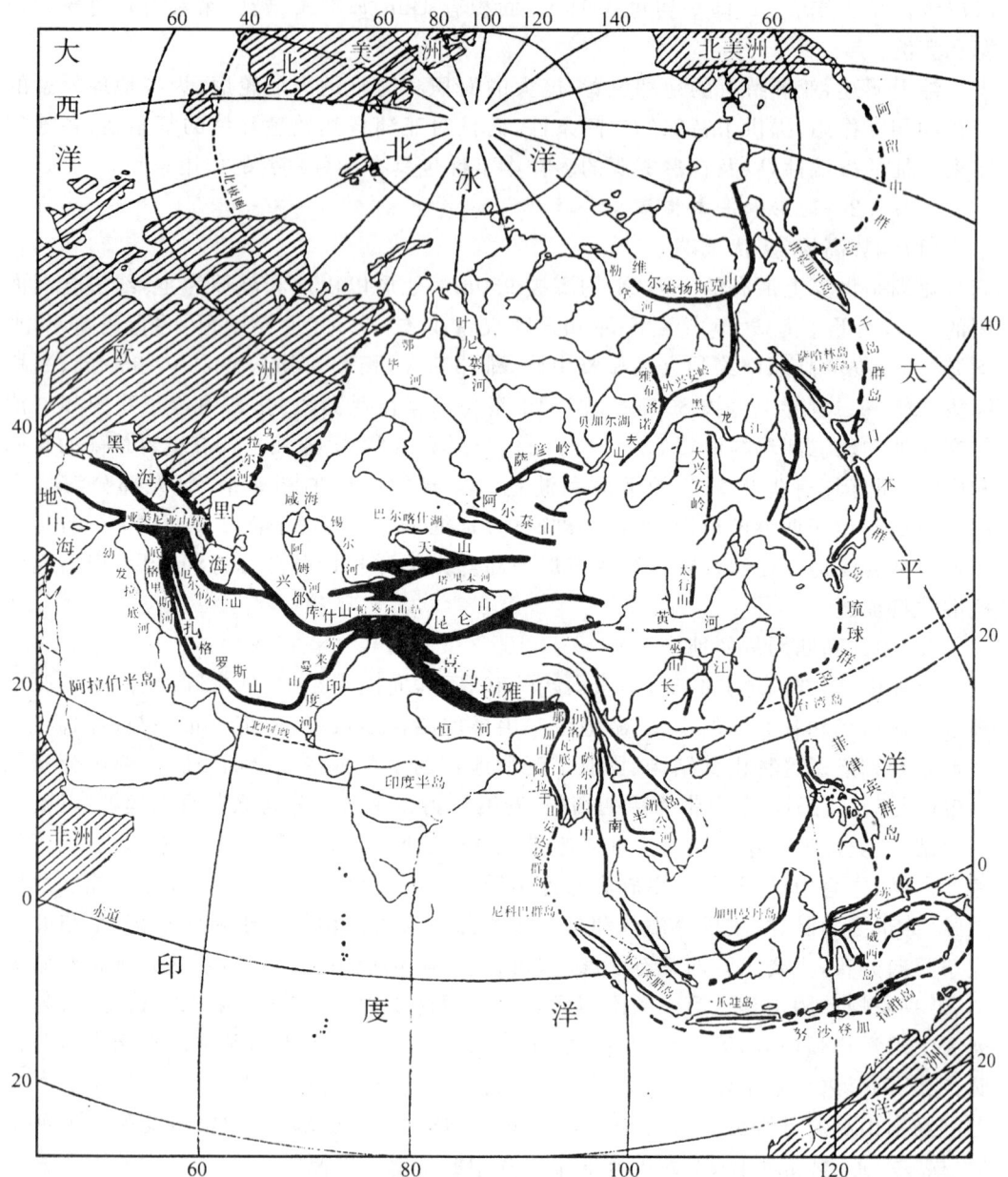

图 4.17 亚洲主要山脉分布

4.3.3 欧洲地形概述

4.3.3.1 地理位置、面积和轮廓

欧洲(Europe)位于亚欧大陆的西部,面积 $1016\times10^4\,\mathrm{km}^2$,略大于大洋洲,为世界第六大洲。它北临北冰洋,西濒大西洋,南濒地中海和黑海,东部和东南部与亚洲毗连。欧洲三面环海,海上交通具有重要意义。

欧洲略具三角形轮廓,总面积的 34% 属于半岛和岛屿,其中半岛面积占全洲的 27%,岛屿面积占全洲 7%。最大的半岛斯堪的纳维亚半岛,面积 $82.5\times10^4\,\mathrm{km}^2$。南欧的利比里亚半岛、巴尔干半岛和亚平宁半岛,面积也比较大。此外还有科拉半岛、日德兰半岛、克里木半岛和布列塔尼亚半岛等。北冰洋中的岛屿有斯瓦巴德群岛,法兰士约瑟夫地群岛、新地群岛等;大西洋中主要有冰岛、法罗群岛、设得兰群岛、大不列颠岛、爱尔兰岛;地中海中有巴利阿里群岛、科西嘉岛、撒丁岛、西西里岛、克里特岛等。

众多的半岛和岛屿把欧洲大陆边缘的海洋分割成许多边缘海、内海和海湾,使欧洲的水平轮廓支离破碎,这是欧洲自然地理的显著特点。由于边缘海和海湾深入陆地,因此欧洲的海岸线长而曲折。欧洲的海岸线全长 $3.79\times10^4\,\mathrm{km}$,平均每 $260\,\mathrm{km}^2$ 的面积有海岸线 $1\,\mathrm{km}$,海岸线比率在世界各洲中居第一位。全欧洲距海都较近,最大距离为 $1550\,\mathrm{km}$。支离破碎的水平轮廓,曲折的海岸线,加上较小的海距和不太大的面积,更加深了海洋对欧洲大陆的影响,即加深了欧洲气候的海洋性。同时,对人类的经济活动也提供了方便条件。

欧洲较大的边缘海有巴伦支海、挪威海、北海和比斯开湾。白海、波罗的海、地中海和黑海是深入大陆内部的内海或陆间海。

巴伦支海是北冰洋的一个边缘海,面积 $140\times10^4\,\mathrm{km}^2$,平均深度 $229\,\mathrm{m}$,最大深度 $600\,\mathrm{m}$,是亚欧大陆北冰洋岸深度最大的海。巴伦支海有广阔的水道与北冰洋相连,海水盐度 35‰。巴伦支海虽地处高纬度,因受北大西洋暖流的影响,即使是严冬季节,表面温度仍达 4℃ 左右,海水可保持长年不冻。

白海实际上是巴伦支海深入欧洲大陆内部的一个海湾,面积 $9\times10^4\,\mathrm{km}^2$,平均深度只有 $60\,\mathrm{m}$。因德维纳河和奥涅加河大量河水注入,故白海盐度较低,大部分为 20‰~26‰。白海三面受陆地包围,北大西洋暖流不能到达这里,冬季结冰,海面为冰雪覆盖,一片白茫茫的景象,白海由此得名。

北海位于北大西洋东北部,面积 $54\times10^4\,\mathrm{km}^2$,与洋面有广阔的接触,盐度与大西洋相近,约为 35‰。北海平均深度为 $96\,\mathrm{m}$,最大深度为 $725\,\mathrm{m}$,与大陆毗邻的东南部海水很浅,许多地方不足 $40\,\mathrm{m}$。

波罗的海位于斯堪的纳维亚半岛与欧洲大陆之间,面积 $38.6\times10^4\,\mathrm{km}^2$,平均深度 $86\,\mathrm{m}$,最大深度 $459\,\mathrm{m}$。因海水与外洋沟通不畅,有大量河水注入,故波罗的海盐度很

低,南部约 7.5‰,北部海湾仅 2‰~3‰。波罗的海的表面海水温度冬季南北差别很大,北部海湾和沿岸地区在 0℃ 以下,冬季结冰,南部则可达 2℃。

地中海和黑海是欧洲南部的两个陆间海,广义地说,黑海也是地中海的一部分。

地中海位于欧亚非三洲之间,面积 $250.5×10^4 km^2$,平均深度 1541m,最大深度达 5121m。地中海因地势闭塞,海水温度和盐度上下水层相近,冬季水温从表层到海底约 15~13℃,夏季上下水温均为 26℃ 左右。地中海区夏季炎热干燥,蒸发旺盛,加之注入大河较少,故海水盐度很高,东部高达 39‰,西部略低,约为 37‰。地中海中有许多活火山,在亚宁半岛、西西里岛和撒丁岛之间的第勒安尼海周围,维苏威、埃特纳、利帕里、斯特龙博利等火山,都闻名于世界。利帕里和斯特龙博利两座活火山,是第勒尼安海的天然灯塔。

4.3.3.2 地形的基本特征

(1)地势最低的洲 欧洲是世界上地势最低的一个洲,平均高度只有 340m,高度在 200m 以下的平原约占全洲总面积的 57%。欧洲的平原西起大西洋沿岸,向东至乌拉尔山麓,形成横贯欧洲大平原。主要平原有东欧平原(面积占全欧面积的一半)、中欧平原(也称波德平原)和西欧平原。在黑海北部沿岸低地在海平面以下 28m,为全欧最低地区。欧洲山地所占面积不大,高山更少,海拔 2000m 以上高山仅占全欧总面积的 2%。阿尔卑斯山脉横亘南部(图 4.18)。阿尔卑斯山脉主干向东伸展为喀尔巴阡山脉;向东南伸展为狄那里克阿尔卑斯山脉;向南延伸为亚平宁山脉;向西南延伸为比利牛斯山脉。欧洲分界处东有乌拉尔山脉;东南部为高加索山脉,主峰厄尔布鲁士山海拔 5633m,为欧洲最高峰;北部有斯堪的纳维亚山脉。北欧的冰岛、南欧的山地多火山,地震也较频繁。

(2)分为东西两部分

欧洲地形从波罗的海东岸至黑海西岸一线为界,分为东西两部分:东部以平原占优势,地形比较单一;西部则平原和山地交错,地形比较复杂。

(3)河网稠密

欧洲河网比较稠密,河流比较短小但水量丰沛。河流大多发源于欧洲中部,分别流入大西洋、北冰洋、里海以及地中海和黑海。伏尔加河为欧洲最长的河流,也是世界最长的内陆河,全长 3690km。多瑙河为欧洲第二大河,全长 2850km,是流经国家最多的河,欧洲是一个多小湖群的大陆,湖泊多由冰川作用形成。

(4)有两大冰川中心

欧洲存在有两个大冰川中心:一为斯堪的纳维亚半岛的大陆冰川中心;一为阿尔卑斯山脉的山地冰川中心。前者大陆冰川对欧洲影响较大,欧洲北半部广为分布的冰川地貌与其作用有关。

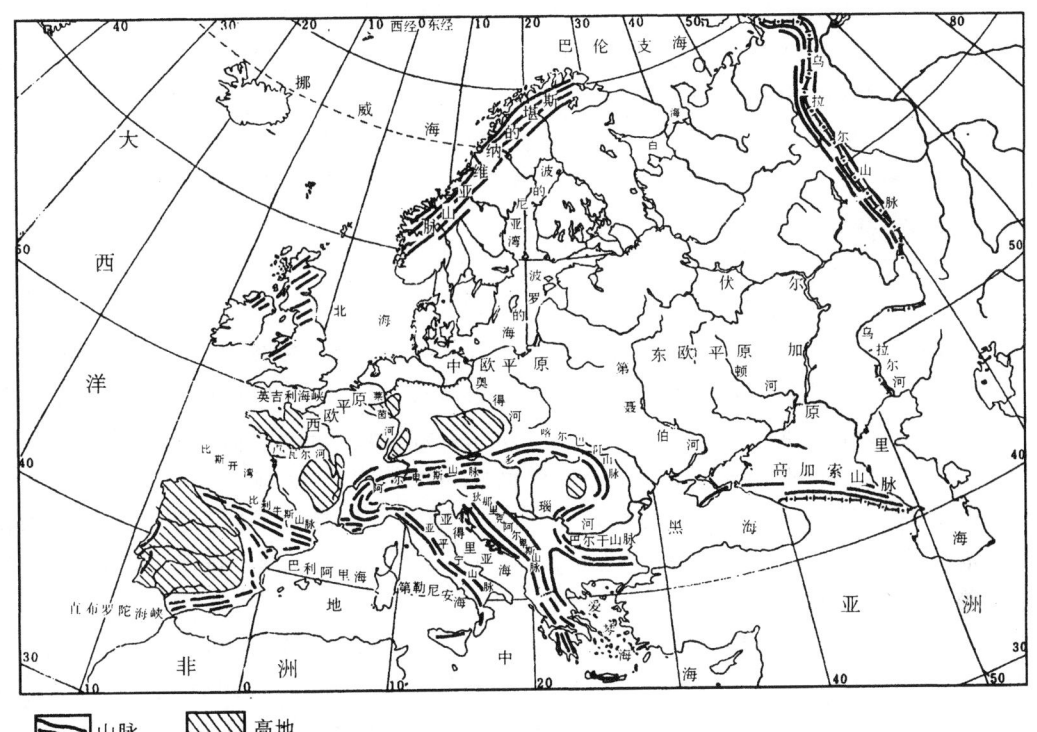

图 4.18 欧洲主要山脉分布

4.3.4 非洲地形概要

4.3.4.1 地理位置、面积和轮廓

非洲(Africa)位于东半球的西南部。东濒印度洋,西临大西洋、北靠地中海,南隔厄加勒斯海与南极洲相对,东北部隔红海和苏伊士运河与亚洲相望,呈四周环海之势。赤道横贯非洲中部,非洲大陆跨南北两个半球,全洲 3/4 以上的面积位于南北回归线之间,热带、亚热带地区约占 95% 以上。这种独特的地理分布,具有重要的意义。

非洲总面积约为 $3020×10^4 km^2$,大约占世界陆地总面积的 20.2%,仅次于亚洲,为世界第二大洲。

非洲大陆水平轮廓完整、单调,呈北宽南窄、倒置、不等边的三角形。非洲大陆的海岸比较平直,半岛和海湾很少。大陆西部的几内亚湾是非洲最大的海湾,但其海面向外宽展,形态不如亚欧大陆的海湾典型。索马里半岛位于大陆东部,是全洲唯一的大半岛(面积约 $52×10^4 km^2$),被称为"非洲之角"。大陆东部的马达加斯加岛是非洲最大的岛屿(约 $59×10^4 km^2$)。此外,还有印度洋中的索科特拉岛、塞舌尔群岛、科摩罗群岛、马斯克林群岛和大西洋中的亚速尔群岛、马德拉群岛、加纳利群岛、佛得角群岛等岛屿。全洲岛屿面积仅占总面积的2%。岛屿占全洲面积的百分比远小于亚、欧、北美等大洲。

赤道横贯大陆中部，使非洲绝大部分处于热带，一小部分处于亚热带。东北信风控制的面积大于亚洲和北美洲；平直的海岸线，缺乏海湾和半岛，使海洋潮湿的气流不容易进入大陆内部，增强了非洲气候的干热特征。非洲大陆的土壤发育、植被演变和动物区系的发展，也反映出干热气候的特点。

4.3.4.2 地形的基本特征

(1) 高原地形占优势

非洲地形以高原为主，高原面积比率之大，居各洲之首，素有"高原大陆"之称。平均高度为650m，略低于亚洲大陆。整个大陆的地表起伏比较平缓，除南北两端范围较小的褶皱山地外，大陆主体是由古老岩层组成的、波状起伏的大台地。既没有像亚洲的喜马拉雅山脉和欧洲的阿尔卑斯山脉那样雄伟高大的山系，也没有像亚洲和欧洲那样平坦的低地。高原的边缘非常清晰，它与沿海之间有一条狭窄的平原地带，东北部及南部沿海平原最狭窄，有些地段近于消失。高原的内侧耸立着高低不等的墙垣状的陡崖，从崖顶向内陆是纵横万里的大高原（图4.19）。

非洲大陆地势的总趋势是东高西低、南高北低，从东南向西北倾斜。大致以刚果河口到红海西岸中部的卡萨尔角一线为界，分为两大部分。西北部较低，是平均海拔500m的低高原，称"低非洲"，中间分布着一系列的盆地、洼地和较低的高原、山地，局部地区有较高的山峰。东南部较高，为平均海拔1000m以上的高原和山地，称"高非洲"。这里有被称为"非洲屋脊"的埃塞俄比亚高原，有谷深崖陡的东非高原和面积广大的南非高原。

(2) 断裂地形广泛发育

非洲大陆断裂的地形分布很广，大陆边缘的陡崖即是冈瓦纳古陆分裂时地壳断裂的产物。断裂作用的结果，使非洲西部出现绵延几百千米、高达几百米的阶地。在非洲东部断裂地形更为典型，有著名的东非大裂谷带，它北起亚洲约旦的死海之北，南至莫桑比克境内的赞比西河口以南，纵贯非洲大陆的东部。东非裂谷带，各段宽窄不等，深浅各异，谷壁和谷底海拔高低不一，但裂谷形态却很明显。

(3) 褶皱山脉很少

非洲大陆形成的历史久远，古造山作用所形成的褶皱山脉早已被夷平。古生代以来的造山运动只能使刚硬的古地台发生断裂，而不能造成线状褶皱山脉。非洲的褶皱山脉有两条，分别分布在大陆的南北边缘。西北部的阿特拉斯山脉，大陆南端和东南边缘的开普山脉和德拉肯斯堡山脉，都是古陆外缘晚期地层在构造运动中被挤压褶皱而附加到古陆上的。非洲高原上的一些高山，绝大部分为火山体，仅有东非的鲁文佐里山是一座断块山地。

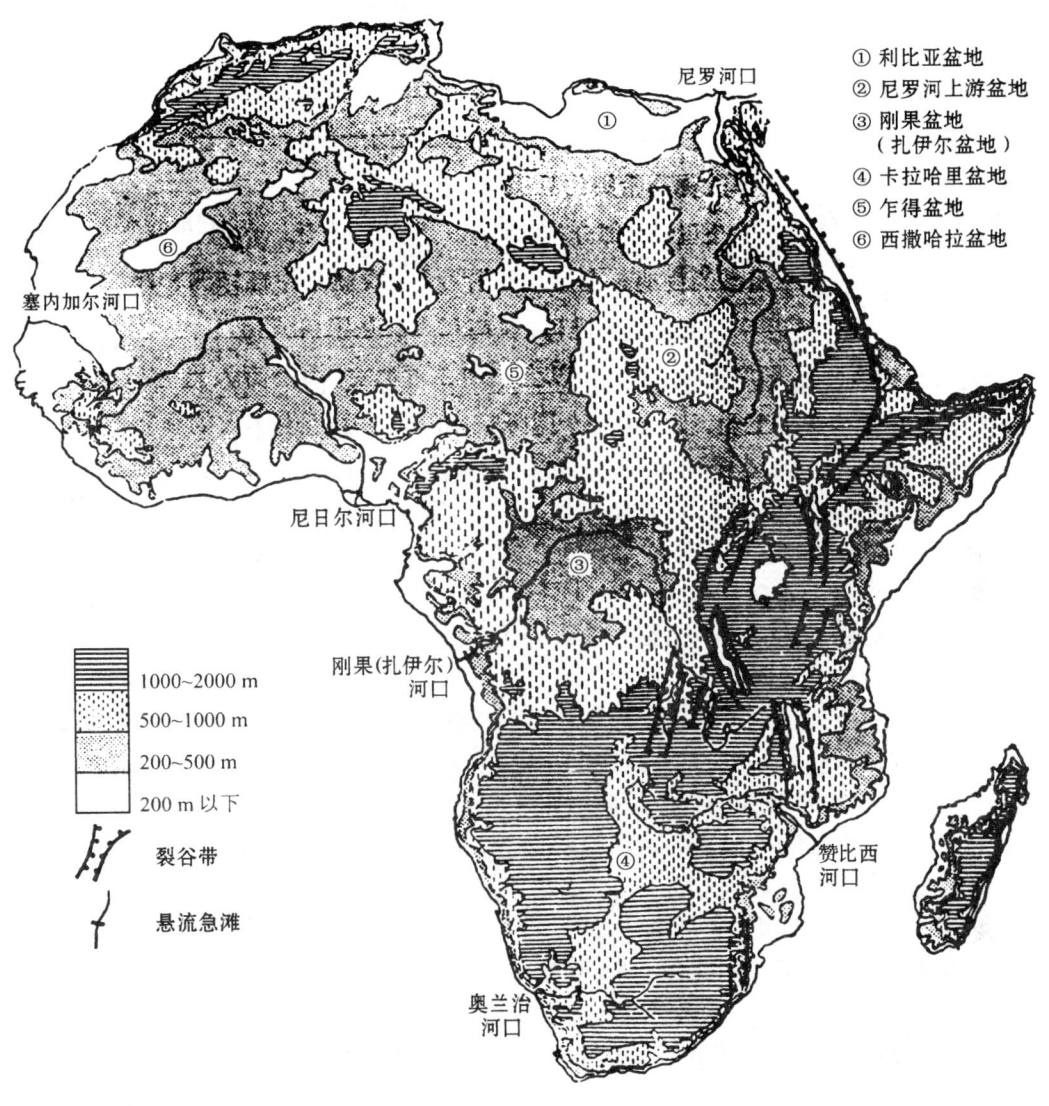

图 4.19 非洲地形

4.3.5 北美洲地形概述

4.3.5.1 地理位置、面积和轮廓

位于西半球、通过狭窄陆地相连的南北两块大陆及周围的岛屿，构成了美洲（America）。自然地理上以巴拿马运河为界将其分为北美洲和南美洲。拉丁美洲是美国

以南的所有国家和地区的总称。北美洲位于西半球北部,北临北冰洋,南濒墨西哥湾,东、西分别面临辽阔的大西洋和太平洋,西北隔白令海峡与亚洲相望,南以中美地狭与南美洲相连。

北美洲总面积 $2422.8\times10^4 km^2$,约占世界陆地总面积的 16.2%,为世界第三大洲。其中岛屿面积 $406.6\times10^4 km^2$,约占全洲面积 1/6,为世界岛屿面积最大的洲。偏居大陆东北面的格陵兰岛为世界第一大岛,面积 $217.56\times10^4 km^2$。它的莫里斯—杰苏普角($83°39'N,33°52'W$)是北半球陆地最靠近北极的地方。大陆北面有一大群岛屿布列在北冰洋上,合称加拿大北极群岛,其中巴芬岛、维多利亚岛、埃尔斯米尔岛面积都在 $20\times10^4 km^2$ 以上。大陆东南面的大安的列斯群岛、小安的列斯群岛和巴哈马群岛,呈弧形排列于大西洋及其属海墨西哥湾、加勒比海之间,它们合称为西印度群岛。大陆东、西两侧岸外还有不少岛屿,如阿留申群岛、亚历山大群岛、温哥华岛和纽芬兰岛等。

北美洲大陆海岸线长约 43000km,仅次于亚洲。太平洋岸因山脉与海岸平行,且绝大部分山麓与海面相接,以侵蚀型海岸为主,沿海平原和岸外大陆架都很狭窄。其中温哥华岛以南海岸线比较平直,属于上升海岸;温哥华岛以北,因近期沉降和冰川切蚀,海岸线十分曲折,形成众多小岛屿和峡湾型海岸。大西洋岸,特别是东北段,海岸十分曲折,不仅岛屿棋布、港湾深邃,而且还有深入大陆远达 1500km 的哈得孙湾,岸外大陆架也很宽广,在纽芬兰岛东南一带最大宽度达 500km。纽约以南至哈特勒斯角属沉降海岸,分布着一系列河口湾,如切萨克湾深入内陆约 300km,自哈特勒斯角往南,均属平直的上升海岸,沙堤顺岸延伸,泻湖很多,只有佛罗里达半岛和尤卡坦半岛突出在外,把墨西哥湾同大西洋和加勒比海分隔开来。北冰洋岸也多曲折,并有一大群为浅海所隔的岛屿,这是由于陆地沉降和冰期后水面上升、海水侵入内陆所致。

4.3.5.2 地形的基本形态

(1)纵列的地形结构

北美洲大陆东、西高,中部低,东、西部山地呈倒"八"字形排列,形成以三大纵列带为特征的地形特征结构(图 4.20)。

西部为高大的科迪勒拉山系,从阿拉斯加向南延伸至中美洲地狭,并经加勒比海海底山岭伸入安的列斯群岛。东部为由一系列山脉和山间高原、盆地、谷地组成的年轻褶皱山地——阿巴拉契亚山地,从纽芬兰岛呈东北一西南向延伸达 2000km,由低矮的平行山脉和波浪起伏的高地组成。介于东、西之间的广大中部地区,为起伏平缓的劳伦辛低高原和平坦的平原地带,从哈得孙湾和北冰洋沿岸直至墨西哥湾沿岸,南北贯通。三大纵列地带是各地质时期的产物,分别具有不同的地质结构基础。纵列的地形结构对大陆的气候、水系、土壤和植被等的分布具有很大的影响。

(2)冰川地形广泛分布

第四纪冰期时,北美洲大陆北半部广大地区被冰川覆盖,其南界约达 37°N,冰盖的

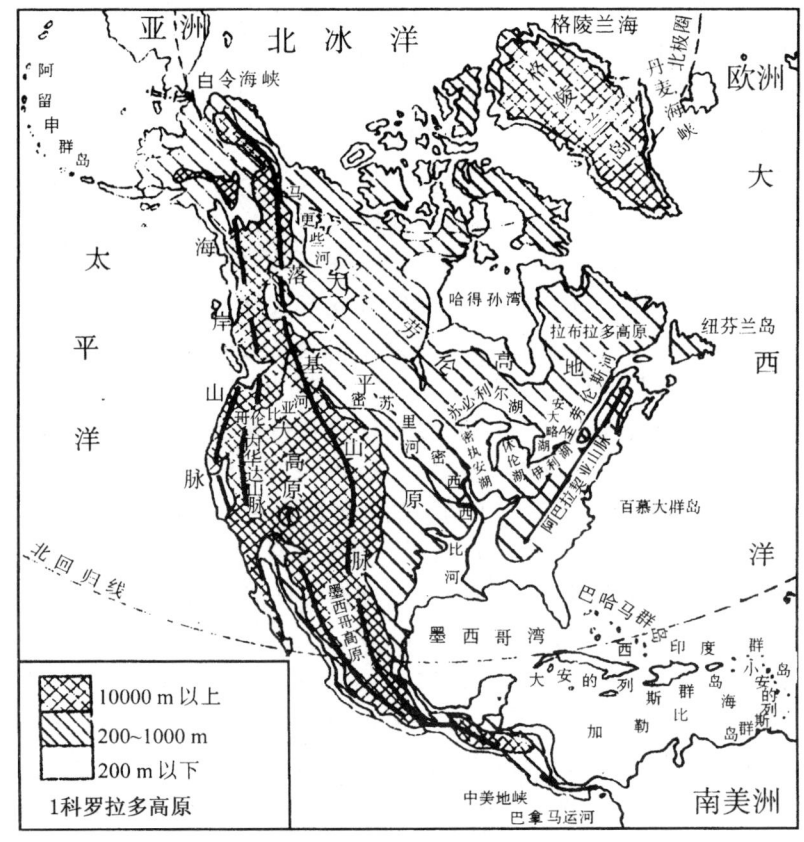

图 4.20 北美洲地形

范围和厚度超过冰期时的欧洲。因此,大陆地形深深地打上了冰川作用的烙印,冰川侵蚀地貌和堆积地貌分布十分广泛,而且类型多样。此外,北美洲还是除南极洲以外现代冰川分布最广的大洲,如格陵兰岛、北极群岛的大陆冰川,科迪勒拉山系北段的山地冰川等。这些地区冰川对地形的塑造作用仍在继续,而且对土壤、植被、水系也带来了很大的影响。

4.3.6 南美洲地形概述

4.3.6.1 地理位置、面积和轮廓

南美洲位于西半球南部,除大陆西北隅通过巴拿马运河与北美洲相连外,四周均被大洋环抱。东濒大西洋,北濒加勒比海,西临太平洋,南隔德雷克海峡与南极洲相望。全洲总面积 $1791\times10^4 km^2$,占世界陆地总面积的 12%,为世界第四大洲。其中岛屿面积仅 $1.5\times10^4 km^2$,不及全洲面积的 1%,除南极洲外,是世界岛屿面积最小的一个洲。

主要岛屿有西南部的智利群岛,南端的火地群岛,东南面的马尔维纳斯群岛(福克兰群岛),西北面太平洋上的科隆群岛(加拉帕戈斯群岛)等。

南美洲大陆大部分地段山脉走向与海岸平行,形成平直陡峭的崖岸,缺少大的半岛和海湾,全洲海岸线长约39884km。太平洋岸,特别是18°—33°S的一段是典型的上升断层海岸,陡岸逼临深海,沿海平原和岸外大陆架几乎不存在。西北段近期略有下降,海岸比较曲折;西南段是最明显的下降区,海岸线最曲折。加勒比海沿岸西段山脉与海岸正交,海水侵入山间纵谷形成海湾,即所谓里亚斯式海岸;东段也表现下降形态。整个大西洋岸,除巴西东岸具有上升特征、断崖拔立于大洋岸上外,其余部分基本上以下沉海岸为主,岸外有较宽的大陆架,河口部分往往形成三角洲。

南美洲大陆主要部分位于10°N—23°36′S之间的热带地区,四周为海洋环绕,深受海洋信风影响,故气候特别暖湿,成为世界热带雨林分布面积最广的大陆,而属亚热带和温带的部分则相当有限。地理环境各组合要素均以热带类型为主的特点,也反映出了南北美洲大陆的相似性。这是由于两大陆的纬度位置、形状、轮廓等方面具有相似性而引起的。然而由于地形结构的不同,海陆位置也有一定差异,故两大陆地理环境又各具独特性,导致它们在自然环境类型的分布、排列及特征方面,也就有了明显的差异。

4.3.6.2 地形的基本特征

南美洲地形大势为西高东低,西部是年轻高大的科迪勒拉山系,东部为广阔的平原和低高原(图4.21)。

(1)西部高大狭窄的褶皱山系纵横南北

西部的安第斯山是科迪勒拉山系的主体部分。它北起特立尼达岛纵贯太平洋,南至火地岛,全长约9000km,为世界上最长的山脉。山系高峻连续,由一系列山脉、火山带、山间谷地、盆地和高原组成,一般宽约300km,20°S附近处最宽达800km。大部分地段海拔都超过3000m,高于6000m的高峰达50座。玻利维亚境内的汉科乌马山高达7010m,是南美洲乃至西半球的最高峰。安第斯山的隆起,使得超过3000m的地面约占大陆面积的8%(图4.21)。

(2)东部平原和高原相间分布

安第斯山以东,地域广阔,久经侵蚀的古老高原与低平的冲积平原相间分布。自北而南是奥里诺科平原、圭亚那平原、亚马孙平原、巴西高原、拉普拉塔平原和巴塔哥尼亚高原。平原偏近大陆中部,海拔一般不足300m,幅员宽广,约占大陆总面积的5%。高原偏居大陆东部,海拔一般在300~1500m,地面波状起伏。

4.3.7 大洋洲地形概述

4.3.7.1 地理位置和范围

大洋洲为"大洋中的陆地",位于亚洲、南美洲、北美洲和南极洲之间的太平洋南部,

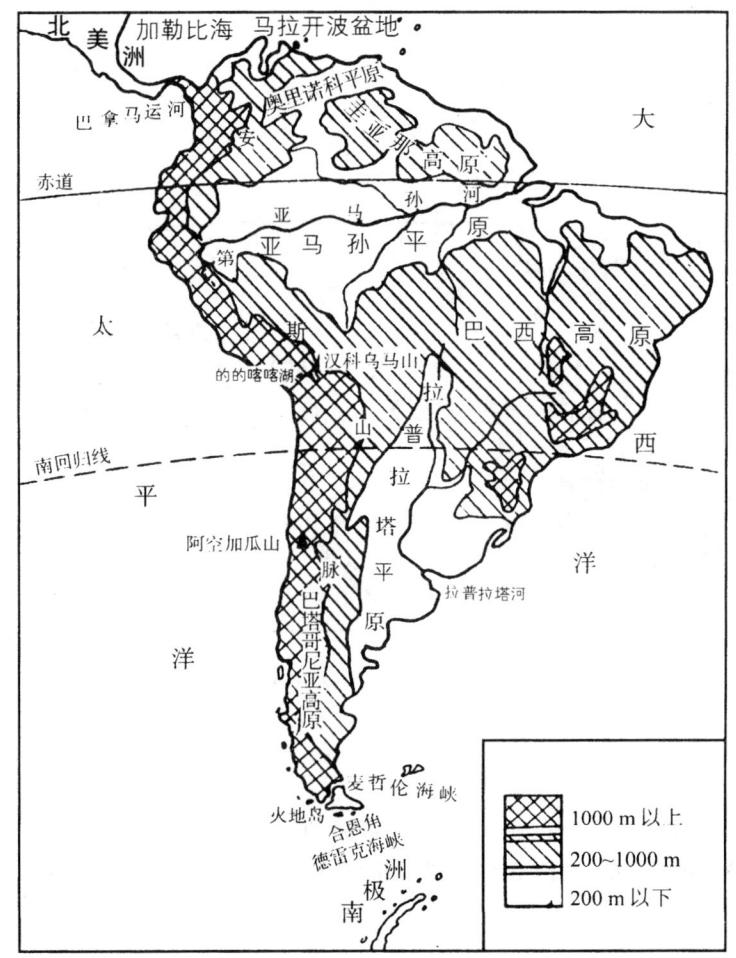

图 4.21 南美洲地形

由大小 1 万多个岛屿组成。大洋洲包括澳大利亚大陆、塔斯马尼亚岛、新西兰（南岛和北岛）、伊利安岛（新几内亚岛）以及太平洋中的美拉尼西亚、密克罗尼西亚等三大群岛（图 4.22）。

大洋洲陆地面积约 $897×10^4 km^2$，约占全球陆地总面积的 6%，是世界上陆地面积最小的一洲。岛屿分布很广，东西最宽处相距 $1.29×10^4 km$，南北最宽外相距 7500km，岛屿面积共 $133×10^4 km^2$。

大洋洲人口是世界上（除南极洲外）人口最少的一个洲。大洋洲大部分居民在澳大利亚大陆和岛屿的边缘地带，大陆内陆和许多岛屿至今尚无人定居。城市人口约占大洋洲总人口 80%，是世界上城市人口比率最大的一洲。

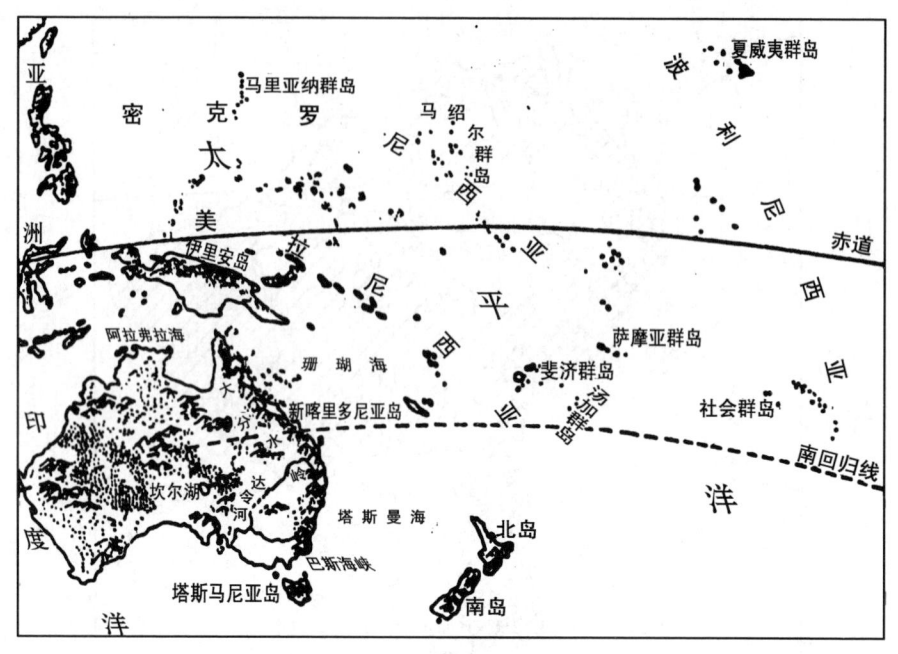

图 4.22 大洋洲地形

4.3.7.2 地形的基本特征

(1)澳大利亚

澳大利亚联邦包括澳大利亚大陆及其附近的塔斯马尼亚等岛屿,介于西南太平洋和印度洋之间。东面是珊瑚海和塔斯曼海;南岸和西岸临印度洋,西距非洲大陆约 1×10^4 km,南距南极大陆约 3500km;北面隔帝汶海与亚洲南部的马来群岛相望,但距亚洲大陆最近的距离也有 3000~4000km;澳大利亚大陆距世界其他大洲都比较遥远。

澳大利亚大陆是世界上最小的大陆,面积为 768.7×10^4 km^2,占大洋洲总面积的 85.6%,连同塔斯马亚等附近海域岛屿,面积共 776×10^4 km^2,居世界第 7 位。澳大利亚轮廓比较简单,略似六边形,海岸线长 1.96×10^4 km。

澳大利亚地形基本特征有:一是地势低平。澳大利亚大陆平均海拔 350m,不到世界陆地平均高度的一半。600~2000m 的高原和山地占 4.2%,2000m 以上的高山只占 0.8%,在各大洲中高山区面积比例最小。二是地形结构呈纵向排列。澳大利亚在结构上表现为与构造基础密切相关的三大南北纵列带:西部是以古陆台为基础的侵蚀高原,中部是古陆台内部坳陷的沉积平原,东部为古褶皱带抬升的褶皱、断块山地。三是风成地貌分布很广。澳大利亚干旱半干旱面积约占整个大陆的 3/5,地表受到盛行风的影响,形成许多风蚀、风积地貌;有的地方沙层厚数百米,形成许多方向不同的沙垄;西部高原有的地方矗立着岩石构成的蚀余山,外貌十分奇特。

(2)新西兰

新西兰是位于太平洋西南部的岛国,由北岛、南岛以及斯图尔特等一些小岛组成。面积 $26.9×10^4 km^2$,其中北岛 $11.5×10^4 km$,南岛 $15×10^4 km^2$。南岛和北岛之间的库克海峡,第三纪中期陷落而形成的。

新西兰是个多山的国家,境内山地和丘陵约占全国总面积的89%,平原面积狭小。北岛地势较低,主要是丘陵区,山地偏于东岸,仅占全岛的18%;中部为广大的火山区,地热资源丰富,其中陶波地热区是世界著名的地热区之一。南岛地势较高,山地约占70%,许多山峰超过3000m,山峰顶部终年白雪皑皑,山间形成许多冰川和湖泊。这里湖光山色,风景秀丽,是新西兰著名游览区。新西兰地处 $34°—47°S$,四面环海,南北狭长,受海洋影响较大,除北岛北部属亚热带湿润气候外,全国绝大部分地区属温带海洋性气候。

(3)太平洋岛屿

除澳大利亚和新西兰以外的大洋洲中,散布在太平洋中部、位于赤道两侧的南、北纬30°和东、西经130°之间的千万个岛屿,即太平洋岛屿。它是一个群岛套群岛的"万岛世界"。太平洋岛屿人口约占大洋洲的24%,总面积约 $100×10^4 km^2$,约占大洋洲陆地面积的11%。其中最大的岛屿伊里安岛(新几内亚岛),面积 $78.5×10^4 km^2$,仅次于格陵兰岛,为世界第二大岛,最小的岛屿面积不到 $1km^2$。

4.3.8 南极洲地形概述

南极洲,又称安特阿提卡(Antarctica),意思是北极的对面。北极地区和南极地区都是在地球的高纬度地区,属于寒冷地带,但是在地形方面,却是很不相同的。北极地区是一个海盆,而南极地区却是一个大陆。它的面积达 $1420×10^4 km^2$,比欧洲和大洋洲都大些,成为地球的第五大洲,也是位置最南的大陆。它的形状大略呈一个圆形,有两处凹入的地方,一处是罗斯海,一处是威德尔海。另外有一处特别伸出的陆地,即南极洲半岛,伸向南美洲,成为南极洲和其他大陆最接近的地方(相距约960km)。除了南极洲半岛末端以外,南极洲全部都处于南极圈(66.5°S)之内。近30多年来,我国对南极洲进行了大量的科学考察活动,在气象、冰川、地质、海洋、生物等多个学科领域取得了丰富的科学资料,为南极的科学研究做出了重要的贡献。

南极洲的自然特点和其他大陆比较,南极洲有一些显著的特点。首先它是一个除了每年有几百名科学考察队员来这里工作之外,没有永久居民居住的大陆。这一点和北极地区很不相同,在北极圈范围内,大概有二百多万居民。

南极洲最独特的地方是,它是一个冰封的大陆,95%的地面覆盖着一层厚厚的冰层,平均厚度为1500m,最厚的地方达4500m。全部冰层的体积达 $300×10^4 km^2$。这么大量的保存在低温之下的固体水,对于全球的水分和热量的平衡,影响显然是很大的。如果冰盖有一部分融解,后果将非常严重。如果全部融解,那么海平面将升高 60m 以上,那就是说,世界的许多平原,像中国的华北平原以及沿海地区,都将被淹没。

从冰原流到海中的冰,成整片地浮在海上,叫作冰棚。最大的冰棚在罗斯海,称为罗斯冰棚,面积达 520000km^2,平均高出海面 70m。另一块是在威德尔海湾,叫菲诗纳冰棚。从冰棚与冰川裂开而漂流在海上的冰,成为浮冰和冰山。在早期的南极探险史上,冰棚是登陆的险阻,冰山则是航海的障碍。

由于冰盖的掩盖,对于南极洲冰盖下面的地形,人们还了解不多。但根据近年来的地球物理勘探的资料,可以知道一个轮廓。南极洲大致可以分为东西两部分,中间由横断南极山脉所隔开。横断南极山脉全长约 4000km,高约 2000～4000m,成为世界上最雄伟的山脉之一。山顶有的地方被冰雪所覆盖,但也有裸露的山峰,非常壮观。横断南极山脉以东,叫作东南极洲,是一块大平原,由巨大的冰原所覆盖。在边缘有山岭和未被冰原所覆盖的山地。它比横断南极山脉以西的西南极洲约大一倍。西南极洲是一块山地,由一些山岭和孤立的冰原岛峰所组成,如果剥开冰原,那么西南极洲就成为一连串岛屿,环绕着被淹没的比德海盆,这个海盆把罗斯海和威德尔海连接起来。总之,冰原底下的南极大陆,和地球上其他各大陆一样,有平原,有丘陵,有山地,平均高度只有 450m 左右。但是加上冰盖,却使南极大陆成为世界上最高的大陆,平均高度达 2000～2500m 左右(图 4.23)。

由于南极洲出露的岩石不多,因此,对于南极洲的地质知识,远不如其他各洲清楚。但就现在所掌握的资料,已经可以得出一些结论。东南极洲是一块古老的大陆,为印度古陆性质,是属于冈瓦纳古陆的一部分,形成于 30 亿～50 亿年前的前寒武纪。西南极洲则是和南美洲的安第斯山脉有联系,同属于一个造山带。中间的横断南极山脉是一条断块山脉(地垒)。现代地质学家根据大陆漂移说与板块学说,认为南极大陆原来是和南美洲、非洲南部、印度南部和澳洲连在一起的。大约在中生代晚期和新生代早期,即在约 7000 万年前开始和各洲分开。

南极大陆的气候是很特殊的,它是地球上最寒冷的大陆。绝对最低气温为 $-88.3℃$(1960 年 8 月 24 日东方站记录),出现在大陆内部高地,沿海一带则为 $-60℃$。冬季最冷月(8 月)平均气温在内地为 $-40～-70℃$,沿海为 $-4～-30℃$。夏季(1 月)平均气温内地为 $0～-30℃$,沿海稍高,最高可达 9℃。和北极地区相比,南极洲的气温比北极低得多(约低 20～30℃)。这部分原因是由于海洋和陆地在储存热能方面的条件不同,何况南极大陆又是一个很高的冰原。另外,也和南极大陆的地面空气含水分很少,缺乏吸收太阳辐射的能力,到达地面的太阳辐射热,很快就散失到空中去有关。

暴风雪是南极大陆最奇特也是危害最大的天气现象。在内陆冰原上形成的密度大的冷空气,沿斜坡向沿海低地流动,可以成为一股强烈的狂风,沿途带着地面的雪,威力

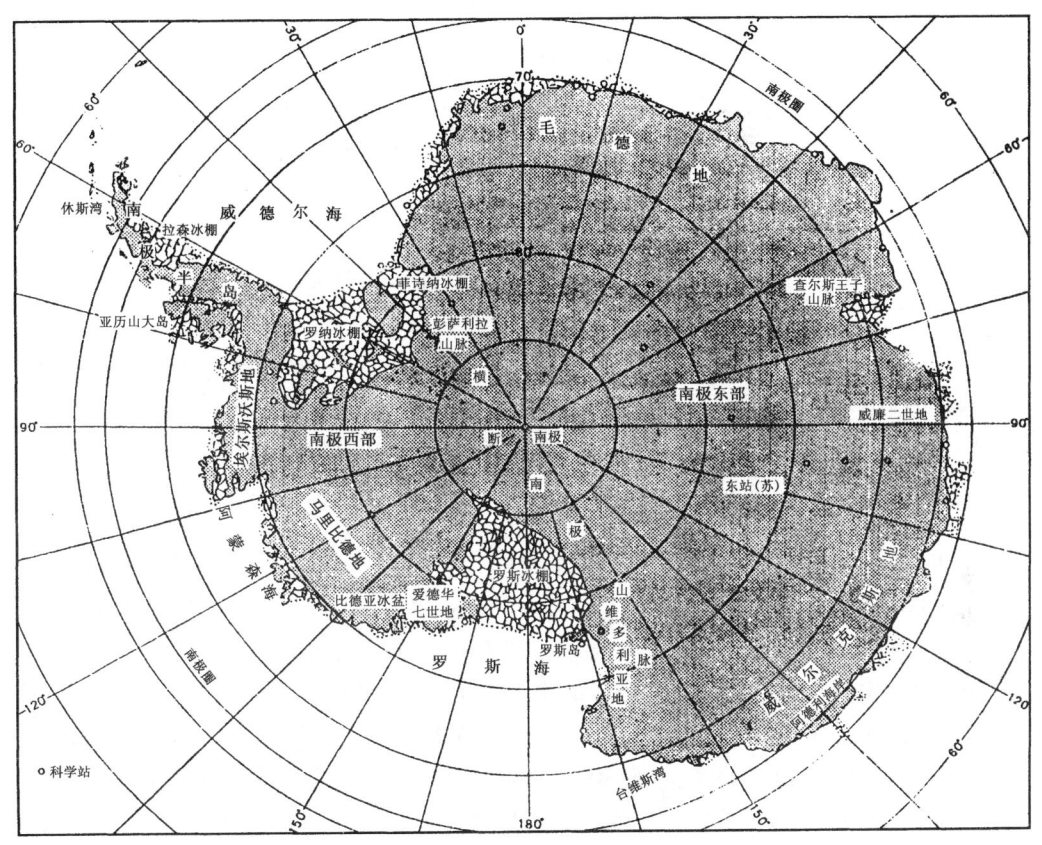

图 4.23 南极洲

极大,最大风速可以达到 92.6m/s(1951 年 2 月 22 日阿德利海岸的记录)。这种暴风雪曾经是南极探险者最凶恶的敌人,有不少探险者牺牲在这种暴风雪之中。这股暴风雪在到达海面时,激起汹涌的巨浪,使环绕南极大陆的海域,成为地球上风浪最大的海域。

南极大陆虽然地面有巨量的固体水,但是空气却是非常干燥,雨量很少。大陆内部年降水量不过 30mm 左右,比世界上许多著名的沙漠还干燥。因此,南极大陆被称为白色的荒漠。由于气候寒冷,降下来的少量的水,也不是液体,而是凝结成雪。所以南极大陆实际上是一个没有雨的地方,地面上也很少看到流水。只有夏季在局部地方,偶尔有融化的冰水。

由于气候寒冷,又缺乏水,在这种严酷的自然环境中,生物是很贫乏的。能够在这里生长的植物,只有贴地面的地衣、苔藓和在冰雪融水中的藻类。南极洲是地球上唯一没有树的大陆。在动物中,以陆地为生的也只有一些昆虫。

第 5 章 地球上的水

§5.1 地球上的水体

水是地球表面分布最广和最重要的物质。由于水在常温状态下具有液态、气态和固态相互转化的独特的物理性质,同时受太阳能和地球势能的影响,因而它在大气圈、冰冻圈、生物圈和岩石圈之间起着物质交换和能量转化的重要作用。

5.1.1 地球上水的分布

根据 1992 年世界气候研究计划和全球能量水循环实验的研究报告,地球的总水量现约有 $15 \times 10^8 km^3$,若将其均匀覆盖于地球表面,水深达 2860.9m。地球上除了存在于各种矿物中的化合水、结合水,以及为深部岩石所封存的水分以外,海洋、河流、湖泊、地下水、大气水分和冰,共同构成地球的水圈。其中海洋是水圈的主体,它的面积约占全球面积的 71%,体积约有 $14 \times 10^8 km^3$,占地球上水量的 95.96%;存在于南极、北极和高山区的冰和积雪约 $0.434 \times 10^8 km^3$,占全球水量的 2.97%;全球地下水约 $0.153 \times 10^8 km^3$,占全球水量的 1.04%;此外,存在于河流、湖泊、沼泽等地表水体中的水约 $36 \times 10^4 km^3$,存在于大气中的水约 $1.55 \times 10^4 km^3$(其中海洋上空大气中的水约 $1.1 \times 10^4 km^3$,陆地上空大气中的水约 $4500 km^3$),生物系统中的水(生物水)约 $2000 km^3$,它们合计约占全球水量的 0.03%。

5.1.2 水分循环和水量平衡

地球上的水并不是处于静止状态的。海洋、大气和陆地的水,随时随地都通过蒸发、水汽输送、降水、下渗和地表与地下径流等水文过程,进行着连续的大规模的交换。这种交换过程,就是水分循环。自海洋表面蒸发的水分,上升凝结后直接降落海洋中,或自陆地表面蒸发的水分,上升凝结后也有一部分直接降落陆地上,这种水分循环就叫作水分内循环,或称小循环。当海洋上蒸发的水分,被气流带到陆地上空以雨雪形式降落到地面时,一部分通过蒸发和蒸腾返回大气,一部分渗入地下形成土壤水或潜水,另一部分形成径流汇入河流,最终仍注入海洋,这叫作水分的海陆循环,或者称为大循环、外循环。内流区的水不能通过河流直接流入海洋,它和海洋的水分交换比较少,因此,内流区的水分循环具有某种程度的独立性。但它和地球上总的水分循环仍然有联系。

从内流区地表蒸发和蒸腾的水分,可被气流携带到海洋或外流区上空降落,来自海洋或外流区的气流,也可在内流区形成降水。图 5.1 为地球上水分循环的示意图。

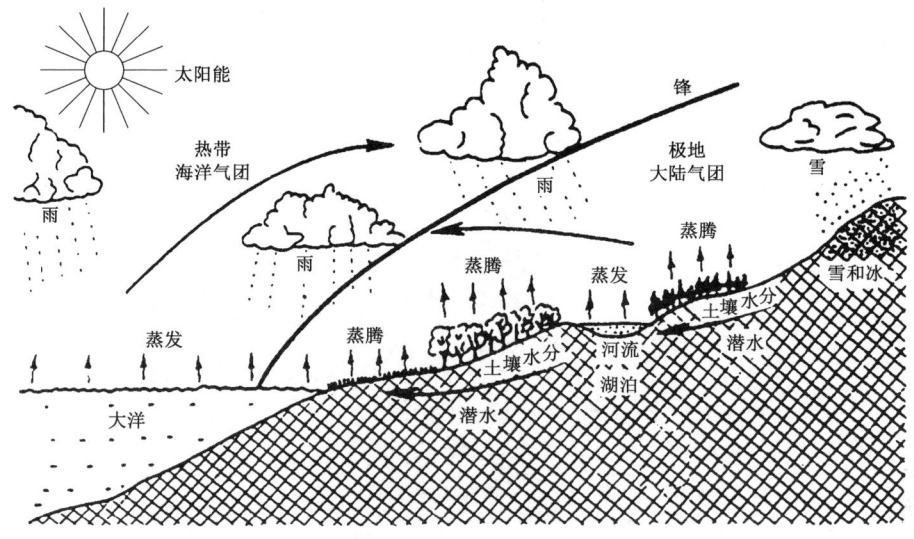

图 5.1　地球上水分循环的示意图

降水、蒸发和径流在整个水分循环中,是最主要的环节。在全球水量平衡中,它们同样是最主要的因素。

在全球水量平衡中,海陆年降水量之和等于海陆年蒸发量之和,均为 577000km³,说明全球水量保持平衡,基本上长期不变。以 P 表示降水量,E 表示蒸发量,R 表示径流量,海洋水量平衡式可写为 $P=E-R$;而陆地水量平衡式可写为 $P=E+R$,即海洋降水量等于海洋蒸发量与入海径流量之差,显然,海洋蒸发量大于降水量;陆地降水量等于陆地蒸发量与入海径流量之和,陆地上的蒸发量小于降水量。海洋和陆地水最后通过径流达到平衡(表 5.1)。

表 5.1　全球年水量平衡
(根据全球能量与水循环试验,1994)

因素	水量(10^3km³)
海洋降水量	458
海洋蒸发量	505
陆地降水量	119
陆地蒸发量	72
进入海洋的径流量	47

但是，无论是在海洋上或在陆地上，不同纬度的降水量和蒸发量都有差异。图 5.2 是 R. Mather 给出的全球降水与蒸发的纬度分布（转引自高国栋等，1996），表示的是按纬度 10°划分的实际降水和蒸发的分配。上面两条曲线表示全球降水和蒸发的纬度分布，下面两条曲线表示陆地降水和蒸发的纬度分布。上下两条降水曲线间的面积代表海洋降水量，上下两条蒸发曲线间的面积代表海洋蒸发量。

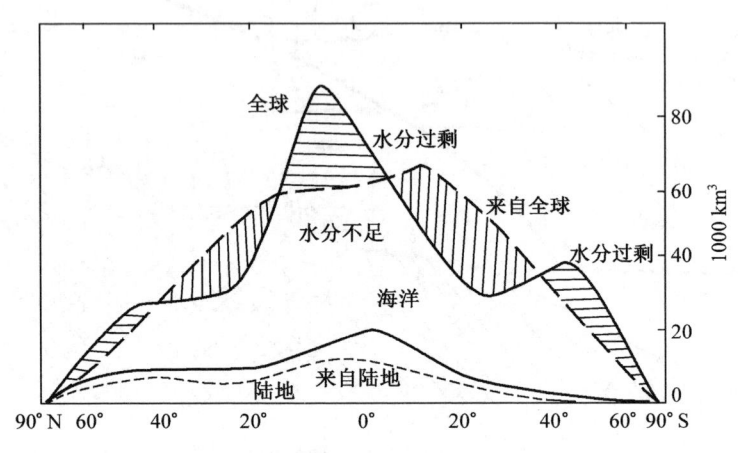

图 5.2　全球降水与蒸发的纬度分布
（实线：降水；断线：蒸发）

图 5.2 表明，赤道地区，特别是 0°—10°N 一带水分过剩。相当于副热带高压区的南、北纬 10°—40°间蒸发超过降水，这在南半球更明显。纬度 40°—90°，两个半球的降水又超过蒸发，出现水分过剩，南半球更为突出。两极地区降水和蒸发量均少，并接近平衡。

全球海洋每年有 505000km³ 水被蒸发进入大气中，其中 458000km³（约 91%）在海洋上空形成降水，直接降落在海洋上；47000km³（约 9%）随气流携带，进入各洲上空，形成由海洋上空向陆地上空的水汽输送，成为陆地上空水汽的来源。陆地上空每年的降水约 119000km³，其中有 72000km³（约 61%）通过水面蒸发、陆面蒸发和植物蒸腾重返大气，47000km³（约 39%）以地面径流和地下径流形式汇入海洋，完成海洋和陆地之间的水量交换和平衡。

每年有约 101×10^4 km³ 的水参加全球水分循环过程，其中总蒸发量的 86% 和总降水量的 79% 发生在由海洋与其上空大气耦合形成的海洋—大气系统中，而总蒸发量的 14% 和总降水量的 21% 发生在由陆地与其上空大气耦合形成的陆地—大气系统中。虽然在海洋—大气系统中参与水分循环的水量很多，但其水分循环过程却相对较为简单。在陆地—大气系统中的虽然参与水分循环的很少，但其过程和在水分循环中的作用却是十分复杂和重要的。

水分循环的陆面过程是发生在陆地上的水文过程的总和。降水或降雪到达地面以后,一部分渗入地下,形成土壤水和地下水;一部分补给沼泽、湖泊与河流,成为地表水。土壤水是植物的主要来源,维持着全球陆地生存系统所需的水量;地表水和地下水主要通过河流汇入海洋。地表水、土壤水、地下水和生物水中大部分通过蒸发蒸腾重返大气,成为大气中的水汽,其中一部分再次成为降水落到陆地。

大气中的水汽含量虽然很少,但却是全球水分循环中最活跃的成分。水分循环的大气过程是指海洋和陆地上空的水汽输送和陆地不同区域上空的水分交换,主要包括水汽输送、水汽辐合与辐散、水汽收支与水分平衡。它们是在诸多因素控制和影响下形成和变化的,例如:大气环流决定了全球尺度水汽输送的基本格局,海陆分布和地理纬度(如青藏高原)是各洲大陆上空水汽含量的控制因子,地形和不同尺度的大气运动系统则往往决定了某一地区上空水汽输送和水分平衡的主要特征,人类活动对水分循环大气过程也有影响,等等。

水在循环中不断进行着自然更新。据估计,大气中的全部水量 8d 即可更新一次,河流约需 10~20d,土壤水约需 280d 至 1a,湖泊约需 17a,地下水约需 1400a。盐湖和内陆海水的更新,因其规模不同而有较大的差别,时间约 10~1000a,山地冰川约需 1600a,极地冰盖和永久积雪则需 9700a,海洋中的水更新时间要 2500a。

水分循环有着重要的自然地理意义,它使自然地理环境中的物质和能量不断地交换,也是天气与气候变化和地貌形成的重要因素。水长期参与地球自然地理环境的形成和发展过程,现在仍然作为一个最活跃的因素,在许多过程中起着重要的作用:水分和热量的不同组合,决定了地球上的气候带和自然地带的形成,使其面貌显得丰富多彩;水溶解岩石圈中的固体物质,包括各种矿物、盐类、离子和胶体物质,推动着全球能量交换和地球化学物质的迁移,并提供生物需要,等等。

水资源是指能为人类利用的淡水。人类主要生活在陆地上,各种生产活动,尤其是农业生产紧密地依赖于水分的正常供应。所以,陆地上特别是某些干旱地区的水量平衡,尤其值得重视。人类很早以前,就已经广泛地利用地表水和地下水来发展灌溉或航运;现代还进行人工降水、海水蒸馏淡化、跨流域调水,甚至设想利用极地冰,完全改变了原来水分循环的路径,以补充某些地区水的不足,使自然界的水资源能发挥其最大的效益。

§5.2 陆地上的水

陆地水以淡水为主,是地球的自然地理要素或组成部分。陆地水分布广泛,不仅平原、盆地有,高原、山地上亦有;不仅有液态水,也有固态水;不仅有河流、湖泊、沼泽及冰川,还有大量的地下水和土壤水。陆地水与海洋相比数量很小,但是这些水体分布于不同地区,经常运动和变化着,作为活跃的外动力之一对地表形态的形成和改造,以及它们对气候、植被等其他自然要素的作用,尤其是以淡水为主,可以直接被人类所利用的不可缺少的资源。这充分显示了它们在地球自然景观形成、发展和人类社会发展中的重要性。

5.2.1 河流

降水或由地下涌出地表的水,汇集在地表低洼处,在重力作用下经常地或周期地沿流水本身造成的洼地流动,这就是河流。形成河流必须具备两个最基本的要素:一是经常性或周期性流动的水,二是使水经常流动的槽,即河床。

直接流入海洋及内陆湖泊的河流称干流。流入干流的称支流。干流及支流所构成的干支流系统称为水系。直接或间接流入海洋的河流叫外流河,而另一些河流注入内陆湖泊或沼泽,或因渗漏、蒸发而消失于荒漠中,称内陆河。

每一条河流和每一个水系都从一定的陆地面积上获得补给,这部分陆地面积便是河流和水系的流域。实际上,它也就是地表水集水面积。河流和水系的地面集水区与地下集水区往往并不是重合的,但地下集水区很难测定。所以,在分析水文地理特征或进行水文计算时,多用地表集水区代表河流的流域。由两个相邻集水区之间的分水岭最高点连接成的不规则曲线,即为两条河流或两个水系的分水线。降落在分水线两侧的雨水,各自汇入不同的水系。对于任何河流或水系来说,分水线之间的范围,就是它的流域,如秦岭是黄河流域与长江流域的分水岭,南岭是长江流域与珠江流域的分水岭。

一条河流常常可以根据其地理－地质特征分为河源、上游、中游、下游和河口五段。河源指河流最初具有地表水流形态的地方,因此也是全流域海拔最高的地方,通常与山地冰川、高原湖泊、沼泽和泉相联系。上游指紧接河源的河谷窄、坡陡流急、流量小、水位变幅大、侵蚀作用强烈、河槽多为基石或砾石、纵断面呈阶梯状并多急滩和瀑布的河段。中游水量逐渐增加,但河槽比降比较和缓,流速减少,流水下切力已开始减小,河床位置比较稳定,侵蚀和堆积作用大致保持均衡,河槽多为粗砂,纵断面往往成平滑下凹曲线。下游河谷宽广,河道弯曲,河水流速小而流量大,淤积作用占优势,到处可见浅滩和沙洲,河槽多为细砂或淤泥。河口是河流入海、入湖或汇入更高级河流处,经常有泥沙堆积,有时分叉现象显著,在入海、湖处形成三角洲。

为了认识河流的特征及其地理意义,必须首先了解有关河流水情的一些基本概念。水位是河流中某一标准基面或测站基面上的水面高度。流速指单位时间内河水流动的距离,单位为 m/s。在单位时间内通过某过水断面的水的体积,叫作流量,单位是 m^3/s。流量是流速和断面面积的乘积。流量大小表示某一条河流的来水和输水能力的大小,流量的变化将引起流水蚀积过程和水流的其他特征值的变化。随着流量的变化,水位也发生变化。流域内的降水和冰雪消融状况等径流补给是影响流量同时也是影响水位变化的主要因素。

河流水量补给是河流的重要特征之一。降落在地表的雨水,除部分被植物截留、下渗和蒸发以外,其余的形成地表径流,汇入河网,补给河流。冰川、积雪、地下水、湖泊和沼泽,也都可以构成河流的水源。不同地区的河流从各种水源中得到的水量是不相同的,即使同一条河流,不同季节的补给来源也不一样。这种差别主要是由流域的气候条件决定的,同时也与下垫面的性质和结构有关。例如热带地区、亚热带湿润地区没有积雪,主要是雨水补给;冬季长而积雪深厚的寒冷地区,积雪在春季气候转暖时融化补给河流;发源于巨大冰川的河流,冰川融水是首要的补给形式;下切较深的大河能得到地下水的补给,下切较浅的小河很少或完全不能得到地下水补给;发源于湖泊、沼泽或泉水的河流,主要依靠湖水、沼泽水或泉水补给。此外,人类通过工程措施,也可以给河流创造新的补给条件,这就是人工补给。

河流的补给特征是影响河水温度状况的主要因素。由冰川和积雪补给的河流,水温必然较低。当气温降到 0℃以下,水温降到 0℃以下,河水中开始出现冰晶,岸边形成岸冰。冰晶扩大,浮在水面形成冰块。随着冰块的增多和体积增大,河流狭窄处和浅水处首先发生阻塞,结果使整个河面封冻。我国北方河流每年都有时间长短不等的封冰期,长的可达 4~5 个月。

随着气候条件的周期性变化,一年中河流补给状况、水位、流量等也相应发生变化。根据一年内河流水情的变化特征,可以分为若干个水情特征时期,如汛期、平水期、枯水期或冰冻期。

河流处于高水位的时期称为汛期。我国绝大多数河流的高水位是夏季集中降雨造成的,故又叫夏汛。夏汛期径流量大,洪峰起伏变化急剧,是全年最重要的水情阶段。各河流的夏汛期长短不一,我国南方河流因雨季早而持续时间长,夏汛期也长。在华南地区则分成两个汛期,即前汛期和后汛期。春季积雪融化形成的河流高水位,叫作春汛。华北、东北的河流都有春汛,但水量比夏汛小,历时也不长。河流的水位达到某一高度,致使沿岸城市、村庄、建筑物、农田受到威胁的水位,称为洪水位。流域内的降水分布、强度、降水中心移动路线,以及支流排列方式,对洪水性质有直接影响。积雪融化也可以造成洪水。

枯水期是河流处于低水位的时期。我国河流的枯水期一般出现在冬季。这段时间河水主要依靠地下水补给,流量和水位变化很小,如果此时河流封冻,又可称冰冻期。

平水期是河流处于中常水位的时期。洪水过后,退水比涨水慢,所以从汛期到枯水期之间有一段过渡时期,水位处于中常状况。我国河流的平水期大多数出现在秋季,时间不长。

5.2.2 湖泊与沼泽

5.2.2.1 湖泊

地面上有静止或弱流动水补充,而且不与海洋有直接联系的水域称为湖泊。必须有湖盆,并且长期蓄水才能形成湖泊。世界各大陆都有湖泊分布,占大陆总面积的2%。每个湖泊都是由湖盆、湖水和水中物质相互作用的自然综合体,受当地气候、径流等多种自然地理因素制约。

湖泊的分类是多种多样的,常见的有:

(1)湖盆的成因把湖泊分为内营力作用湖和外营力作用湖。内营力作用湖由火山作用、地震和构造运动形成,包括火山湖、塌陷湖和构造湖;外营力作用湖的形成与岩石崩塌有关,包括重力湖、侵蚀湖、牛轭湖、风成湖、冰川湖、海成湖、生物成湖、陨石成湖。

(2)按照湖水的来源,把湖泊分为海迹湖和陆面湖两大类。海迹湖过去曾经是海洋的一部分,以后才与它分离,而陆面湖则包括了陆地表面的绝大部分湖泊。

(3)依据湖水与径流的关系,把湖泊分为内陆湖和外流湖。内陆湖完全没有径流入海,常属非排水湖。外流湖以河流为排泄水道又称排水湖,湖水最终注入海洋。

(4)根据湖水的矿化程度,把湖泊分为淡水湖、咸水湖和盐湖。其中咸水湖又可根据水中溶解盐类的主要成分,进一步分为碳酸盐湖、硫酸盐湖、氯化物盐湖等。排水湖为淡水湖,非排水湖多为咸水湖。

(5)按湖水温度状况,把湖泊分为热带湖、温带湖和极地湖。

(6)以湖水存在的时间久暂,湖泊可分为间歇湖、常年湖。

湖水的化学成分大致是相同的,但由于湖泊有各种成因,各种化学元素的含量及其变化情况,却可以有比较大的差异。作为补给来源的降水、地表径流和地下水,含有许多溶解气体和盐类,例如雨水含氮、氧、氢、二氧化碳、亚硝酸,地下水除含氮、氧、氢及二氧化碳外,还有碳酸钙、碳酸钠、硫酸钠、硫酸镁、氯化镁、食盐、硅酸。河水还含有机酸。

在不同的自然条件下,降水、地表径流和地下水带入湖泊的化学元素种类和含量有差别。湖水盐分取决于湖水的类型和气候条件。湖水排泄状况良好与否,使盐分积累过程发生迥然不同的区别。湖岸岩石性质,水生物繁殖状况等,也都会影响湖水的化学成分。

湖水的主要来源为大气降水、地表水和地下水。当湖泊的来水量大于或等于其耗水量时,收入大于支出,水量成正平衡,湖水水位就上升;相反,当湖泊的耗水量大于或等于其来水量时,支出大于收入,水量成负平衡,湖水水位就下降。

湖水收支的季节差异,使湖水位发生相应的季节升降。融雪补给的湖,春季出现最高水位;冰川补给的湖,夏季出现最高水位;雨水补给的湖,雨季出现最高水位。此外,多年的气候变化、湖盆淤塞和湖岸升降都可以反映在湖泊的水位变化上。

5.2.2.2 沼泽

陆地上湿度过剩,生长特殊植物并有泥炭堆积的,常常为低洼的地段称为沼泽。沼泽中生长着各种喜湿性植物和喜水性植物,并有泥炭层。泥炭是沼泽植物残体在大量水分和空气不足的条件下经过不完全分解而成的,多呈褐色或黑色。在沼泽物质中,水占85%～95%,干物质(主要是泥炭)只占5%～10%。水分条件是沼泽形成的首要因素,泥炭的堆积是沼泽的重要标志之一。只有过多的水分才能引起喜湿植物的侵入,导致土壤通气状况恶化,并在生物作用下形成泥炭层。

沼泽形成过程基本上有两种情况,即水体沼泽化和陆地沼泽化。

(1)水体沼泽化。沿湖岸水生植物和漂浮植物向湖中央生长,使全湖布满植物,大量有机物质堆积于湖底,形成泥炭,湖渐变浅,最后形成沼泽。低洼平原的河流沿岸沼泽化过程与此相似。当河水不深、流速也不大时,水生植物从岸边生长,造成泥炭堆积,最终导致河流沿岸的沼泽化。这些都属于水体沼泽化。

(2)陆地沼泽化。陆地沼泽化表现为多种形式,但基本形式是森林沼泽化和草甸沼泽化两种。在过湿区域的森林砍伐迹地或火烧迹地上,草本植物大量繁殖,一方面阻碍木本植物的生长,另一方面又成为苔藓植物的温床,最后形成苔藓沼泽。这是森林沼泽化。地表长期处于过湿状态,特别是河水泛滥及邻近水体沼泽化的影响,使潜水位升高或地下水出露地表,造成草甸的过度湿润,以致低洼处水分积聚,土壤中形成嫌气环境,死亡有机质在嫌气细菌作用下,缓慢分解而形成泥炭层。这是草甸沼泽化。此外,海滨高低潮位之间反复被海水淹没的平坦海岸地带,也可形成沼泽;高山或高原多年冻土区的古夷平面、宽广河流阶地、甚至平坦分水岭上,冻土层阻碍地表水下渗,即使降水量并不丰富,地表仍能处于过湿状态,形成沼泽。

沼泽一般排水不畅,加以植物丛生,故沼泽水的运动十分缓慢。沼泽水的主要补给来源是降水、融雪水和地下水。蒸发是沼泽水的主要损耗方式。沼泽中的泥炭层毛管发育良好,可以使数米深的地下水上升至地表。而泥炭层吸热能力强,有利于蒸发的进行,所以沼泽的蒸发比较强烈,蒸发量大于自由水面。

依照沼泽发育阶段的不同,可分为低位沼泽、中位沼泽和高位沼泽。低位沼泽是沼泽发展的初级阶段。沼泽初形成时,土壤中的矿物营养物质还比较丰富,沼泽表面平坦或成浅凹状,主要生长富营养苔草植被,这就是低位沼泽。随着泥炭的堆积,土壤中的矿物营养愈来愈少,富营养植物逐渐死亡,过渡到中位沼泽。这时沼泽中心得不到从四周流来的含矿物营养的水,最先出现寡营养植物。因为残体分解慢,中心区逐渐向上隆起,这样就形成了高位沼泽。高位沼泽代表沼泽发展的寡营养阶段。此后,沼泽中可能出现草甸植物,从而经历由湿到干的演变阶段。

5.2.3 地下水

埋藏在地面以下土壤和岩石空隙中的水统称地下水。地下水主要来自大气降水和地表水。

水在岩石中存在的形式是多种多样的,按其物理性质上的差异可以分为气态水、吸着水、薄膜水、毛管水、重力水和固态水等。重力水在重力作用下向下运动,聚积于不透水层之上,使这一带岩石的所有空隙都充满水分,故这一带岩石称饱水带。饱水带以上的部分,除存在吸着水、薄膜水、毛管水外,大部分空隙充满空气,所以称为包气带。包气带和饱水带之间的界限,就是潜水面。

潜水是埋藏在地表下第一个稳定隔水层上具有自由表面的重力水。这个自由表面上潜水充满了岩石所有空隙,称为潜水面。从地表到潜水面的距离称为潜水的埋藏深度。潜水面到下伏隔水层之间的岩层称为含水层,而隔水层就是含水层的底板。潜水面以上通常没有隔水层,大气降水、凝结水或地表水可以通过包气带补给潜水,所以大多数情况下,潜水的补给区和分布区是一致的。

绝大多数潜水以大气降水和地表水为主要补给来源。补给潜水数量的多少,决定于降雨特点、地表岩层的透水性、补给面积及植物被覆盖情况。时间不长的降雨,由于还未渗透到潜含水层,就以蒸发、地表径流的形式消耗掉了,因此,只有连绵不断的细雨降落到地表,才能绝大部分通过下渗补给潜水。潜水面的位置随补给来源的变化而发生季节性升降。当降水丰富,地表径流量大时,含水层中的水量增加,潜水面就随之上升。干燥地区降水量少,大气降水补给潜水的量很小。在大河的下游及河流中上游的洪水期间,河水面常常高于岸边的潜水面,因此,河水、湖水常常补给沿岸的潜水,我国的洪泽湖沿岸即是一例。

当含水层或含水通道被揭露于地表时,地下水出露成泉。

§5.3 海 洋

地球上面积广大的连续水域通称海洋。它的面积约占全球面积的71%,体积约有$14×10^8 km^3$。中心部分叫洋,边缘部分叫海。海与洋彼此沟通,组成了统一的世界大洋。

5.3.1 海水的物理化学性质

5.3.1.1 海水的化学成分

海水是含有多种溶解固体和气体的水溶液,其中水约占96.5%,其他物质占3.5%。海水还有少量有机和无机悬浮固体物质。

氢和氧是海水中最主要的化学成分。化学元素周期表上的天然元素,在海水中已测定或估计出含量的有 80 种,这些元素主要以阳离子(如 Na^+,K^+ 等)和阴离子(如 SO_4^{2-},HCO_3^- 等)的形式存在。但是,这些元素的含量差别很大。每升海水中含量在 1mg 以上的元素有氯、钠、镁、硫、钙、钾、溴、碳、锶、硼和氟等 11 种,称"主要元素"。其余 70 种元素含量在 1mg 以下,称"微量元素",其中如磷、氮、硅等为营养盐类,它们对海洋生物有重要意义。

海水中的溶解气体主要是氧和二氧化碳。在海水上层的光亮带,这种气体接近饱和程度。由于表层与深层海水经常发生混合,深海中也含有一定数量的溶解气体,这也是底栖生物能存在的原因之一。

5.3.1.2 海水的盐度和氯度

海水的不断运动,使不同区域中海水主要化学成分含量的差别减小到最低限度,因而其含量具有相对的稳定性。海水的这一性质是建立海水盐度、氯度和密度相互关系的基础。根据这一性质,可以通过任何一种主要盐分的含量估算其他所有各种主要成分的含量。海水主要盐分含盐量见表 5.2。

表 5.2 海水的含盐量

盐 类	含量(mg/L)	百分比(%)
氯化钠($NaCl$)	27.23	77.76
氯化镁($MgCl_2$)	3.81	10.88
硫酸镁($MgSO_4$)	1.66	4.74
硫酸钙($CaSO_4$)	1.27	3.60
硫酸钾(K_2SO_4)	0.86	2.47
碳酸钙($CaCO_3$)	0.12	0.35
溴化镁($MgBr_2$)	0.05	0.20
总 计	35.00	100.00

海水盐度是指海水中全部溶解的固体与海水重量之比,通常以每千克海水中所含固体物质的克数表示。例如,1000g 海水中,含有各种盐类 34g,即海水盐度是 34‰。海水化学成分非常复杂,很难直接测定水样中所有元素的含量。

大洋的盐度一般为 33‰~37‰,平均为 32‰~34‰(图 5.3)。海水盐度因海域所处的位置不同而有差异。它主要受下列几种因素的影响:江河径流的加入,降水与蒸发的强弱,冰的形成与融解,混合过程。在降水量大于蒸发量的赤道带和温度低、蒸发微弱的高纬海区,盐度低于世界海洋平均盐度值,约为 32‰~34‰。在副热带高压带,蒸发旺盛,海水盐度高于平均值,一般为 37‰。在极地及高纬度,其盐度有季节变化。结冰期间,因盐分被排出,使海水含盐度增大;融冰时海水含盐度下降。在河口地区因陆

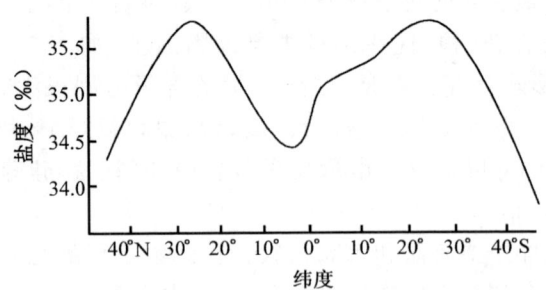

图 5.3　大洋水面(40°N—40°S)盐度的经向分布

上淡水的冲入,使含盐度下降,枯水期则含盐度上升。海流对盐度亦有重要影响,暖流含盐度高,寒流含盐度低,在冷暖海流交绥处有着很大的盐度梯度。总的来说,盐度随纬度的分布呈马鞍型,赤道附近盐度较低,副热带海区盐度最高,然后又随纬度的增加而降低。

5.3.1.3　海水的密度

单位体积中海水的质量就是海水的密度 ρ,单位是 g/cm³。海水密度值比纯水大,约为 $1.022\sim1.028$ g/cm³。它是温度、盐度和压力的函数。若盐度、压力不变时,海水密度随温度升高而减小,当温度低于某一数值时,密度随温度升高而增大。

纯水密度在温度 4℃时最大,海水最大密度的温度则随盐度增加而降低。结冰温度也随盐度增加而降低,但比较缓和(图 5.4)。当盐度为 24.7‰时,最大密度的温度与结冰温度均为 −1.332℃。通常情况下海水盐度为 34.6‰,所以最大密度的温度比结冰温度低。

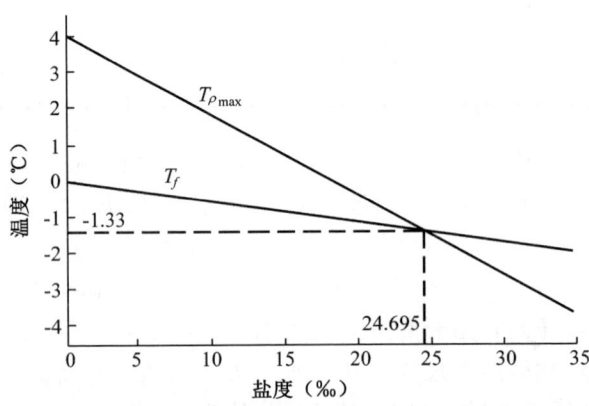

图 5.4　海水的冰点与最大密度的温度随盐度的变化

5.3.1.4　海水结冰

海水冰点低于淡水,结冰过程较淡水复杂。因为海水结冰时必须将大部分盐分排出才能结冰,所以海水结冰温度低于淡水结冰温度,因此结冰时的温度随海水中盐度而变化,盐度愈高,冰点愈低。淡水在温度4℃时密度最大,海水最大密度时的温度则随盐度的增高而降低。当海水盐度大于24.7‰时,最大密度值的温度低于冰点温度;盐度小于24.7‰时,最大密度值的温度高于冰点温度,只有在24.7‰时最大密度值的温度和冰点温度一样。盐度低于24.7‰时结冰过程类似于淡水,在上下层海水都冷却到最大密度时的温度以后,只要表面海水再冷却到冰点就可以结冰了;高于24.7‰时结冰较复杂,因最大密度值的温度在结冰温度以下,愈冷则水愈重便产生对流运动,只有上下层海水都降到冰点以后,再继续冷却,海面才能结冰,因之使海水结冰过程慢于淡水。

海水结冰一般需要极低的气温及较长的时间,只有在高纬度才能满足这样的条件。在持续降温的条件下,海冰首先在浅水区(海岸附近)和盐度低的海区形成。我国历史上在渤海湾曾出现过几次结冰现象(如1936年、1947年、1969年)。世界上的海冰主要分布在南、北极圈附近。

5.3.1.5　海水的颜色与透明度

海水的颜色决定于海水对太阳光线的吸收和反射状况。太阳光中的红光、黄光进入海水后,在水深20m以内即被吸收,紫光和蓝光伸入得更深一些,极少量蓝光能够伸进1000m以上,射入海水的光线除被吸收外,还要受到海水中悬浮微粒和水分子的散射。透入水中的蓝光,一部分被反射到海面,所以海水呈现蓝色。海水中的浮游生物也吸收和反射太阳光,因而,生物丰富的海水和没有生物的海水颜色不同。沿岸海水因盐度较小,泥沙较多,生物丰富,海水多呈绿、黄和棕色。

海水的透明度以直径30cm的白圆盘投入海水中的可见深度来表示。海水的颜色、水中的悬浮物质、浮游生物、海水的涡动、入海径流,甚至天空的云量都对海水的透明度有影响。一般愈近大陆透明度愈低,愈近大洋中部透明度愈高。大西洋中部的马尾藻海,是一个海水下沉区域,表层水中缺乏上涌海水带来的营养盐分,浮游生物极少,因而颜色最蓝,而且透明度最大,约为66.5m。黄海的透明度只有3～15m左右。

5.3.2　海洋的分布

地球表面积有 $510 \times 10^6 \mathrm{km}^2$,其中海洋面积为 $362 \times 10^6 \mathrm{km}^2$,约占地球表面积的71%,相当于陆地面积的2.5倍。

海陆分布随纬度分布很不均匀(图5.5)。陆地的三分之二在北半球,只有三分之一在南半球。所以,北半球的海洋占60.7%,陆地占39.3%;南半球的海洋占80.9%,陆地占19.1%。南北海陆具有对称的特点,北有北冰洋,南有南极洲;北半球高纬度区三大洲几乎相连,南半球高纬度区三大洋连成一片。

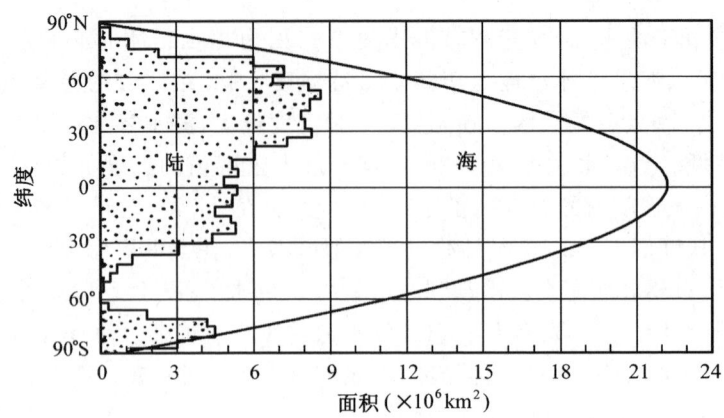

图 5.5 水陆面积随纬度的分布

海洋不仅在面积上超过陆地,而且它的深度值也超过陆地的高度值。地球上海洋平均深度达 3704m,而陆地平均高度只有 875m。

地球表面连续的广阔水体称为世界洋。世界洋分为四部分,即太平洋、大西洋、印度洋和北冰洋。太平洋是世界第一大洋,南北最大距离可达 17200km,其面积占世界洋总面积的一半。太平洋不仅最大,也最深,世界上最深的马里亚纳海沟(11022m)即位于太平洋西部。大西洋位于欧、非大陆与南北美洲之间,大致呈 S 形,面积和平均深度均居世界第二。印度洋是第三大洋,大部分位于热带和南温带地区,其东、北、西三面分别为大洋洲、亚洲和非洲,南临南极大陆。北冰洋位于亚欧大陆和北美洲之间,大致以北极为中心,是四大洋中面积最小的一个。

从南美合恩角沿 68°W 经线至南极洲,是太平洋与大西洋的分界线。从马来半岛起通过苏门答腊、爪哇、帝汶等岛、澳大利亚的伦敦德里角,沿塔斯马尼亚岛的东南角至南极洲,是太平洋与印度洋的分界。从非洲好望角走沿 20°E 经线至南极洲,是印度洋与大西洋的分界。北冰洋则大致以北极圈为界。

洋的主体应该是指远离大陆,面积广阔,深度大,较少受大陆影响,具有独立的洋流系统和潮汐系统,物理化学性质也比较稳定的水域。世界各大洋的面积和平均深度如表 5.3。

表 5.3 世界各大洋的面积和深度

大洋	面积($\times 10^6 km^2$)	平均深度(m)	最大深度(m)
太平洋	179.68	4300	11022
大西洋	93.36	3626	9218
印度洋	74.91	3897	7450
北冰洋	13.10	1205	5220

位于大洋的边缘,因为接近或深入陆地而与大洋主体有一定分离的部分称为海。海的存在总是与陆地,包括大陆和岛屿对大洋的分隔相联系的。所以,海从属于洋,或者说是洋的一部分。据国际水道测量局统计,各大洋中共有 54 个海(包括某些海中之海)。海的面积和深度都远小于洋;河水的注入使海的许多重要特征,如海水物理化学性质、生物发育状况等均有别于洋;此外,海基本上没有自己独立的洋流系统和潮汐,也不具有洋那样明显的垂直分层。依据海与大洋分离的情况和其他地理标志,可以把海分为几种类型:内海,或称地中海、陆间海;边缘海,又称陆缘海;外海;岛间海。

§5.4 海水的运动

5.4.1 潮汐与潮流

由月球和太阳的引力引起的海面周期性升降现象,称为潮汐。潮汐出现在海岸和河口区容易识别。海面升高,海水涌上海岸,叫涨潮。海面下降,海水从岸上后退,叫落潮。涨潮时海水面最高处称为高潮,落潮时海水面最低处称为低潮。高潮与低潮的高差,即是潮差。潮差是以朔望月为周期变化的。潮差最大时,叫大潮,潮差最小时叫小潮。

根据万有引力定律,两物体相互吸引的力与其质量成正比而与其距离的平方成反比。月球质量虽然仅为地球的 1/81,但距地球只有 38.4×10^4 km,太阳质量虽为地球的 33.3×10^4 km 倍,但与地球的平均距离达 14960×10^4 km。所以月球对地球的引力要比太阳的引力大一倍多。地球中心所受的引力是这两种引力的平均值,而地球上任何地点所受到的月球和太阳的引力,同这一平均值比较,大小有差别,方向也不同。正是这一引力差是海面发生升降的直接原因,因而把天体对地球的引力和地球运动所产生的惯性离心力之合力称为引潮力。引潮力是在地球朝向月球和太阳的一面和背向的一面同时发生的。朝向月球和太阳一面形成的潮汐,称顺潮,背向月球和太阳一面的潮汐,称对潮。

由于地球的自转,海岸上同一地点一日内向着月球和太阳各一次,所以,一日之内应发生两次涨落潮,高低潮相隔的时间应为 6h。但因月球引潮力比太阳引潮力大,而地球上的一个太阴日,即月球随着地球绕太阳公转的一日是 24h 50min,所以实际上高低潮的间隔约为 6h 13min。由于月球绕地球转动,在一个朔望月(29.5d)内,太阳、地球、月球相互位置的变化相应地引起潮汐的周期变化(图 5.6)。顺潮和对潮,使海岸上同一地点产生两次大潮和两次小潮。由图 5.6 可见,朔日(农历初一)和望日(农历十五),太阳、月球和地球的中心几乎在一条直线上,地球受到的引潮力相当于月球引潮力与太阳引潮力之和，海水涨潮升得特别高，成为大潮。上弦（农历初八）和下弦（农历二十三）时，三个星体的中心几乎成一直角位置，地球受到的引潮力相当于月球引潮力和太阳引潮力之差，所以涨潮时升得不高，成为小潮。海边实际观察到的大小潮并不一定在朔望和上下弦日，而出现一定的滞后现象，例如我国沿海的大潮多发生于农历初三和初八。

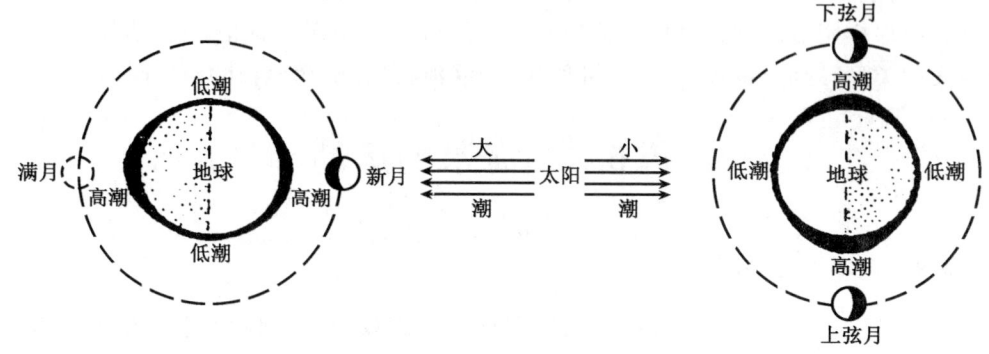

图 5.6 朔望月内的潮汐变化

根据潮汐的周期变化，基本上可以分为半日潮、混合潮和全日潮三种类型。半日潮一天有两次高潮和低潮，相邻两次高潮或低潮的潮位和涨、落潮的时间相差不多；混合潮一天虽有两次高潮和低潮，但这两次高潮或低潮潮位和涨、落潮的时间有很大差别；全日潮是大多数日期一天有一次高潮和低潮。我国黄海和东海，多数地点属于半日潮，少数地点为混合潮。南海多数地点为混合潮，有的地点为全日潮。

海水受月球和太阳的引力而发生潮位升降的同时，还有在水平方向发生周期性的流动，称潮流。在海峡、海湾和河口区，以及低缓的海岸带常常出现潮流现象。潮流类型也分为半日潮流、混合潮流和全日潮流三种。若以潮流流向变化分类，则在外海和开阔海区，潮流流向在半日或一日内旋转 360°的，叫作回转流；在近岸的海峡和海湾，潮流因受地形限制，流向主要在两个相反方向上变化的，叫做往复流；此外，涨潮时流向海岸的潮流可叫作涨潮流，落潮时离开海岸的潮流可叫作落潮流。

开阔大洋中潮的高度在 1m 左右，但在喇叭形海湾或河口湾中，潮流可以激起怒潮，我国的钱塘江口、亚洲的波斯湾（阿拉伯湾）、南美的麦哲伦海峡和北美的芬地湾都是以潮高著名的。钱塘江口和波斯湾，潮高可达 10m，麦哲伦海峡和芬地湾，潮高可达到或超过 20m。

潮汐现象对一些河流和海港的航运具有重要意义。大型船舶可趁涨潮进出河流和港口。潮流也可用以发电，包括我国在内的许多国家，已经建成了不少潮汐电站。

5.4.2 海洋中的波浪

海洋中的波浪是指海水在外力和惯性力的作用下,水面随时间起伏(一般周期为数秒至数十秒)的现象。即海水质点以其原有平衡位置为中心,在垂直方向上作周期性圆周运动的现象。波浪包括波峰、波谷、波长、波高四个要素。

按波浪成因可分为:由风的作用而产生的"风浪";因地震或风暴而产生的"海啸";由引潮力引起的"潮波";由气压突变而产生的"气压波";因船行作用而产生的"船行波"等。还可以按波长和水深的相对关系分为"深水波"(短波)和"浅水波"(长波)。按作用力的作用情况可分为"强制波"和"自由波"(余波)。

在大洋中,风浪的振幅和速度与风的强度、风向和阵发性情况等因素有关。波浪前进时,海水的质点在平行风方向的垂直面上做封闭的或几乎是封闭的圆周运动。波峰上水分子的运动方向与波浪前进方向一致,而在波谷中,水分子的运动方向却与波浪前进方向相反。这样,波浪将能量依次向前传递,而水分子本身并不随波浪前进。这种运动向深部传播,但圆周运动轨迹的直径迅速减少。

波浪的长度和高度由风力的大小所决定。据资料,4级风时浪的平均高度为2.1m,10级风时浪的高度增大为10.2m,相应地浪的长度也从51.0m增大到195.0m。在风的作用力范围内的强制波中,吹过海面的风会引起水体向前运动,因而,靠近水面的水分子的轨道不成正圆形。风的这种效应使向前一半轨道上水分子的速度加大,向后一半轨道上水分子的速度减小,出现波峰前部陡峭而后部缓平的不对称形状。风力强大时,波峰前面还可能向内凹进,在重力影响下向下坠落,形成碎波。

波浪进入浅水时,波底最终将和海底接触。这时水分子的垂直运动受到限制,由在开阔海域中的圆周运动变为椭圆形轨迹的运动。椭圆度以在海底为最大,而由海底向上减小。愈向海岸水愈浅,波浪能量除了与海底摩擦而消耗的部分以外,都集中到了更小的水体中,结果引起波长的缩短和波高的增大。由于海底的摩擦,波峰前部特别陡,甚至倾倒而产生破浪和拍岸浪。向岸的方向前进的浪搬运着侵蚀的产物,在浅水海岸坡度较缓的情况下,破坏的产物开始堆积在水面线附近,形成海滩。

5.4.3 海洋环流

海水每时每刻都处于运动之中,有水平方向的运动,也有垂直方向的运动。海水沿着一定方向有规律的较大规模的水平运动称为海洋环流。海洋环流是海水及海水中各种物理量、化学量循环于世界大洋的一种自然现象。海洋环流按其成因分为两种:一是受海面风的应力作用,因动力原因产生的海流,称为风生海流,亦是通常所说的洋流;二是由于海面受热不均、蒸发降水不均所产生的温度和盐度变化,导致密度分布不均匀形成的热力学海流,称为热盐流,也称温盐环流。来自海表的风应力、热通量和淡水通量强迫是大洋环流形成的根本原因。海洋环流对海洋生物、对气候尤其是对沿岸气候有巨大影响。

　　风生流和热盐流的作用区域不同,风生流的影响范围多限于大洋的上层,即在密度跃层以上,而热盐流则主要集中在大洋的深层。全球大洋有10％的水体受风生流的影响,而90％的水体受热盐流的影响。热盐流是由热通量和淡水通量强迫的海流,而风生流则可视为由热盐流产生的背景层结的一种扰动,二者共同作用,构成一个闭合的大洋环流体系(图5.7)。海洋环流是个向量,有速度和方向。海洋环流指海水流去的方向,不同于气象中的风是指风的来向。海洋环流具有长度、宽度及垂直厚度,而且在不同的纬度,海流的三个特征数据是不同的。同时由于海流源地的不同,其温度、盐度、透明度、化学成分及浮游生物也不同。在中、低纬度海域,通常是从深度向表层输送海水,流速为1mm/d。在高纬度和极地海域,海水盐度较高,大量海水沉向深层,沉降速度很小,形成深层海流图(5.7)。但在水平方向,海流宽度可达1000km以上,流速最高可达100cm/s以上。可见,风生海流的水平运动比垂直运动强烈得多。

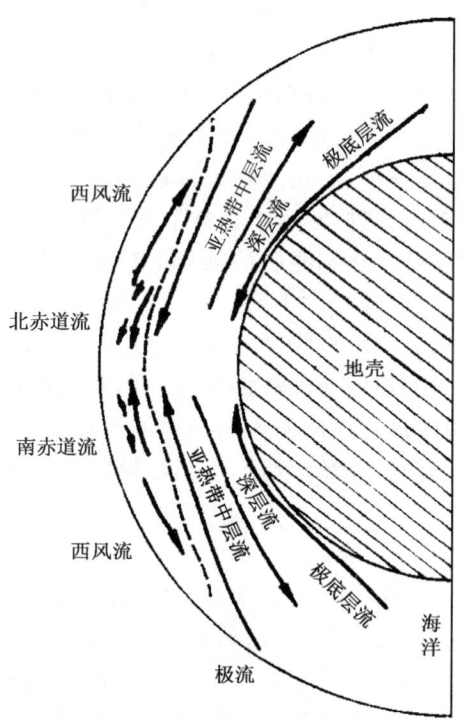

图5.7　海洋环流垂直断面示意图

5.4.3.1 洋流的分类

海洋中有各种各样的海流,它们在海洋中交织构成很复杂的洋流系统。为便于了解,人们对海流进行了分类。

按照海流成因分类可分为四种:

(1)风海流,是指作用水面的风由于摩擦拖曳力使水表面发生的运动。拖曳力传至下层而使一层水发生流动,这种由风直接引起的海流叫风海流,也叫漂流,是属于世界大洋中规模最大、最常见的海流之一。风海流的分布与全球风带一致,影响深度有限。

(2)密度流,是由于海水密度不均匀分布引起的海水流动。密度不均匀是由海水温度、盐度、压力不同引起的。密度小、体积大、水面高的地方的海水向密度大、体积小、水面低的地方产生流动,流动的速率取决于密度差的大小,即水平向压力梯度。压力梯度大,其流速亦大,反之亦小。密度流也叫梯度流,或叫地转流,因海水一旦发生流动时,地转偏向力便起作用,在北半球使其向右偏转,直至水平压力梯度与地转偏向力达到平衡为止。这类似于大气中的地转风。密度流亦是大洋中规模最大的一种洋流,如极地的热盐环流。

(3)补偿流,即海水为不可压缩的连续性介质,当一个地方海水流走向,其他海域的海水便来补充而产生的流动。补偿流又可分为水平补偿流和垂直补偿流,垂直补偿流又分上升流及下沉流。

(4)潮流,是指在天体引潮力作用下,海水在水平方向上发生的周期性海流。

按海流的稳定、持续时间分类,有定常流、非定常流及周期性流。按海流所处的地理位置分类,有沿岸流、外海流、赤道流、极地流等。按水层深度分类,有表面流、中层流及深层流。按海流温度分类,有寒流和暖流。寒流与暖流的冷暖是相对于流经海域温度对比而确定的。寒流是指相对于流经海域温度比较低的海流;暖流则是指相对于流经海域温度比较高的海流。脱离与流经海域的比较便无从谈起寒流与暖流。一般来说暖流多来源于低纬度的热带和亚热带海域,从低纬度流向高纬度,温度较高、盐度也大、含氧量较低、浮游生物少、透明度大。寒流多来源于高纬度海域,从高纬度流向低纬度,温度低、盐度小、含氧量高、浮游生物多、透明度小。在寒暖流相遇的海域,由于双方物理性质的显著差异,可以形成类似气象上冷暖空气交绥的锋面,在锋面附近海水要素变化激烈,是渔业上重要的渔场。在冷暖洋流交绥的地区,由于对其上空大气水、热输送的不同,形成局地冷暖气流,在冷、暖气流交绥区便常出现浓云密雾,如云雾随气流漂移至陆地,可形成很强的海上来的平流雾,如日本国南岸黑潮暖流与亲潮寒流形成的大海雾便是。

5.4.3.2 大洋环流

大洋中的环流形式很多,但是规模最大的是风海流和密度流。不少学者认为海洋中最强大的密度流也决定于风,风使海水密度产生水平差异,从而出现与风向一致的密度流。风海流必须具有稳定的盛行气流较长期作用于洋面,使之产生与盛行风向一致的海水流动,而可以形成稳定盛行气流的是大洋上永久性和半永久性大气活动中心。大洋表面水平环流主要是由稳定的盛行风引起的,因为大洋表面海水的流动与地球表面风的地理分布比较一致。

图5.8为世界各大洋的洋流分布,都是指发生在大洋表面几百米深度内的洋流。以太平洋为例,在$10°—25°N$之间盛行东北信风,因而产生由东向西流动的北赤道流,北赤道流一直向西遇到大陆被大陆所阻,因而产生分流,一部分分流北上,形成著名的黑潮暖流,一部分向南折回形成赤道逆流和赤道潜流,属于补偿流性质,其位置与赤道无风带相一致。北上的黑潮暖流至$40°—50°N$纬度带,该带为盛行西风带地区,因之产生西风漂流,将海水由大洋西岸带到大洋东岸,为北太平洋暖流,其流速$15\sim30cm/s$。这股西风漂流在大洋东部亦分为两支,向低纬度流动的在太平洋东海岸为加利福尼亚寒流;向高纬度流动的则形成阿拉斯加暖流。由上述按顺时针方向由北赤道流、黑潮暖流、西风漂流及加利福尼亚寒流形成一个闭合环流。

在南太平洋,与北太平洋相对应也存在一个大洋环流,不过是呈现为反时针方向的洋流。在赤道东南信风带内为自东向西的南赤道流,在大洋西部遇到大陆阻挡同样分为两支,北支向北转东加入赤道逆流,南支沿澳大利亚东海岸南下称东澳大利亚暖流,至$45°—50°S$汇入西风漂流,向东流至秘鲁西海岸,一部分沿秘鲁海岸北上,形成秘鲁寒流,至赤道又汇入南赤道流,这样也形成一个南半球的闭合环流。南半球因陆地少,西风漂流不受陆地阻挡,形成一支围绕全球的西风漂流。在南极因受极地东风影响,形成一支环绕极地的东风海流。在北大西洋上首先是部分进入加勒比海的位于$10°—20°N$的北赤道流,其后转为湾流系统,包括佛罗里达流、墨西哥湾暖流和北大西洋暖流,后者又转为加那利寒流,进入北赤道流。

5.4.3.3 中国近海海流

中国海流受太平洋洋流体系影响,黑潮暖流是影响中国最重要的一支暖流。它属于北赤道流在大洋西岸向北的分支,因具有高盐度其水色呈深蓝色,故称之为黑潮。在中国台湾东部其宽度约277.8km、厚度为$400\sim500m$、流速约$50\sim75cm/s$。黑潮在巴士海峡分为两支(图5.9),一支向西南呈反时针流向中国南海;另一支则在台湾西部海面北上,在台湾东北部与黑潮主流汇合。汇合后一支分向西北,流向闽浙外海,这支流称为台湾暖流。黑潮主流流向日本东南部,同时,在日本九州岛西南分出一支流过对马海峡进入日本海,称为对马暖流。对马暖流在济州岛南又分出一支进入黄海,称黄海暖流。黄海暖流北上至北黄海转向进入渤海,它给黄海、渤海带来高温高盐的海水,冬季强,夏季弱。在台湾东北部流向闽浙的暖流可一直北上至长江口外附近($30°N$,$123°E$),在舟山群岛附近与长江径流水相遇,形成锋面,成为中国著名的舟山渔场。

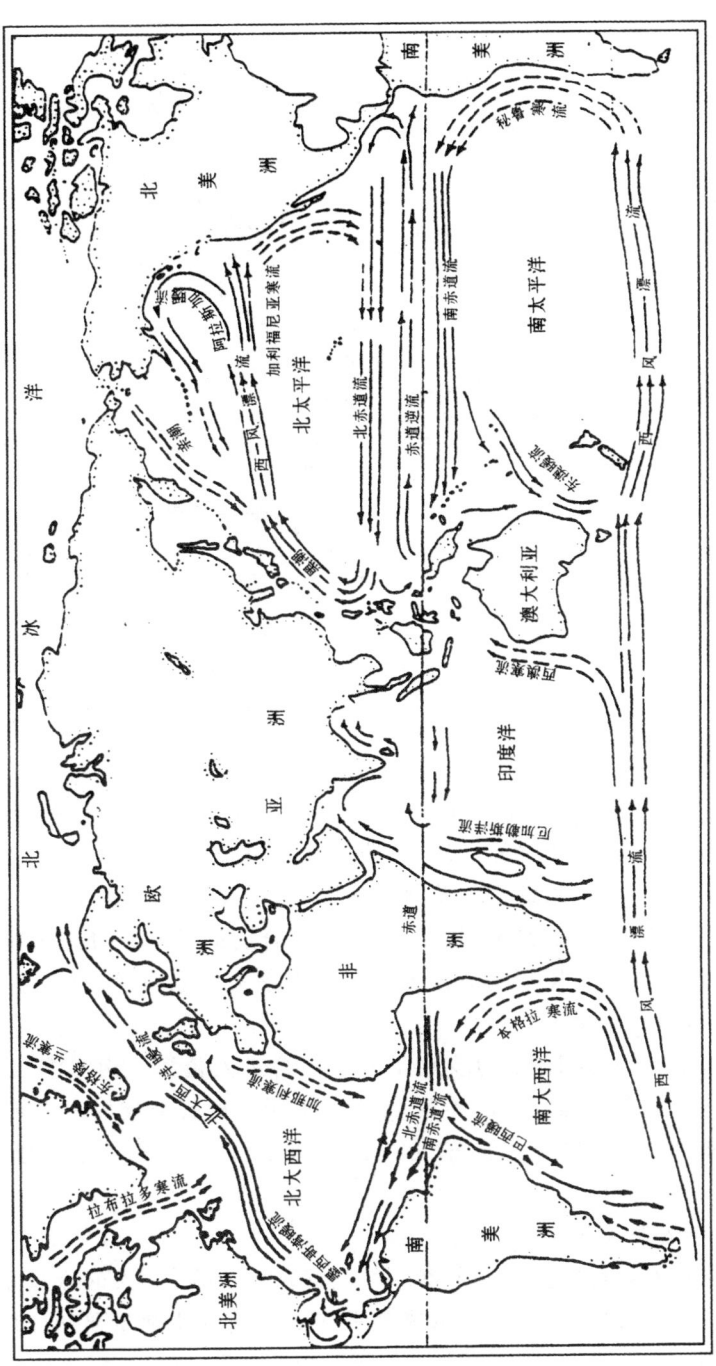

图5.8 世界大洋表层环流图

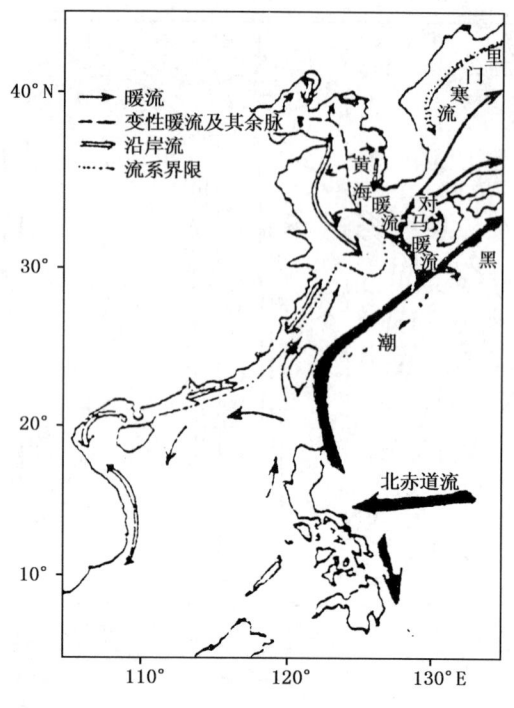

图 5.9 中国海流图

中国东部近海沿岸流主要有:渤海沿岸流、苏北沿岸流、东海沿岸流及南海海流。渤海沿岸流,即黄海暖流进入渤海湾后,一股在辽东湾形成沿岸流,另一股与黄河口低盐河水汇合南下,沿山东半岛北部与黄海暖流汇合,一部分绕过山东半岛顶端南下与苏北沿岸流汇合。苏北沿岸流,是淮河及黄海暖流混合后的沿岸流,自海州湾南下至长江口离岸向东南流去,与北上黑潮闽浙分支会合变性消失。东海沿岸流,主要由长江、钱塘江水汇合,然后沿海岸南下,一般冬季明显而夏季不明显。夏季因盛行西南季风,阻碍了沿岸流的南下并被黑潮闽浙分支夹带北上汇合进入黄海。南海海流,为季节性漂流。冬季进入南海北部的黑潮水因受冬季风影响,成逆时针方向沿海岸转向西南流去。夏季盛行西南季风,汇合珠江水向东北经台湾海峡进入东海。南海海流冬季窄,夏季宽。

5.4.3.4 洋流与气候

洋流是地球表面环境的重要调节器。就全球范围而言,巨大的洋流系统帮助了高低纬度间的热量交换,同时在维持全球热量平衡上也起着非常主要的作用。如黑潮暖流给中国东部海区带来高温高盐的海水。黑潮暖流年平均水温达 24~26℃,冬季约为 18~24℃,夏季约为 22~30℃。向北的对马暖流降为 20~24℃。若据前面所给的黑潮暖流的宽度、厚度及流速,通过截面上的年总流量可达 $236\times10^4\text{km}^3$,若黑潮水比邻近水温高出 8℃,则一年所输送的热量达 $1.0\times10^{22}\text{J}$。墨西哥湾流和北大西洋暖流的热量输送更大。

就局地范围而言,冷暖洋流对气温的影响是十分显著的。大洋环流调节了南北纬度间的温差,加大同纬度大陆东西岸的气温差,对降水也造成一定的影响。

在 1 月份,大西洋沿 0°经线的南北(纬度 0°—66°)温差为 22℃,而欧亚大陆 130°W 的南北温差为 74℃。另外,1 月份太平洋上沿 170°W 经线的南北温差为 47℃,显然是北大西洋暖流的作用比北太平洋暖流作用强的缘故。

洋流对沿岸气温的影响主要是通过气流来实现的。在中低纬大陆的东岸,气流来自暖流海面,所以气温较高;在大陆西岸濒临寒流,再加上海陆风的影响,所以气温较低,特别是夏季的天气非常凉爽。在高纬,情况与低纬度地区正好相反,大陆东岸有寒流,而大陆西岸有暖流。如同位于 57.2°N 的奈因(拉布拉多)和阿伯丁(苏格兰),前者的沿海有寒流经过,全年气温较低,年平均温度为 -3.8℃;后者的沿海有暖流经过,全年气温较高,年平均温度是 8.2℃。

洋流对降水的影响也十分明显。在暖流流经的海岸,空气与暖流接触时,因有热量和水汽向上输送,空气就变得暖而湿润,因此,在暖流附近的迎风海岸地区,一般都有丰沛的降水,气候湿润。而在寒流洋面上,空气与寒流接触时,下层变冷,形成逆温,层结稳定,水汽不易向上输送,很难成雨,多雾,气候干燥。例如,在大陆东岸的上海,为黑潮流经地区,全年降水量为 1139mm,而在同纬度的大陆西岸的马拉喀什,年降水量仅为 241mm。寒流经过的沿海地带较容易形成雾,如秘鲁利马 1 年中有 150 天左右的雾日。

§5.5 海洋温度

5.5.1 海洋温度分布

海水温度的高低决定于太阳辐射过程、大气与海水之间的热量收支状况。太阳辐射是海水最主要的热量来源。进入海洋中的太阳总辐射能,约有 60% 被 1m 厚的海洋表层吸收。大气对海面的长波辐射、海面水汽凝结、暖于海水的降水和大陆径流,以及地球内部向海水放出的热能,也是海水热量来源。海水则以海面蒸发为主消耗热量,此外,海面向空气的长波辐射和海面与冷空气的对流热交换,也可使海水消耗热量。当海洋表层接收太阳热能后,即通过热传导和海水运动传播至深处。在一年中的不同时期,海洋中的热量收支是不平衡的,但是整个海洋的热量收支大体上是平衡的。

在世界各大洋中,太平洋年平均表面温度为最高(19.1℃),印度洋次之(17℃),大西洋较低(16.9℃)。太平洋温度最高,是因为太平洋热带海域面积最广,约有 3/5 的面积在南北纬 30°之间。三大洋的表面平均温度为 17.4℃,变化范围为 －1.7～30℃,比近地面年平均气温(14.4℃)高出 3℃,可见海洋比陆地暖和。但就整个世界大洋温度平均情况来说,由于热量的收支是平衡的,因而整个海水的温度是相对稳定的。

海水温度有明显的季变化和日变化。水温的季变化主要取决于太阳辐射和季变化,季风和洋流也有一定影响。北半球大洋中最低温度出现在冬季(2—3 月),最高温度出现在夏季(8—9 月)。

太阳辐射的日变化是水温日变化的最主要的原因。天气状况对它也有一定的影响。最低水温通常出现在 04—08 时,最高水温出现在 14—16 时,日较差不超过 0.4℃,并且一般只表现在深度 10～20m 以内的海洋表面水层中。在晴天或静风时,或在临近大陆的浅海区,日较差可超过 1℃。

图 5.10 为大洋表面表层温度的分布图。从图中可以得出以下几点主要结论:

(1)等温线沿纬度带大致呈带状分布,特别是在南半球高纬度海区,等温线几乎与纬线平行,这与太阳辐射的分布规律极为相似。所以影响大洋水温分布的主要原因是太阳辐射。

(2)从赤道海区开始,随着纬度的增加温度不规则地下降;在南北回归线之间的热带海区,海温最高,海温经向梯度较小,等温线较疏;而在南北回归线以外的海区不同性质的洋流交会处等温线变密,经向梯度增大;在南北纬 40°—50°之间,温度经向梯度达到最大值,南北纬 40°—50°以外的高纬海区,等温线又变疏,海温的经向梯度减小。

(3)在南半球和北半球的副热带海区,等温线偏离带状分布,在大洋西部向极地弯曲,在大洋东部则弯向赤道,显然,大洋西岸较大洋东部温暖。但在南半球中高纬度海区,由于绕极环流,不会导致东西两边的温度差异。

(4)海流对等温线分布影响很大。凡是暖流经过的地方,水温也随着增加;相反,寒流经过的地方,水温必然降低;在寒暖流交汇处,等温线特别密集。

另外,海水表面温度,夏季普遍高于冬季。但温度的经向梯度冬季远比夏季大,这与太阳高度和日照时间密切相关。

海水温度在垂直方向上和大气一样,也具有一种层状结构。在低纬度地区的全年和中纬度地区的夏季产生一层暖表层。这一层由于风和波浪的扰动,对流旺盛,温度垂直方向很均匀,垂直温度梯度几乎为零,又称为表层扰动层,其厚度在赤道带的海洋中可达 500m,水温约为 20～25℃。在暖表层之下温度迅速下降,形成第二个层次,即通常所说的温跃层,温度的垂直梯度很大。温跃层之下是水很冷的第三层,伸展到很深的洋底(图 5.11),又称平流层,水的温度范围为 0～5℃,温度的水平和垂直差异很少。在高纬海区,只存在单一的冷水层,上、下水层温度十分均匀。海水表层温度是控制各种海洋生物种类和丰度的首要环境要素,大量的海洋生物是在上部的暖表层中繁殖的。

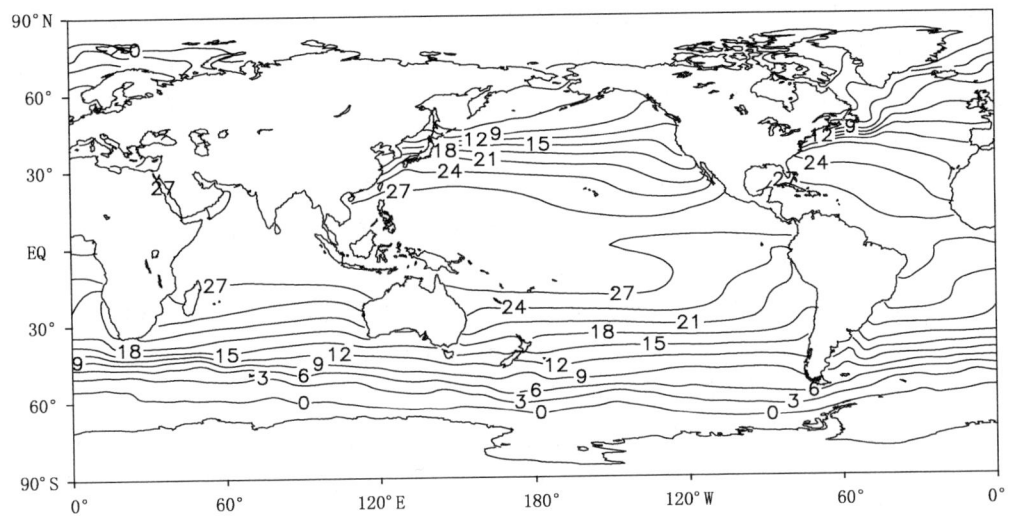

图 5.10　全球 1981—2010 年平均海洋表面温度分布（单位：℃）

（据 NOAA ERSST V4 海温资料绘制）

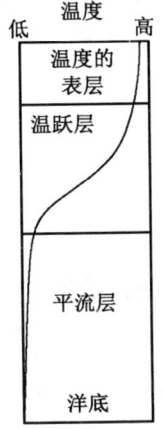

图 5.11　海水温度在垂直方向上的分布

5.5.2　厄尔尼诺

（1）厄尔尼诺概念

在赤道东太平洋沿岸的秘鲁和厄瓜多尔沿海，在圣诞节前后，会经常发生一种海水异常回暖的现象，当地人称之为厄尔尼诺（El Nino）。第一次直接记录为 1795 年。但是，现在所谓的厄尔尼诺，其含义已经远远超出了传统的观念，不仅仅只限于局部的海洋异常,而且可以在整个东太平洋赤道海域发生海温异常升高,甚至可以波及全球,造成世界性的天气气候异常。目前,厄尔尼诺通常是指赤道中东太平洋海面温度出现大范围持续异常升高的现象,与此相反,拉尼娜(La Nina)则是指赤道中东太平洋海面温度出现较强负距平的现象。

　　研究表明,赤道太平洋海面水温的变化与全球大气环流尤其是热带大气环流紧密相关,其中最直接的联系就是日界线以东的东南太平洋与日界线以西的西太平洋—印度洋之间海平面气压的反相关关系,即南方涛动(Southern Oscillation,SO)现象。在拉尼娜期间,东南太平洋气压明显升高,印度尼西亚和澳大利亚的气压减弱。厄尔尼诺期间的情况正好相反。因此,从海气相互作用的观点来看,厄尔尼诺和南方涛动其实是自然界中同一物理现象在两个方面的表现,体现在海洋中即为厄尔尼诺现象,反映在大气中即为南方涛动现象。气象上把两者合称为ENSO(音"恩索"),并把这种具有全球尺度的气候振荡称为ENSO循环,而厄尔尼诺和拉尼娜则是ENSO循环过程中冷暖两种不同位相的异常状态,因此厄尔尼诺也称ENSO暖事件,拉尼娜也称ENSO冷事件。ENSO循环的周期约为2~7a。

　　厄尔尼诺(或拉尼娜)事件的定量化指标:通常以监测海区的月平均海表温度距平(SSTA)来确定,当SSTA大于或等于0.5℃(或小于等于-0.5℃),且持续时间长度达到两个季度以上,定义一次厄尔尼诺(拉尼娜)事件。如通常所用到的Nino3.4指数就是指监测海区(5°N—5°S,170°—120°W)区域平均的海表温度距平值(图5.12a)。而对于南方涛动来讲,一般用塔西堤(Tahiti,17°53′S,148°5′W)气压减达尔文港(Darwin,12°20′S,103°59′E)气压来表示其强度指数(图5.12b)。

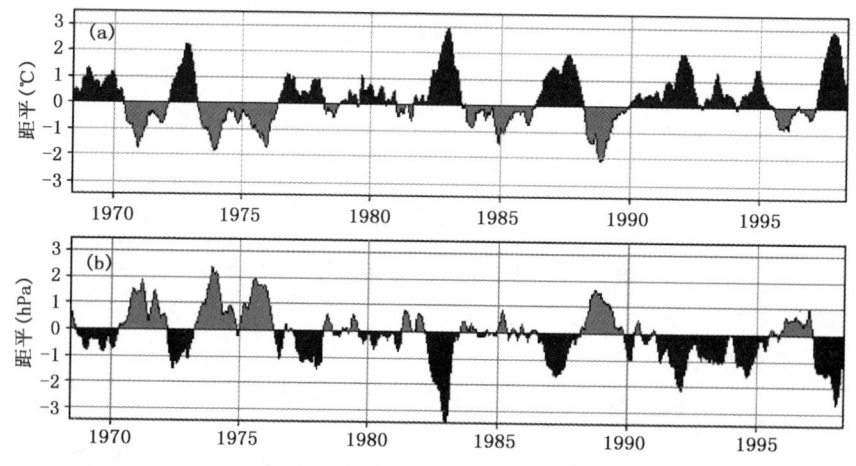

图5.12　Nino3.4指数(a)和SO指数(b)的年际变化(引自www.srh.NOAA.gov)

早期研究表明,厄尔尼诺事件的发生过程包括两类:一类主要是太平洋东部(秘鲁沿岸)增暖再向西扩展,另一类则主要是在赤道中太平洋出现大范围增暖并自西向东扩展。20世纪90年代以后,人们发现不同于传统的厄尔尼诺事件,最大海温距平中心分布在赤道中太平洋日界线附近,这类事件称为中部型厄尔尼诺(或厄尔尼诺Modoki,或暖池厄尔尼诺);传统的厄尔尼诺事件则称为东部型厄尔尼诺;而把兼有中部型和东部型共同特征的厄尔尼诺事件则称为混合型厄尔尼诺事件。

(2) 厄尔尼诺特征

厄尔尼诺的特征是:通常在赤道太平洋东部的厄瓜多尔和秘鲁沿岸,由于盛行与海岸平行的偏南风,表层海水在风和地转偏向力联合作用下,产生离岸流动,为了保持水体平衡,于是深层较冷的海水便涌升上来补偿,形成一股冷的上升流。这股上升流是从 40~360m 的深处涌上来的,结果使这一海区的水温年平均为 14~16℃,比周围气温低 7~10℃,因此那一带海面温度较低,大气稳定,气候干燥,是著名的赤道干旱带。而在海洋里,上升流把深层海水的营养盐类物质带到表层,有利于浮游生物的大量繁殖,为上层鱼类生长提供了极为有利的条件,所以那里鱼类资源十分丰富,形成了世界闻名的秘鲁渔场。但是,有些年份,中美洲沿岸有一股暖水沿厄瓜多尔和秘鲁海岸向南流动,代替了那里原来的冷水,沿岸涌升流也随之减弱或消失,从而海水升温、浮游生物急剧减少、大量鱼类死亡,使秘鲁渔场大幅度减产。随后,通常干旱少雨的南美洲西部地区连降大雨。这股向南侵入的暖水每隔若干年发生一次,时间间隔不确定,每次持续时间长短也不一样,短者数月,长者达一年以上。暖水南侵的范围可达 14°S 附近。每次厄尔尼诺的大小是由它的强度、持续时间及造成的后果来确定的。

1997—1998 年发生的厄尔尼诺现象是 20 世纪中最强的一次,它引起了全球的天气气候异常。在 1997 年 5 月,赤道太平洋东部地区海温异常升高,打破了历史记录,引起了大量的鱼类和海鸟死亡。在 1997 年夏至 1998 年春,太平洋东岸的秘鲁等许多拉丁美洲国家下了大雨,河水泛滥,美国中西部不断遭到暴风雪和低温的袭击。在太平洋西岸情况恰恰相反,出现了严重的干旱,如印尼、澳大利亚等国家经历了近几十年来最严重的干旱,引起森林大火,农牧业灾荒。我国也出现了天气异常,夏天南方低温多雨,北方天气炎热,哈尔滨的最高温度竟达 36℃,春季青藏高原积雪增多。紧接下来 1998 年的拉尼娜现象(东太平洋海温异常降低及其引起的气候异常现象),又使得长江流域出现历史上罕见的大洪水。

(3) 厄尔尼诺的形成

为什么会发生厄尔尼诺,即为什么会发生暖水南侵? 这是几十年来科学家们一直在探讨的重要问题。早期,有些科学家们认为厄尔尼诺是由于秘鲁沿岸上升流的变化引起。他们认为,由于沿岸上升流减弱或者消失,秘鲁沿岸表层海水的流动也随之减弱或停息,这时其北部赤道附近的高温低盐海水便会乘虚而入,从而造成厄尔尼诺现象。

但这种理论未能解释为什么沿岸上升流会减弱或消失，因而实际上并没有回答产生厄尔尼诺现象的根本原因。

在1961年，皮叶克尼斯(Bjerknes)首先发现，太平洋上空大气环流的长期变化，与赤道东太平洋的南美西海岸附近的异常暖流（即厄尔尼诺）有关。于是，科学家们开始把注意力转向海洋与大气相互作用方面。1973年，一些海洋学家发现，在厄尔尼诺出现之前数月，当地信风减弱，赤道逆流加强，中美洲沿岸发生暖水堆积。因此他们认为，厄尔尼诺是由于太平洋赤道上信风减弱引起的。他们提出，信风如果强劲吹上一年多，就会加速温暖的南赤道海流向西流动，使赤道太平洋西部发生暖水堆积，从而形成赤道太平洋洋面的东西倾斜；一旦信风减弱时，西部的暖水就回流到太平洋东部，秘鲁沿岸涌升流减弱或消失，水温升高（图5.13）。1976年，赫尔伯特等人用数值模式来模拟1972—1973年发生的强厄尔尼诺事件，试验结果也支持了这种理论。

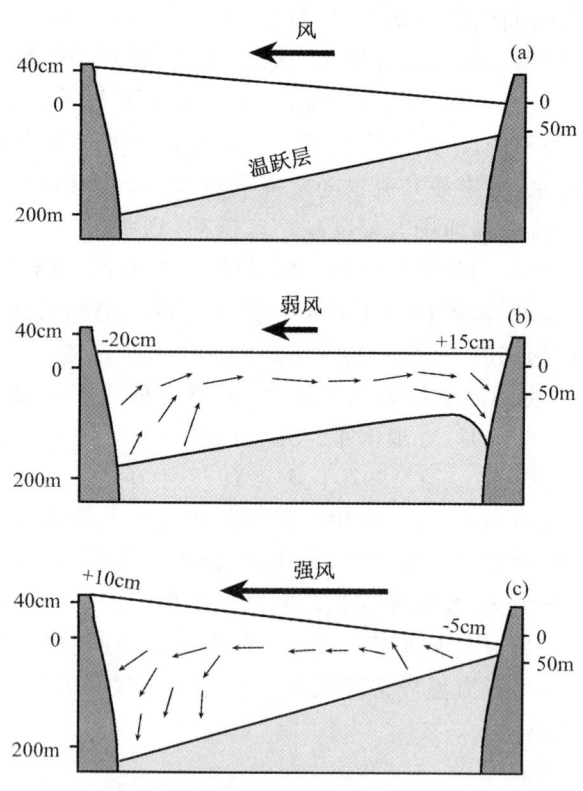

图5.13　信风作用示意图（引自Peixoto和Oort，1992）
(a)正常情况；(b)厄尔尼诺期间；(c)拉尼娜期间

但是，有些气象学家们则把信风的减弱归咎于异常的海水高温。他们认为，如果赤道太平洋中部异常暖水引起当地大气增温,那么进入该区的低空辐合就会使赤道太平洋西部和中部上空西风异常地加强,从而使偏东信风减弱。

1983年,菲兰德提出,海洋学家和气象学家争论的对立性,意味着厄尔尼诺可能是海洋和大气之间的不稳定相互作用引起的。他认为,假如赤道太平洋某处存在一个使局部大气增温的初始异常暖的水域,由于增温区海面风的辐合,使该水域西部盛行信风减弱,而使东部信风加强。在信风减弱区,由于暖水向西流动减弱,海面温度升高,因而初始异常暖水域向西扩展。从而使海洋和大气异常进一步增大;在这个过程中,海洋异常不断地供给西部比较暖的水,并把部分热量传递给大气。而在初始异常暖水域的东部,温度变化取决于两个因素:一个是当地信风加强,它使赤道下面海水涌升加强,从而使海面温度降低,另一个是初始暖水域西部的信风减弱,它产生向东传递的开尔文波,使初始异常暖水域东部的海面温度升高。但赤道太平洋的表层暖水是否向东扩展,要看这两个因素中那一个是主要的。

因为热带大气与太平洋赤道海洋是紧密耦合的,大气对 SST(sea surface temperature,海面温度)变化很敏感,而赤道海洋对信风改变的适应很快,因此任何一种变化都能激发出相互作用,随之产生正反馈作用。皮叶克尼斯正是基于这种正反馈机制把厄尔尼诺和 SO 联系在一起。假设赤道上初始有弱西风,会引起信风减弱,则赤道东太平洋 SST 增暖,斜温层加深,赤道上翻流减弱。由于热带大气对 SST 变化敏感,赤道东太平洋 SST 变暖,会引起大气对流区向东移动,赤道太平洋西部的非绝热加热减弱,促使沃克环流减弱,这个过程导致信风进一步减弱,赤道东太平洋的 SST 进一步增暖,这个过程的发展就生成厄尔尼诺事件(图 5.14)。

理论研究结果表明,对于年际变化时间尺度来说,赤道斜温层的纬向梯度与其上的信风应力基本处于平衡状态。赤道海洋对风应力的响应可以用浅水波模型得到,其定常解接近纬向风应力和斜温层纬向梯度间的平衡。假如给定浅水系统中的异常风应力强迫是与典型的南方涛动有关的风应力结构,即赤道中太平洋西部振幅最大,赤道外减弱。由于是非均匀的,离开赤道就能产生风应力旋度。这时海洋对风应力异常强迫的响应产生两种状态:第一,激发出来的开尔文波向东传播,引起斜温层厚度变化和赤道东太平洋 SST 变化;第二,与此同时,与开尔文波传播方向相反的罗斯贝波也被激发出来,这是由于赤道外侧的风应力旋度引起的,向西传播,在西边界反射生成次生开尔文波,与原来在赤道东太平洋上的开尔文波作用相反,但时间滞后。正是这种由同一风应力强迫生成的在赤道东太平洋滞后响应才延迟了海洋"记忆",这是形成 ENSO 的另一个关键。

由于厄尔尼诺与人类关系密切,科学家们研究的目的不仅要弄清其原因,而且希望能提前对它做出准确的预报,更好地预防由其引起的各种灾害。而预报厄尔尼诺的关键,是如何在几个月前预报出太平洋中部的信风强度。以前许多人简单地认为,太平洋

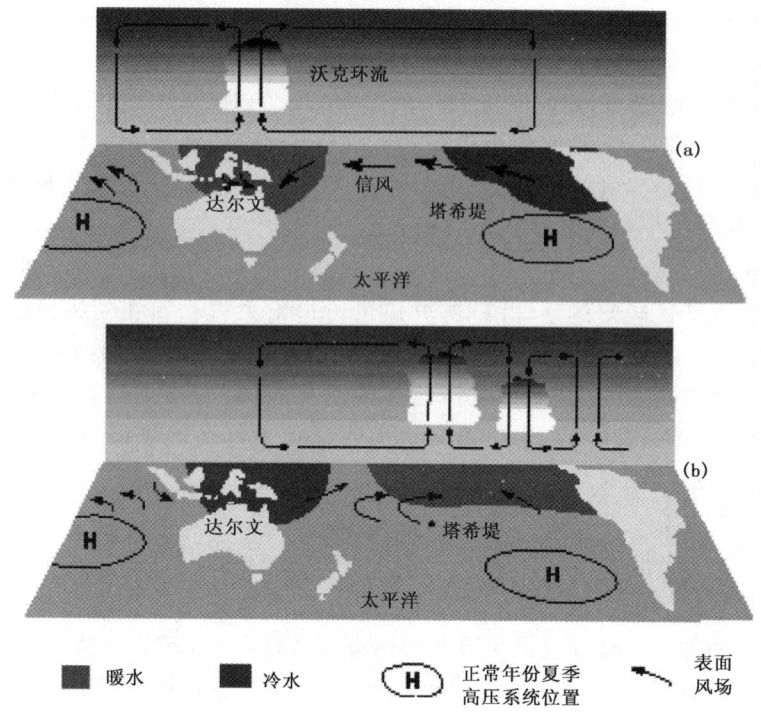

图 5.14 （a）厄尔尼诺与沃克环流变化的示意图；（b）赤道太平洋上大气与海洋的正反馈示意图
（引自 http://www.ozcoasts.org.au）

中部和南美沿海的大气—海洋系统是两个相对稳定、持续的型式，厄尔尼诺和拉尼娜两者之间存在短暂的、不稳定的过渡，只要掌握了这种过渡的开始时间，就能做出成功的预报。但实际情况要复杂得多。观测表明，这种过渡期时而中断，时而延长，有时甚至出现厄尔尼诺半途夭折现象，使预报发生很大的困难。不过，最近科学家认为，利用卫星监视海洋和大气，有可能对厄尔尼诺做出预报。卫星可连续监测太平洋上空的西风变化，使用红外遥感洋面温度，可监视向厄瓜多尔传播的开尔文波和沿岸异常暖水的发展，由此可期望提前几个月预报出厄尔尼诺的发生。

第6章 冰雪覆盖

冰雪覆盖即冰冻圈是指地球表层水以固态形式存在的圈层，包括冰川（山地冰川、冰帽、极地冰盖、冰架等）、冻土（季节冻土、多年冻土）、积雪、固体降水、海冰、河冰、湖冰等。并与大气圈、水圈、陆地表层和生物圈共同组成气候系统。在地球科学中，人们有时也会把冰冻圈归入水圈，为地球系统。

冰雪覆盖在气候系统中由于其对于气候的高度敏感性和重要的反馈作用而倍受关注。在全球变化中，冰冻圈受气候变化影响最快速、最显著、最具指示性，也是对气候系统影响最直接和最敏感的圈层。冰冻圈及其变化与人类社会息息相关，随着气候变暖，冰冻圈的变化及其影响（尤其是对海平面、气候、生态、淡水资源、环境以及碳循环等的影响）已经受到各方面的高度关注。

§6.1 极地冰盖

目前全球大陆冰盖和山地冰川的总面积约为 $16.1 \times 10^6 \mathrm{km}^2$ 以上，约占全球陆地总面积的 11%。冰川总体积为 $31 \times 10^6 \mathrm{km}^3$，是全球水量平衡的一个重要组成部分。全球冰量的变化，会对相对于大陆的海平面位置产生极大的影响。如果这些冰全部融化，将使世界洋面上升 67m。

冰雪覆盖对全球气候和环境具有很重要的影响。由于冰雪具有很高的表面反照率，可大大减少表面对太阳辐射的吸收；冰雪具有相对低的表面粗糙度，可以使湍流交换相应减弱，由于冰雪具有低的热传导率，减弱冰雪覆盖下面介质的热量垂直传导，在冬季，阻止土壤温度降低，而在春季，空气温度升高时，冰雪盖会阻止热量向下传导，加上冰雪或土壤中冰晶融化需要热量，从而使土壤温度回升被延迟。

6.1.1 南极冰盖

南极洲位于地球的最南端，总面积为 $14.6 \times 10^6 \mathrm{km}^2$，占全球陆地总面积的 9.4%。它由南极大陆及其周围的岛屿组成，除不到 3% 的面积是部分时间无冰雪外，其余所有地区终年为冰雪所覆盖，冰盖平均厚度为 2000m，岛屿面积只占 0.54%。南极的平均海拔高度约为 2350m，其东部约有 $30000 \mathrm{km}^2$ 的面积高度超过 4000m，整个高地被雪覆盖，但其斜坡上积雪很少。南极洲大陆板块属于构造性的，其冰盖下的地形相当复杂，有山脉和广阔的低地。南极边缘地区多巨大的沙洲冰川，这些沙洲冰川以每年 500～

1500m的速度向海洋推进。南极边缘地区的冰山缓慢地不断地碎裂、崩溃并融化。

南极是地球上最寒冷的地区，内陆高原平均气温为$-56℃$，极端最低温度曾达$-89.2℃$，形成了地球上巨大的天然"冷库"。南极大陆是世界上冰川最集中的地区，冰盖面积约$12.6×10^6 km^2$，包括四周的边缘冰棚，则为$13.2×10^6 km^2$。南极洲的冰占世界冰总量的95%以上，平均冰厚1700m，最厚达4000m以上。南极冰盖容积约为$28×10^6 km^3$，若使其融化，可使全球海平面升高约60m。

南极冰雪由两部分组成，一部分是覆盖在南极大陆上终年不化的冰盖，另一部分是漂浮在大陆周围的海冰。由于南极海冰的北界位于开放的洋面上，受到多种因素的影响，使得南极海冰的覆盖范围具有明显的季节变化和年际变化。

南极海冰除了几个大海湾中的冰架外，基本上是一年内生消的冰，厚度一般为1~2m，最厚为3m。南极海冰面积的年平均值为$9.2×10^6 km^2$，但各月值变化很大。图6.1是南极海冰平均北界和面积月分布曲线。由图可见，2月是南极暖季的后期，也是海冰覆盖面积最小的月份，多年月平均值为$2.3×10^6 km^2$，北界为68.5°S，在东南极大陆沿岸，许多海区成为无冰区。在西南极，除南极半岛西北侧的海域外，仍有大片的海冰存在，其中在威德尔海区和别林斯高晋海区，从海岸向北延伸的海冰面积最大。4—9月是南极的寒季，也是海冰增长的季节，海洋的增长是持续平缓而又稳定的，其中以4—5月的生长速度最快。在寒季的后期（9月），海冰覆盖面积达到最大，为$15.4×10^6 km^2$，约为夏季的6.7倍，北界为60.9°S，尤以沿岸海湾中的海冰向北延伸范围最大，威尔德海平均向北延伸8~10个纬距，70°—80°E附近的普里兹湾向北延伸9个纬距90°—170°E和南极半岛北部海域海冰向北延伸的范围最小，平均为3~4个纬距。10月份，南极进入暖季，大范围的海冰开始消融，融化速度最大的月份是11—12月，海冰的融化全过程是比较迅速的。南极海冰北界变化的最大地区都处于大的海湾附近，罗斯海以东、威德尔海附近和普里兹湾附近，都是海冰面积变化大的海区。

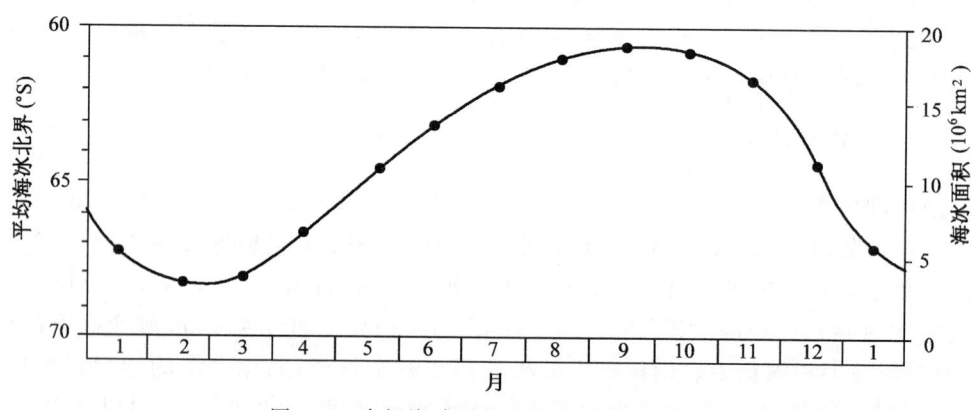

图6.1　南极海冰平均北界和面积月分布

南极地区冰和雪的覆盖平均总面积为 $22.4\times10^6\mathrm{km}^2$，它约占南半球总面积的 9%，而在多冰的 9 月约占该半球总面积的 13%，而最小值为 6.3%，从而可以推断南极的冰雪覆盖具有显著的气候效应。

南极大陆冰盖的特点是，它不仅由各种形式的大气降水所供给，而且由沙洲冰川和冰川舌的表层的冰冻以及冰山与海冰的归并所供给。前者是供给的主要部分。大气降水主要由冰针、霜和雾凇组成，除南极北部边缘等少数地区外，南极很少有液态降水。南极大陆的雪积累量主要决定于大气降水量，因为该大陆上蒸发量很少。

6.1.2 北极海冰

北极地区包括格陵兰岛、加拿大极地岛群和斯匹次卑尔根群岛。北极上大部分海面终年覆盖着冰雪，冬季几乎全部被冰雪掩盖。北极海冰稳定的冰盖占据北冰洋海面三分之一以上，并覆盖格陵兰和其他岛屿以及高纬大陆地区。北极地区冰盖面积分布见表 6.1。

表 6.1 北极海域冰盖面积表

地　区	夏季冰盖面积($\times10^6\mathrm{km}^2$)	冬季冰盖面积($\times10^6\mathrm{km}^2$)
北极海面区	9.3	14.2
格陵兰岛	1.7	2.0
大陆边缘及其他岛区	0.4	0.8
合计	11.4	17.0

由表 6.1 可见，北极区冰雪面积仍甚庞大，夏季面积约与整个中国的面积相当，冬季面积尚需加上一个撒哈拉沙漠的面积，其范围之广大可以概见。北极冰区以低平的海面浮冰为主，虽然也有冰山、冰丘及冰椿，但高度通常只有二三十米，冬季由于冰面下层海水的冻结，冰盖变厚，夏季由于冰层上层的融化，冰的厚度减小，海洋冰厚度的季节变化伴随着冰总面积的变化在 4 月达最大值，而 9 月为最小值。

冬季北极海冰所结冰块，可分为漂浮冰和固定冰两种。漂浮冰又可分两类：一类是由海水冻结而成的海冰，在北极海中间漂动，其体积不大，形态不规则，约占北极冰层的 35%；另一类是从极地大陆上的冰河破裂后，离开海岸，浮于海上，体积甚大，距岸不远，称为浮冰，有些常常大得像山，称为冰山，约占北极全部冰层的 15%。固定冰的主要形式是冰陆，为冻结于大陆沿海或浅滩地方相连接的冰层，此种冰在北极区占地最广，约占全部冰层面积的一半，而以西伯利亚北部滨海区多为最多。

上述三类冰型均可存在于寒冷的 9～10 个月，每年暖季之末，大部分的固定冰均将消失，其中一部分融解，一部分漂入海中与浮冰相结合，故在暖季（夏天）的 3 个月（6—8 月）期间，沿亚、欧、北美北部海岸，约有 50% 的海面没有冰层，成为自由航道。北冰洋的海冰被大陆包围,海冰只有通过白令海峡和弗拉姆海峡才能流出北冰洋。

海洋极冰像是巨大的透镜,北极海冰中心的平均厚度达3～4m,向边缘其厚度逐渐减小。由于这些冰是由许多不连续的冰场组成的,在空气和洋流的作用下它们不断移动,所以其冰界也在不断变动。在冰的移动过程中经常发生冰场的压缩,于是形成冰山(冰的堆积),其厚度显著超过冰盖的平均厚度,可达几百米。高大冰山往往不是海洋自生的,而是来自大陆上的冰川。大陆冰沿冰带滑入海中折断也会形成冰山。

位于北极地区的格陵兰大陆冰盖是全球大陆冰盖的主要组成部分。格陵兰岛面积约 $2.2×10^6 km^2$,其大陆冰盖面积为 $1.7×10^6 km^2$,占全岛面积的 4/5。格陵兰冰盖的平均厚度约 1500m,有 1/3 面积的冰盖底部都低于海面。探测发现格陵兰底部的岩床为盆形,其中部低于海平面。格陵兰冰盖的总容积约为 $2.7×10^6 km^3$,如果把这些水放入全球海洋中,全球海面将升高 6.5m。

南极冰盖和格陵兰冰盖的重要差别是,南极大陆的冰盖几乎没有表面融化,所以南极冰的积聚主要靠冰山流入大海以及伸入海洋大片冰架的消融来平衡。而格陵兰冰盖的南部由于纬度较低,有明显的消融,但无大的冰架,所以格陵兰冰的积聚是靠冰盖的消融和冰山流入大海来平衡。

§6.2 冰 川

6.2.1 冰川与雪线的概念

冰川是指发生在陆地上,由大气固态降水演变而成的,通常处于运动状态的一种天然冰体。它随气候变化而变化,但不是在短期内形成或消亡。雪线触及地面是发生冰川的必要条件。因此,冰川是极地气候和高山冰雪气候的产物。

冰是水的一种形式。它是最轻的矿物之一,其密度只有 $0.917g/cm^3$,比水的密度小。这一特点使它总是处在地球的表面,在水体中则总是浮在水面。如果并不具有这一重要物理性质,那么,在低温条件下,水体将一冻到底,对水生生物造成严重的灾难。冰具有不稳定性,在目前地表温度状况下,自然界的冰很容易发生相变。冰在地球上的分布非常广泛,上至 8～17km 高的大气对流层上部,下至 1500m 深的地壳中都可以发现它的踪迹。广义冰川学把冰的分布范围称为冰圈。显然,冰川是冰圈的主体。

高层气温整层为负值,水汽压小于 6.11hPa 时,降水呈固态形式。若地表温度低于 0℃ 的持续时间长,降落到地面的雪会逐渐累积加厚形成积雪。当地表温度高于零度,积雪消融。在地球上某个地方,在某一海拔高度上,可能存在着年降雪量等于年消融量,这一高度带称为雪线。雪线也就是降雪和消融的零平衡线。在雪线以上为多年积雪区,在雪线以下为季节积雪区。

气温、降水量和地形是影响雪线高度的三个主要因素。多年积雪的形成要求近地面空气层的温度长期保持在0℃以下。地球表面的平均温度具有从赤道向两极递减和自平地向高山递减的规律，所以低纬地区雪线位置比较高，高纬和极地雪线位置则比较低。图6.2表明，在南北两个副热带高压带是雪线位置最高处，这是由于这里有向下气流的控制作用，降水量少，气候干燥。北半球的山地，一般北坡雪线比南坡低。我国祁连山南坡雪线在4700～5000m，北坡仅为4400～4600m，表现了地形的影响。但是地形不仅影响温度，也影响降水分布，如东西走向的喜马拉雅山阻挡了印度洋的西南季风，致使南坡多雨，雪线为4400～4600m，北坡降水量很少，雪线上升到5800～6000m。

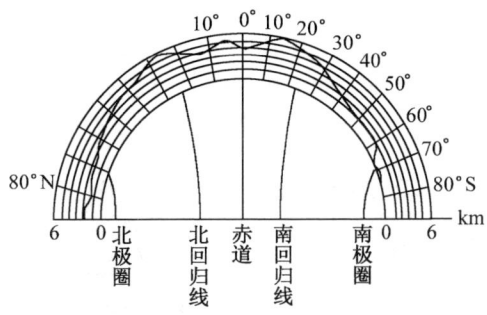

图6.2 地球上的雪线高度

厚的积雪转变成冰川冰是一个长期而复杂的过程。在阳光照射下，松散的雪开始从表面融化，而在夜间又冻成有结晶形态的颗粒。这样，疏松的雪就渐渐变成了粒雪。冰晶蒸发成水汽和从水汽形成新的冰晶也会转变成粒雪。在雪越积越多和转变成粒雪的过程中，压力越来越大，压力使其紧密固结，发生重结晶作用，原来相互孤立的结晶颗粒被冻结在一起。在上述诸因素的作用下，粒雪开始变成白色的冰雪冰，而后又变成透明的冰川冰，后者组成冰川的主体。10～11m^3的雪可以变成$1m^3$左右的冰。

6.2.2 冰川和积雪的分布

冰川分布的高度受着雪线高度的严格制约。任何地区如果地表没有高出雪线就不可能形成冰川。和雪线高度相一致，地球上冰川分布高度也表现出明显的自低纬向两极降低的趋势。在东西走向的山脉中，朝向极地的山坡冰川分布高度低于朝向赤道的山坡。通常情况下，迎风坡而降水量丰富的山坡冰川分布高度低于背风而降水量比较少的山坡。

亚洲冰川面积共114000km^2，主要分布在兴都库什山、喀喇昆仑山、喜马拉雅山、青藏高原、天山和帕米尔，其中我国西部地区海拔高度高，山脉纵横，是冰川发育最好的地区，冰川面积达58650km^2约占亚洲的50%。北美洲冰川面积共67000km^2，主要分布在阿拉斯加和加拿大地区。南美洲冰川面积约 $25000km^2$。欧洲 $8600km^2$，主要分布在斯堪的纳维亚、阿尔卑斯山。大洋洲 $1000km^2$，主要分布在新西兰。非洲是全世界冰川最少的大陆，冰川面积只有 $23km^2$。这是由于非洲大陆纬度低，气温高而降水少，雪线位置高所致。

图 6.3 是 Richter 给出的全球陆地上冰雪的分布图（转引自彭公炳等，1992），它是根据几十年的资料绘制的。从图上可看出由于北半球的陆地占了全球陆地的大部分，所以全球和北半球的季节性降雪覆盖面积的季节变化大致是一致的。在季节性雪覆盖最大的 1 月份，雪覆盖面积几乎包括了北半球 30°N 以北除格陵兰岛以外的所有陆地，约为 $45×10^6km^2$，其面积比所有海冰区和大陆冰盖区的总和还大。从 1 月份到 7 月份北半球雪覆盖区从南往北较均匀的后退消失。南极大陆是大陆冰盖区。除南极大陆外南半球 40°S 以南的大陆面积很小，所以季节性降雪覆盖区也很小，持续时间也短，主要分布在南美洲的西海岸。

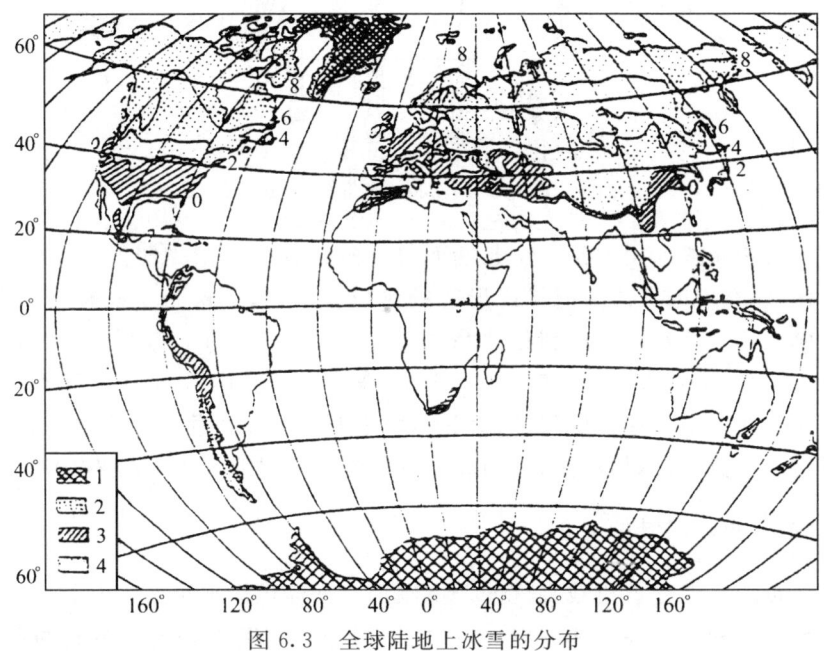

图 6.3　全球陆地上冰雪的分布

（图上等值线表示雪覆盖持续时间，单位为月。1. 陆地上终年不化的冰和雪；
2. 固定的冬雪覆盖区；3. 非固定的冬雪覆盖区；4. 无季节性降雪区）

6.2.3　冰川的类型

由于冰川生成时代前后不同，规模相差很大，形态各具特征，冰川性质和地质地貌作用等也都不一致。因此，可以根据不同标志划分冰川类型。

6.2.3.1 按照冰川的形态规模及所处的地形条件划分

(1) 大陆冰川

大陆冰川又称大陆冰盖或冰原,其特点是面积和厚度都很大,地貌对冰川形状和分布没有影响,补给区在冰盾的中部,冰自中央向四周流动。大陆冰川之下常掩埋巨大的山脉和洼地。南极和格陵兰岛的冰川就是大陆冰川。

(2) 山岳冰川

山岳冰川又称山地冰川,主要分布于中低纬山区,由于雪线位置较高,积累区范围有限,因此,山岳冰川的规模和厚度远不及大陆冰川。冰川受下伏地形控制,有明显的补给区和流动区,以重力流的方式向下滑动。山岳冰川按形态和所处的地形位置,又可分为悬冰川、冰斗冰川和山谷冰川。

1) 悬冰川。悬冰川依附在陡峭的山坡上,填充相对较浅的盆地,也是山岳冰川中数量最多的一种冰川,随气候的变化,易形成也易消失。

2) 冰斗冰川。这是发育在雪线以上冰斗中的冰川,面积大的可达 $10km^2$ 以上,小的不足 $1km^2$。冰斗冰川都有一个陡峭的后壁,那里经常发生雪崩或冰崩,大量补给冰川冰雪。

3) 山谷冰川。是山岳冰川中规模最大的一种。有明显的位于雪线以上的源区,在那里有雪的积累并转变成冰,以及呈线状的冰流区。源区是山坡上的凹地,或者是盆地。冰流区则是山谷。低于雪线流入山俗的冰流叫作冰舌。它和两侧谷坡的界限很分明,而雪线以上的粒雪盆与周围山坡的粒雪原常常连成一片。

山岳冰川分成简单的和复杂的。简单的山岳冰川彼此相互隔开。各自有自己的源区;而复杂的山岳冰川由若干冰流所组成,这些冰流各有源区,流出源区后会合起来。

山谷冰川长度由数公里至数十公里不等,厚度数百米。当数条冰流汇合时,彼此并列或互相叠置。所谓叠置系指支冰川覆在主冰川之上,似乎被其背负着前进。

(3) 高原冰川 高原冰川也叫冰帽,是大陆冰川和山岳冰川的过渡类型。冰川覆盖在山区的夷平面上,向周围伸出许多舌状冰流。冰岛的伐特纳冰帽面积达到 $8410km^2$。

(4) 山麓冰川 在那些具有高山地貌和丰富的粒雪盆地补给的地区,当数条山谷冰川在山麓扩展并相互汇合,形成广阔的冰帽,冰层较厚,叫作山麓冰川。它是山岳冰川向大陆冰川转化的中间环节,其运动速度很慢,分布亦不受下伏地形限制。阿拉斯加的马拉斯平冰川就是由 12 条山谷冰川组成,其山麓部分面积达 $2682km^2$。

6.2.3.2 按照气候条件和冰川的物理性质划分

(1) 大陆性冰川

又称冷冰川,是在干冷的大陆性高原山地气候条件下发育形成的,降水较少,雪线位置较高,冰量较少,冰川长度较短。我国天山、祁连山、昆仑山等处的冰川多属大陆性冰川。

(2) 海洋性冰川

又称暖冰川,是在温湿的海洋性季风气候条件下形成的,降水量丰富,雪线较低,冰量充足,冰舌常可延伸至雪线以下较远处。我国西藏东南部喜马拉雅山脉东段、念青唐古拉山脉的东段和川滇横断山系的冰川均属海洋性冰川。

§6.3 冰川地貌与冻土地貌

在高纬和高山等气候寒冷地区,如果降雪的积累大于消融,积雪将逐年加厚。在一系列物理过程影响下,积雪就变为冰川。冰川本身就是一种地貌,也是寒冷地区重要的地貌营力,可塑造一系列冰川地貌。但在降水量少的条件下,地表不能积雪成冰川。在这种地区土层的上部常发生周期性的冰融,下部则长期处于冰结状态,成为多年冻土。多年冻土层中发生冻融作用,可塑造一系列冻土地貌。

6.3.1 冰川作用和冰川地貌

冰川在运动时能对地表进行侵蚀。但冰川运动的速度缓慢,每年只有数十米至数百米不等。冰川各个部分在运动速度并不一致,其中从雪线以上的积雪盆地出口到冰舌上部这一段速度最快;在横剖面上则以冰川中间为最快。实际观察还证明,冰川表面运动速度最快,且自冰面向底部递减(图6.4)。冰川运动的速度有季节变化和日变化,一般是夏季快,冬季慢;白昼快,夜间慢。

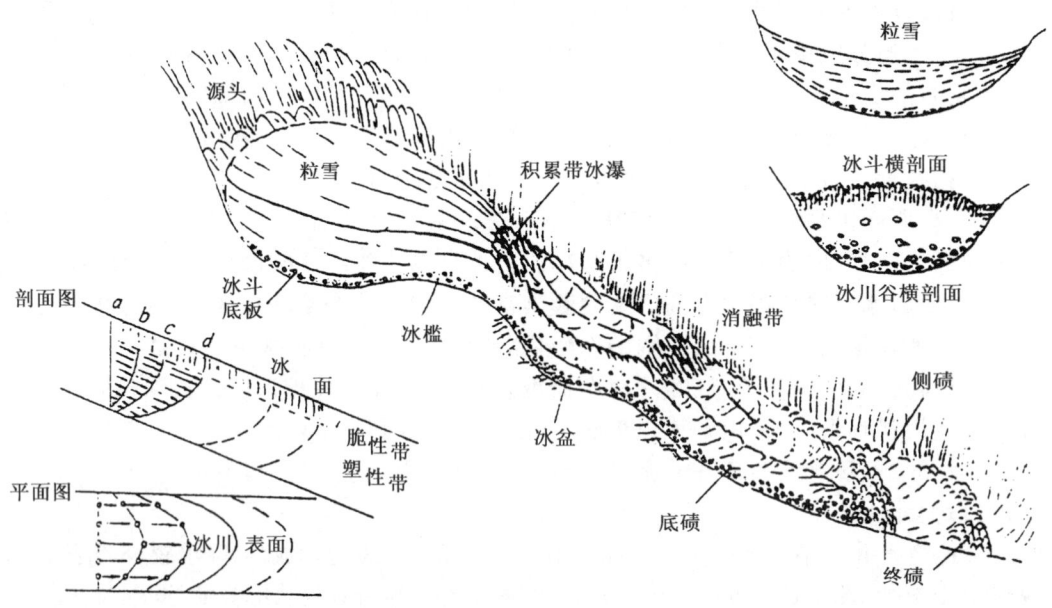

图 6.4 山谷冰川垂直分带与冰川运动(Strahler,1975)

在粒雪盆中冰川有向心运动和下沉运动，在冰舌部分有侧向运动和上升运动。冰川运动是由可塑带的流动和底部的滑动组成的。冰川是以固体状态流动的，在运动的时候对底部的岩石有很大的破坏并对其进行搬运和沉积作用，冰融化的作用也很大。综合作用的结果是形成特殊的冰川和冰水沉积物以及特殊的地貌。

6.3.1.1　冰川的侵蚀作用及冰蚀地貌

冰川滑动则是产生侵蚀作用的根本原因。冰川主要是依靠冰内尤其是冰川底部所含的岩石碎块对地表进行侵蚀。冰川是一种巨大的侵蚀力量。冰岛的冰原河流含沙量为非冰川河流的 5 倍，侵蚀力可能超过一般河流的 10~20 倍。

在冰川滑动过程中，它们不断锉磨底部岩石即冰川床，这种作用通常称为磨蚀（刨蚀）作用。另外，冰川下面因节理发育而松动了的岩块和冰冻结在一起，冰川运动时岩块被拔起带走，这就是拔蚀（掘蚀）作用。其结果是在岩石上形成擦痕和槽沟，它们可指示冰川运动的方向，是研究冰川活动的重要证据。在冰床的表面，岩底的突出部分被冰川侵蚀形成一些似羊背的石质小丘，称羊背石。羊背石的迎冰川面因受磨蚀而平缓，布满磨光面、擦痕、刻槽等微形态；背冰川面因受拔蚀多为参差不齐的陡坎。

山岳冰川作用的结果会形成冰斗。冰斗呈剧场形状或围椅状，三面环以陡峭的岩壁，开口处为一高起的冰槛（岩槛），因而冰斗底部是一个洼地。积雪演化为冰川后，冰川对底床的磨蚀作用使底床加深，在前方造成坡象相反的冰槛，后缘陡壁受冰川的拔蚀作用而后退变高，就成为冰斗。冰斗发育于雪线附近，因而具有指示雪线的意义。

冰川谷是冰川下蚀和展宽形成的槽谷，谷底自上游向下游变窄，谷地两侧常有谷肩和冰川切削山嘴而成的三角面，横剖面呈 U 形或槽形，故又称 U 形谷或槽谷。槽谷在纵剖面上常呈阶梯状，冰床上常有冰川差别侵蚀形成的冰槛或冰盆。这种差别侵蚀与冰床基岩的岩性、节理、构造及冰前期河床纵剖面的原始起伏有关。

6.3.1.2　冰川的搬运和沉积作用及冰碛地貌

冰川在运动过程中搬运着大量的碎屑物质，这些碎屑物质是通过磨蚀、拔蚀、雪崩和山坡上的块体运动获得的。冰川的搬运能力是惊人的。大陆冰川可以把大片基岩搬走；山岳冰川的搬运能力也不小。喜马拉雅山中即有直径 28m，重量超过万吨的大漂砾。

碎屑物被冰川携带而下，通称运动冰碛。其中，出露于冰面的叫表碛；夹带在冰内的叫内碛；在冰川底部的叫底碛；位于冰川两侧的叫侧碛；两支冰川会合则形成中碛。

冰川的沉积作用发生在它消融时。由于冰川的消融或负荷过多，被搬运的物质就堆积下来成为冰碛物。冰碛物因无分选，或分选极差，往往是由漂砾（特大的石块）、砾石、沙和黏土组成的混合堆积物。但由于冰川活动区岩性的影响，冰碛物的成分和粒度可有较大的差别。

堆积在冰川不同部位的冰碛物，由于堆积条件的差异，可形成不同的冰碛地貌，分为冰碛丘陵、侧碛堤和终碛堤等。

冰碛丘陵是冰川后退过程中由于冰体的逐渐消融,原来的表碛、内碛、中碛都堆积在底碛之上形成的,表面丘陵起伏,洼地常常积水。冰碛丘陵以大陆冰川分布最广,高度由数十米至百余米。大规模的山岳冰川也能形成冰碛丘陵,分布在冰川谷的底部,高度较小。

侧碛堤位于山谷冰川的两侧,常成条状岗地,两条侧碛会合形成中碛堤,它位于冰川谷的中间。

终碛堤又称前碛堤,位于冰川末端,呈弧表,常与侧碛堤相连。终碛堤是冰川补给与消融处于相对平衡时,冰舌末端位置变动不大,大量冰碛物在此堆积而形成的。终碛堤一般外侧陡,内侧缓。如果冰川后退是断续进行的,而可形成数道平行的终碛堤。故根据终碛堤的分布及条数,可以确定与此相应的冰川作用范围及冰川退缩的阶段性和冰期的次数。

6.3.1.3 冰水堆积地貌

冰水是冰的融水,因此冰水与冰川的动态密切相关。同时冰水又具有流水作用的一般特征。冰水作用主要是将冰碛物进行再搬运和再堆积,因此冰水堆积物有的具冰川作用的痕迹。冰水堆积物经分选,形成层理,磨圆程度较冰川沉积好。

冰融水从冰川两侧和底部流到冰川末端,汇成冰前河流。冰前河流注入平坦地带后,将大量碎屑物质堆积于终碛堤的外围,形成扇形的堆积地形称冰水扇。许多冰水扇连接,形成冰水外冲平原;在山谷形成冰水排泄平原,经后期切割则成冰水阶地。

在冰川区域,湖泊往往是冰川作用的产物。其中有的是冰蚀作用形成的;有的是冰积物堆积阻塞局部冰融水的结果。冰水在湖泊中的沉积,有明显的季节变化,夏天冰融水增多,携带颗料较粗的泥沙入湖沉积,颜色变浅;秋季冰融水骤减,冬季湖泊封冰,携带泥质物质沉淀,颜色较深。这样就会形成季候泥,亦称纹泥。根据剖面中年纹带层的数量可以判断冰川湖存在和接受沉积物的时限。

冰川融化和在冰下因冰川运动与冰床摩擦而融化形成的冰水汇聚成冰下河。当冰下河的水量丰富时,河水搬运量大,在冰川前端,冰碛物可填充冰下隧道,形成曲折的长堤,冰融化后出露地表,形成蛇行丘。组成物质几乎全部是大致成层的沙砾,偶夹冰碛透镜体。

冰川地貌类型具有明显的组合规律。山岳冰川地貌由山顶至山麓,地貌组合依次为(图 6.5):

(1)斗、刃脊、角峰带,位于雪线以上,为冰蚀地貌带。

(2)冰川谷、侧碛堤和冰碛丘陵带,位于雪线以下,终碛堤以上,为冰蚀—冰积地貌带。

(3)终碛堤带,位于山谷冰川末端,为冰积地貌带。

冰水扇和外冲平原带，位于终碛堤以外，为冰水堆积地貌带。

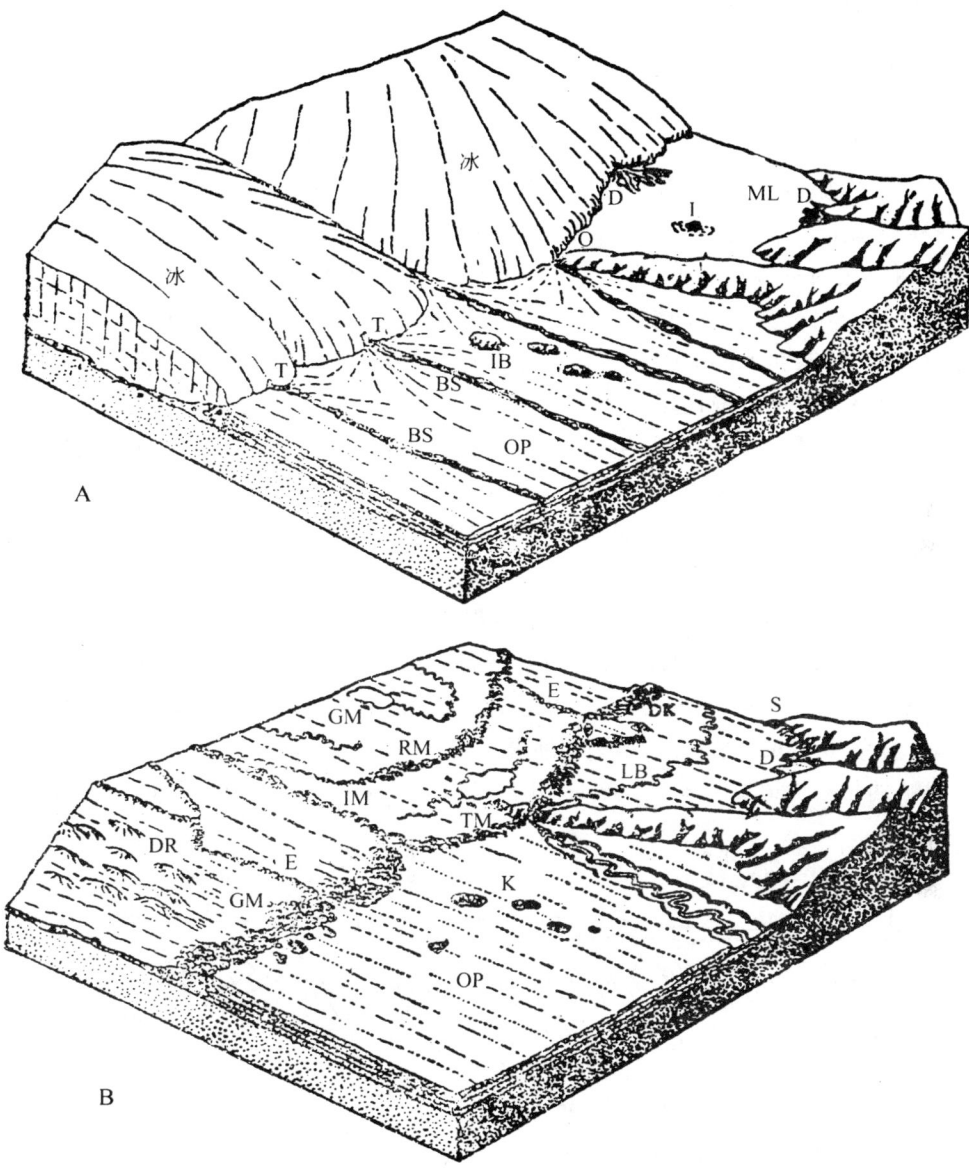

图 6.5 山岳冰川地貌组合（Strahler，1975）

A 图：冰退以前。T——穴道，BS——瓣状河，OP——冰水沉积平原，IB——冰块，ML——冰缘湖，I——冰山，D——三角洲，O——湖泊出口。B 图：冰退以后。TM——终碛，RM——后退冰碛，IM——中碛，GM——底碛，E——蛇丘，DR——鼓丘，D——三角洲，DK——三角洲砾阜，S——滨线，LB——湖底，OP——冰水沉积平原，K——锅穴。

大陆冰川地貌组合以终碛堤为界,堤内以冰碛地貌为主,以冰碛丘陵为代表;堤外以冰水堆积地貌为主,以冰川外冲平原为代表。

6.3.2 冻土与冻土地貌

6.3.2.1 冻土

凡处于零温或负温,并含有冰的各种土(或岩),称为冻土。温度状况相同但不含冰的,则称为寒土。冻土按其处于冻结状态的时间长短,可以分为季节冻土和多年冻土两类。一两年之内不融化的土层称为隔年冻土,是上述两类冻土的过渡类型。

多年冻土可分为上下两层,上层为夏融冬冻的活动层,下层为多年冻结层。活动层在冬季冻结时,能和下部的多年冻结层完全连接起来的,称为衔接多年冻土。在这种情况下,活动层又称季节融化层。活动层在冬季冻结时不与下部多年冻结层衔接,中间隔着一层冻土的则称为不衔接多年冻土。在这种情况下,活动层又称季节冻结层。多年冻结层距地表的深度,称为多年冻土的上限。

多年冻土在地球上的分布表现出明显的纬度地带性和垂直地带性规律。无论在水平方向或垂直方向上,多年冻土带都可以分出连续冻土带和不连续冻土带。

多年冻土在地球上分布极为广泛,总面积达 $35\times10^6 km^2$,全球冻土约占陆地面积的四分之一,主要分布在极地、高纬度和高山高原地区。在北半球,多年冻土从中纬向极地厚度不断增加,上限不断缩小。48°N附近的多年冻土南界,地温接近0℃,冻土层厚度仅1~2m。连续多年冻土带南部,年平均地温约为-3~-5℃。冻土厚度可达100m。北极附近岛屿的年平均地温降至-15℃,冻土厚度达到1000m以上,上限趋近地面(图6.6)。

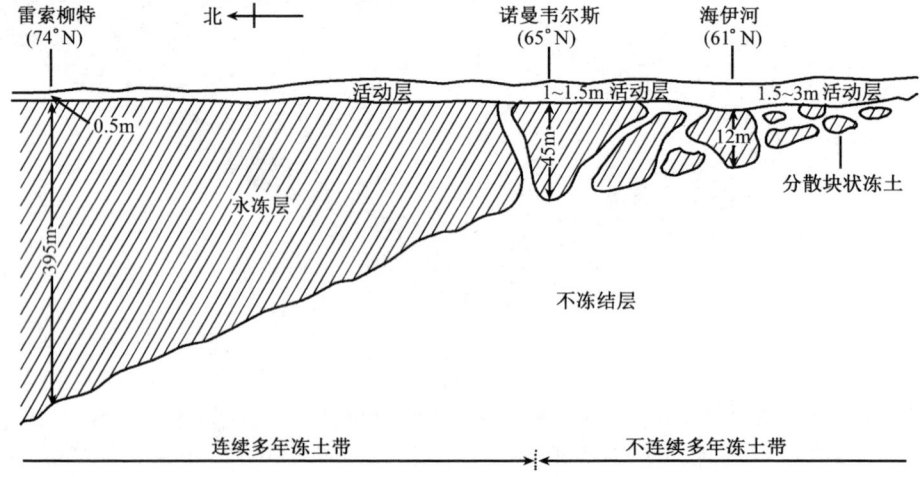

图 6.6　加拿大多年冻土剖面图示

最深的冻土层出现在西伯利亚，可达 1500m。中低纬高山高原区冻土的分布，则表现为随海拔高度而变化。海拔愈高，地温愈低，则冻土愈厚，而上限深度愈小。

我国冻土分布，多年冻土面积约 $2.15\times10^6 km^2$，占全国土地面积的 22.3%，主要在东北北部山区（大兴安岭至黑河一线以北）、西北（新疆）高山及青藏高原等地区。季节性冻土分布在我国东北大部分地区、西南山地、西北及华北等地，冻土深度一般为 1~2m。

我国多年冻土区地下冰分布很广泛，有的地方地下冰厚度很大，如青藏公路风火山最厚单层地下冰可达 5m，昆仑山垭口夹于沉积层中的冰透镜体，最厚可超过 10m。地下冰的数量、分布及其与土壤中其他组成要素的位置关系不同，形成不同的冻土构造类型。

6.3.2.2 冻土地貌

由于温度周期性地发生正负变化，冻土层中的地下冰和地下水不断发生相变和位移，使土层产生冻胀、融沉、流变等一系列应力变形，这一复杂过程称为冻融作用。冻融作用是寒冷气候条件下特有的地貌营力，它使岩石遭受破坏，松散堆积物受到分选和干扰冻土层发生变形，从而塑造出各种类型的冻土地貌。

(1) 冰丘 地下冰的冻胀而使地面形成丘状的冰丘。冰丘内部有冰透镜体的称冰核丘。冰丘多分布在地下水位较高、地形较平缓、土层较厚、地质较细的地区。当冬季来临，首先形成一透镜状冰层，并引起局部突起，形成冰丘。

(2) 石滩 基岩经过剧烈的冻融风化，岩石崩解，产生大片巨砾岩屑，堆积在平缓的地面上，形成石滩。当山坡上冻融崩解产生的大量碎屑物充填凹槽或沟谷，而岩块在重力作用下顺着湿润的碎屑垫面或多年冻土层表面发生整层运动时，就形成石河。多年的冻融崩解会使巨石和岩块位置越来越高，巨石、岩块与砂、黏土之间发生了分异。砂、黏土中所含的水结冰、膨胀，把分离到上面的巨石和岩块向外推，从而形成多边形石滩。

(3) 泥流地貌 在夏季，坡地上含冰的冻土在解冻融化时似泥浆状沿着融冻界面向下缓慢蠕动的现象。这种泥流地貌多发生在 10°~30°的坡地上。在坡地较大的斜坡上，常形成泥流坡坎；坡度较缓的地方，则形成泥流阶地。山坡在长期的融冻泥流作用下，形成平缓均匀、覆盖着碎屑物质的融冻泥流坡。

冻土地貌对生产建设有一定的破坏作用和不良影响，常称为"冻害"。冻胀融陷能改变地面形态，使铁路路基变形；公路和城市建设中道路"翻浆"，也是冻融的结果；热融滑塌危及交通和工程建筑。另外，冻土地貌也不利于农林业生产的发展。

§6.4 地质年代的冰期

在几亿年的地球气候史中，温暖期与寒冷期是交替出现的。冰川大规模增长，冰雪覆盖全球大面积地表面，气候显著变冷的时期，称冰期。在两个冰期之间，冰川大规模消退，冰雪量减少，气候显著变暖的时候，称间冰期。由于地球上区域气候变化的差异性,使冰川作用的开始与消退,冰期与间冰期的次数不完全一样,但各地区较长的寒冷期与温暖期的变化大致是同期的。

冰期时冰川扩张,大量水体聚集于陆地,使海面下降,大陆面积扩大,海岸线变迁,海陆轮廓发生变化,在冰川消融的地方形成湖泊和沼泽,全球大气环流形式发生改变,对动植物、土壤、地质地貌的发生发展产生巨大的影响。

关于冰期的次数,是根据冰川直接作用的遗迹,不同时期冰碛物之间、冰碛物与非冰川堆积物之间的接触关系,风化程度,古土壤及有关沉积层的化石等来确定。冰川作用的遗迹,即冰川地貌及其堆积物是划分冰期的一种常用的方法。冰斗代表雪线的高度,因此,在相同的自然环境下,存在不同的冰斗,就说明是不同冰期的产物。冰川谷中上U形谷(老U形谷)内叠套下U形谷(新U形谷),横剖面呈阶梯状,上下U形谷是不同冰期冰川侵蚀形成的。终碛堤和侧碛堤两者往往共生。不同时期的终碛和侧碛在同一冰川谷中复合,常构成冰川谷中不同高程部位的侧碛堤并列和终碛堤多列环布的现象,其中较老的侧碛位置较高,而较老的终碛在冰川谷底的较底部位。此外,冰水阶地等也可以作为划分冰期的依据。

具有全球性的、距今最近的三次大冰期是:震旦纪大冰期、石炭－二叠纪大冰期和第四纪大冰期。震旦纪和石炭－二叠纪大冰期冰川的分布可以从已固结成岩的冰碛物——冰碛岩得到佐证。震旦纪的冰碛岩分布很广泛,我国西南部的云南、贵州、广西、湖北、湖南都有发现,而石炭－二叠纪的冰碛岩目前只在南半球及北半球的印度发现。第四纪大冰期是距今最近的一个地质年代,也是地质资料最丰富的年代。第四纪大冰期(距今200万年前开始)从开始直到现在,有过若干次全球性的大规模冰川活动,寒冷气候带向南扩展,在苏联、西欧和北美曾发育了面积广大、冰层很厚的大陆冰川,山岳冰川的发育也较广。第四纪冰川的总面积在 $4.5\times 10^7 km^2$ 左右,大陆面积的 $2/10\sim 3/10$ 为冰川覆盖(现代仅占1/10),气温较现代平均低 $8\sim 12℃$。在间冰期内,气温比现在暖,北极气温比现代高出10℃以上,赤道也比现代高出5℃多。剖面中沉积物的交替证明,第四纪大冰期中冰川有多次进退,不同地区冰期次数不一致。由于各地第四纪剖面的不完整,对冰期和间冰期的划分存在各种分歧,对第四纪延续的时限也难以有一致的认识(表6.2)。

鄱阳亚冰期距今约90万～120万年,我国长江中下游、华北临城、大别山都出现冰期,气候显著转冷。大姑亚冰期距今约68万～80万年,我国西部的阿尔泰山、天山、祁连山、贡嘎山、玉龙山、川西及青藏高原都发育了冰川;我国东北和东部山区还发育了山谷冰川,如大兴安岭、大巴山、庐山、黄山和天目山等;古雪线高度分布是东部低、西部高,这可能与季风气候开始形成有关。庐山亚冰期距今约24万～37万年,这次冰期较前次范围小,庐山、点苍山、祁连山发现有冰川,雪线高度也较上次普遍略有升高。大理亚冰期距今约1万～12万年,我国气候又趋寒冷,但是东部山区无冰川覆盖,河套人和

表 6.2　不同地区冰期与间冰期对比表

冰期	地区			
	阿尔卑斯	北美	庐山(括号内为距今年数:万年)	西藏
Q_4			大理亚冰期(12～1)	新冰期 温暖期
Q_3	玉木冰期 里斯－玉木冰期 里斯冰期	威斯康辛冰期 桑加蒙间冰期 伊利诺安冰期	庐山－大理间冰期 庐山冰期(37～24)	绒布寺冰期 末次间冰期 基龙寺冰期
Q_2	民德－里斯间冰期 民德冰期	雅莫斯间冰期 堪萨斯冰期	大姑－庐山间冰期 大姑冰期(80～68)	大间冰期 聂拉木冰期
Q_1	群智－民德间冰期 群智冰期 多脑－群智间冰期 多脑冰期	阿佛唐尼间冰期 内布拉斯加冰期	鄱阳－大姑间冰期 鄱阳冰期(120～90)	第一间冰期 希夏邦马冰期

周口店山顶洞人便生存在这个时期。这期亚冰期结束后,基本呈现代气候特点。在四次亚冰期之间为亚间冰期,为相对温暖时期。

第 7 章 生物群落与生态系统

地球上任何生物的生存和进化均与其生存环境相适应。人类无疑是地球生物圈中威力最强大的生物,人们不仅依赖自然,在一定条件下,也能够控制和改造自然。但人类如果只是一味向自然索取而不注意保护我们赖以生存的生态环境,最终必将威胁到人类自身的生存。研究生物(包括人类)与环境相互作用,从而指导人类以系统、整体的观点来对待和管理地球及生物圈是现代生态学的主要目的。

§7.1 土 壤

7.1.1 土壤的基本概念

7.1.1.1 土壤的定义

地壳表层的岩石受到太阳辐射以及氧、二氧化碳和其他气体,加上水和生物的共同作用,逐渐风化破碎,形成一个疏松的外壳,叫作风化壳。风化壳的表层,生物活动强烈。生物体(包括植物、动物和微生物)比较集中,从而积累较多的有机物质,这个具有较多有机物质的风化壳表层就是土壤。土壤是生态系统中的重要环境因素,植物生长由土壤获得矿物质营养和水分,并通过光合作用转化为有机物质,土壤是这种非生物与生物环境转换的界面。植物能够吸收、固定来自太阳的辐射能量并转换成生物能储存于植物体中,绿色植物的光合作用还能把从土壤中吸引的矿物营养和水分以及大气中的二氧化碳等转换成复杂的有机物质。而土壤中的动、植物残体或排泄物经微生物的分解作用,在释放热量的同时分解成简单的矿物质,归还环境,供植物再吸收。另外,除供给植物营养和水分外,土壤还对植物起着机械固定作用。所以,土壤是生态系统中生物与非生物环境之间能量和物质转换和转移的重要媒介。

7.1.1.2 土壤的肥力

19 世纪中叶。德国化学家李比希(Justus von Liebig)针对土壤为什么能生长植物的问题提出了"植物矿物营养学说",即植物的营养主要依赖于土壤中的矿物成分,以及有机物分解后产生的矿物成分,只有不断向土壤归还和供给矿物养分,才能维持其生长作物的能力。以后人们又进一步认识到,土壤维持作物生长的能力不仅与矿物养分和水分有关,还与诸如土温、通气条件等因素有关。综合起来,土壤维持作物生长的能力是指土壤不断地供应和协调作物生长发育所必需的养分、水分、空气、热量等因素以及其他生活条件的能力,这种能力被称为土壤的肥力。它是表征土壤特征的重要指标之一,李比希还发现影响作物产量的常常是那些供应不足的营养物质,而不是那些充分供应的营养物质,例如作物经常缺磷,因此磷就成了限制作物产量的一种因素。这就是生态学上著名的"李比希最小法则"。

7.1.1.3 土壤的构成与剖面结构

各地的土壤由于自然条件和耕作施肥情况的不同,其组成物质和相互比例都有所不同,从而形成各种类型的土壤。但任何一种土壤都是由固、液、气三相物质构成的体系,其中固相物质占主要的重量比例,它包括颗粒状的土壤矿物质(各种原生矿物及岩石风化形成的各种次生矿物)和有机质(动、植物残体及其转化产物,以及活的土壤微生物)。土壤固相物质颗粒之间存在许多大大小小的孔隙,这些孔隙里充满着液体和气体。液体物质主要是水分,其中溶解有离子、分子态或胶体状态的有机或无机物质,土壤中气体与大气成分基本相似,但CO_2和水汽含量较高。

不同类型的土壤结构不同,而且同一地点土壤由于成土过程对不同层次土壤的作用不同,从而上下发生层次风化,形成土壤结构的垂直差异。从地表面向下直到土壤母质的垂直切面,称为土壤剖面。土壤形成条件不同,内部物质运动特点也不同,从而表现出不同的剖面构成和形态特征。土壤剖面可以反映成土过程和土壤内在性质。发育完全的土壤剖面常具有以下层次。

(1)覆盖层。由枯枝落叶所组成,在森林土壤中所常见。厚度较大的覆盖层可再分为两上亚层,上部为基本未分解的落叶枯枝,下部为已经腐烂分解、难以辨认原形的有机残体。覆盖层不属于土壤本身,但对土壤腐殖质的形成、积累及剖面的风化有重要作用,尤其对水土保持有重要意义。

(2)淋溶层。在土壤上层,这里的水溶性物质和黏粒(直径小于0.001mm的土壤颗粒)有向下淋溶的趋势,故称为淋溶层。它由两个亚层组成,上部即表土部位为腐殖层,该层植物根系、微生物等生物活动集中,有机物质积累较多,颜色深暗,多数具有良好的团粒或粒状结构,土体疏松,是肥力最好的土层。腐殖层下面是灰化层,这里向下淋溶强烈,不仅易溶盐类大量淋失,游离的氧化铁、铝以及黏粒都向下淋溶,留下的主要为白色的石英砂,故颜色变浅,质地变粗,肥力差。在冷湿的针叶林下易生成灰化层。

(3)淀积层。淋溶层的下面,常淀积着上面淋溶下来的氧化铁、锰及黏粒等物质,质地较黏,颜色为棕色,称为淀积层。

(4)母质层。位于淀积层之下,受成土作用的影响很小,由岩石风化的残积物或各种再沉积的物质组成。

(5)基岩层。由未风化或半风化的岩石构成。

7.1.2 土壤的形成

7.1.2.1 形成土壤的矿物岩石及其风化作用类型

土壤形成的基础是风化了的矿物岩石(土壤母质)。土壤的性质与结构是风化岩石与成土作用的共同结果。矿物是各种地质作用下自然产生于地壳中的化合物或化学元素。构成岩石主要成分的矿物称为造岩矿物,大约有几十种,大部分为硅酸盐类化合物。土壤中的矿物一部分来自原先地壳中的造岩矿物,它们未经化学蚀变,仅由于物理机械作用而破碎变小,呈细小颗粒保留在土壤里,称为原生矿物,常见的有长石类、云母类、石英类及辉石类等种类。原生矿物经化学蚀变或其分解物重新组合而成的新矿物,称为次生矿物,如高岭石、水云母、含水氧化硅等。原生矿物一般颗粒较大,次生矿物颗粒细小,黏粒一般由次生矿物构成,土壤越黏,其次生矿物含量越高。

矿物岩石暴露于地表大气,由于不同的外界条件的作用,会发生结构、成分和物理性质的改变,这就是风化。风化过程分为物理风化和化学风化两大类。物理风化不改变岩石的化学成分,其主要因素是温度的变化,岩石受到太阳辐射的加热和夜间冷却的交替作用,形成岩石表面的裂隙,长期作用的结果是岩石表现一层层的剥落、粉碎。此外、流水的冲刷和磨蚀、风沙的磨蚀等都能导致岩石发生破碎现象。

而化学风化则通过以下几种途径发生作用:

(1)水的溶解作用。各类矿物成分均可不同程度地溶解于水,形成水溶液而流失。岩石中易溶解的矿物质含量越多,越容易风化,气候条件越湿热的地区,水的溶解作用越强烈。

(2)水化作用。某些矿物成分与水接触后,水分子可加入其晶格结构,形成新的含水矿物,叫作水化。矿物水化后,体积增大,硬度降低,更易进一步风化。

(3)水解作用。水是弱电解质,有少数分子离解成 H^+ 和 OH^-,大多数造岩矿物是盐,与水反应后,盐基离子被 H^+ 置换,分解成新的矿物成分,称为水解作用。

(4)碳酸化作用。二氧化碳与水化合形成含碳酸的水溶液,它使矿物岩石产生深刻地分解而导致矿物组成和性质的彻底改变。

另外,还有氧化作用、硫酸化作用、还原作用等化学过程都能促使岩石的风化。

7.1.2.2 土壤的形成过程

矿物岩石经风化作用后形成的疏松多孔体是土壤形成的基础,称为土壤母质。由于母质的疏松多孔性,能够蓄留水分和空气,溶解矿物养分,为植物提供初步的养分,具备了初步的肥力。但母质的水、气之间,透水和持水之间常存在着矛盾,自我调节能力差,热性质不稳定,缺乏保蓄植物养分的能力,特别缺少固定和增加土壤氮元素的能力,必须经过生物作用和其他成土过程,母质才可能变为具有充分肥力的土壤。最初生长在母质上的是那些无需有机质、对肥力要求不高的低等生物,如类似某些自养性细菌的微生物,它们以大气中的二氧化碳为碳素营养的来源,从土壤母质中汲取少量的磷、钾、氮等元素,由于它们的生长繁殖,母质中开始产生有机物质,营养元素得以初步在母质的表层集中累积。随着有机质不断累积和肥力的加强,那些依靠分解有机质取得能量的有机营养性微生物开始大量繁殖,它们种类繁多,数量巨大,使有机质和营养元素进一步积累,特别是固氮细菌的生长,使氮元素更多的积累。随着肥力的进一步提高,地衣、苔藓等开始出现,直至高等绿色植物开始生长,它们能够利用日光把二氧化碳和水合成为大量的有机质,使土壤有机质极大地丰富起来。高等植物的根系(尤其是木本植物)可把深层分散的养分吸进植物体,植物死亡后,以有机质状态积累在土表层,使土壤表层的有机养分高度集中。同时,微生物的作用使植物残体有机质的一部分分解为矿质营养,可供植物再吸收利用;而植物残体的另一部分则转化为特殊的腐殖质。腐殖质性质比较稳定,积累在土壤表层,使土壤中毛管孔隙与非毛管孔隙同时存在,调节了水分透过、吸持和保蓄的矛盾,也调节了保水、通气和养分供应的矛盾,使土壤同时存在水分、空气和养料,具有良好的热力状况,从而根本地改变母质的性质,发育成为成熟的具有充分肥力的土壤。土壤是一切陆生生物的"立足点",作为一个极重要的环境因子,它对各种生物都产生很大的影响。

7.1.3 土壤的分类

土壤的形成受到成土母质、气候条件、生物、地形、时间等五大自然因素和人为因素的影响。成土母质是土壤形成的基础,对土壤的质地和物理化学性质起决定性的影响。而气候条件则影响土壤的水、热状况,从而直接或间接地对母岩的风化过程、微生物和植物的生长、有机质的合成与分解的速度等都产生重要影响。地表则对母质的堆积分布、局地气候条件都有制约作用,从而也影响土壤的形成类型。微生物、植物及动物群体,对土壤的理化性质尤其土壤肥力的形成起决定性影响。成土时间的长短,标志土壤发育的程度,熟化与未熟化土壤的理化特性也不同。此外,在人工开垦和培植活动及施肥、灌溉等措施的人为作用的影响下,会形成独特的耕作土壤。在这六种因素的影响作用下,形成千差万别的土壤类型。为利于土壤的开发利用及农、林、牧业生产的发展配置,需根据土壤的发生、发展规律及理化性质和肥力状况的土壤属性,对土壤进行合理的分类。中国土壤资源丰富、类型繁多,世界罕见。土壤分类的方法很多。中国主要土壤发生类型可概括为红壤、棕壤、褐土、黑土、栗钙土、漠土、潮土(包括砂姜黑土)、灌淤土、水稻土、湿土(草甸、沼泽土)、盐碱土、岩性土和高山土等12系列。

§7.2 种群与生物群落

7.2.1 地球上的生物

生物是指具有持续新陈代谢作用并不断繁殖的有机生命体。地球上的生物可分为微生物、植物和动物三大物种。植物是自养的，能自己通过光合作用等生产有机质营养，一般具有明显的根、茎、叶等器官的分离，不运动或被动运动；动物是异养的，自己不能将无机物质转换为有机质，可自主运动；微生物是最简单的生命形式，如细菌、病毒等，一般为单性繁殖，有自养性和异养性微生物之分。地球于 46 亿年前形成，大约 37 亿年前在海洋中出现了最初的生命，早期的生命形式是与细菌或蓝绿藻相似的单虫无核原生物。至古生代早期（寒武纪，约 6 亿年前），海绵、珊瑚、腕足类、环节动物、三叶虫等海洋动物大量出现。约 4 亿年前（泥盆纪），海洋生物开始向陆地转移，陆生裸蕨类植物出现，其后演化为种子蕨、被子植物等。至中生代出现爬虫类动物，维管植物也演化为针叶植物，针叶树与苏铁类及银杏成为陆生植物的主流。到中生代末期，被子植物取代裸子植物成为地球上占优势的植物。新生代时期，生命演化具有了成熟的特点，哺乳动物及被子植物取得了优势。在渐新世出现了人猿，大约 50 万年前从直立的类人猿而演化成人类。人类的出现对地球环境起着变革的作用。生物演化至今大约有 3.8 万种微生物，34.1 万种植物，215.8 万种动物，其中包括 80 万种昆虫。至今尚有许多生物没有分类。

地球上的生物种类繁多，形态各异，并遍布在海洋、陆地表面、土壤内部和大气之中。但地球上各种生物的生存都需要一相对狭窄的环境条件，如鱼类生活在水中，一旦长时间离开水，鱼类便无法生存；植物生长离不开土壤、阳光和空气；即使是生命力极强的微生物对环境温度的依赖性也很大。另一方面生物的活动也影响和改变着环境，比如生物的参与，才使风化岩石成为沃土；欧兔的爆炸性繁殖曾一度使澳洲大片草地沦为荒漠；人类的活动对环境的影响更是显著的。总之，生物体依赖环境而生存，与环境间进行物质和能量的交换，同时又影响着周围的环境；一定的环境决定着生物的存在形式，而生物又改变和影响着环境，两者之间是相互影响、相互渗透、相互转化而又不可分割的统一体。

人们把对生物有影响的环境因素称为"生态因子"。温度、水分和湿度、光照、风、火、土壤等都属于生态因子。

（1）温度。温度无疑是极其重要的生态因子，地球上大多数生命活动所能忍受的温度范围大约在 $-200°C$ 至 $100°C$ 之间。轮虫和线虫甚至能够在 $-270°C$ 左右的低温下保持生命，此时，它们完全停止新陈代谢，但还保留着复苏的可能性，一旦恢复了适宜的温度,它们就又开始了正常的生命活动。另外,像细菌、真菌、孢子、酵母菌等都能在极低的温度下维持生命。但生物对高温的忍受能力就很有限了,因为构成生命的基本物质是核酸和蛋白质,蛋白质遇热凝固是一种不可逆转的变化,这就意味着死亡。一般的生物很难在 70℃ 以上的环境中生存。只有极少数几种微生物能在高于 100℃ 的环境中生存。对每一种生物来说,只能在一个窄小的温度范围内生存。

植物的一切生理活动、生化反应都必须在一定的温度条件下进行。如光合作用、开花、结果及种子发芽都有其适宜的温度。温度是决定植被地理分布的主要原因之一。一般来说,气候越冷,能生存的植物种类越少。植被带与气候带相适应,有热带植物带、亚热带植物带、温带植物带和寒带植物带等,不同植物带有着不同的种类和外部形态。

动物对温度的适应局限在比较狭小的范围内,如果超过了其所能耐受的极限温度,新陈代谢就会停止。休眠和迁移是动物适应不利温度条件的一种方式。动物对温度变幅耐受范围各不相同,有的可以忍受较大的温度变幅,称为广温性动物。而有的动物可忍受的温度变幅较小,称狭温性动物,其最典型的是南极鳕,它只能在 $-2 \sim 2℃$ 之间的冰冷海水中生活,超出这个温度范围就会死亡。狭温性动物根据对温度的要求不同,可分为喜暖动物和喜冷动物。温度是影响动物地理分布的主要因素,其中广温性动物适应生存的范围大,狭温性动物分布区域相对狭小。动物对温度的适应能力各不同相,对恒温动物而言,因其新陈代谢水平高,有完善的体温调节系统,因而其分布范围较广,如寒带到热带都有狐类,但寒带的北极狐耳朵很小,而非洲的大耳狐的耳朵很大,显然大耳利于散热。变温动物代谢水平低,温度调节能力弱,其地理分布受温度影响较大。

(2)水分和湿度。水是任何生物都不可缺少的组成成分,生命的一切新陈代谢活动都必须以水为介质。生物体内营养的运输、废物的排除、激素的传递以及生命赖以生存的各种化学反应,都必须在溶液状态下进行,而所有物质也必须以溶液状态才能进入或离开细胞。所以,水不仅在大气、陆地和海洋之间进行无休止的循环,也在每个生物体和它们的环境之间不断地进行各种交换。

植物体中一般含有水分达 65%～90%,即使最干燥的种子,其含水量也达 12%。植物的光合作用、生化活动及营养物质的输送都离不开水分。植物在有充分的水供应下,99% 的水分都用于蒸腾作用,蒸腾可起到对无机盐类的吸收和运输的作用,又可起到调节植物体温的作用。水分的缺乏或过多都会对植物产生危害。根据植物对水分的需求,可分为旱生植物、湿生植物和中生植物。旱生植物非常耐旱,在干燥的环境中生活,如在沙丘、裸露的岩石表面上也能生长,其典型植物如仙人掌科植物。在沙漠少雨区的植物大多有厚的表皮,或覆盖有蜡质的叶子、茎或枝,以减少因蒸腾作用而引起的失水,其根部大而伸展,以利吸收深层水分,也有沙漠植物根系不深,但伸展很广,以便于吸收偶尔降水所带来的水分。湿生值物则可耐受过多的水分,在湖泊、沼泽和泥塘中皆可生长,如水百合。湿生植物的叶子一般都比较大而薄,气孔多而且经常开启,表面角质层不发达,如在热带雨林中的蕨类、兰科植物、野芋头等。中生植物指水分需求比较适中的植物,陆生植物大多数属于这一类,其分布最广。也有人对中生植物进一步分为三类:近湿生植物,如柳树、杨树、椰子树等;近旱生植物,如桉树、马尾松、洋槐等;介于两者之间的植物,如樟树、龙眼、荔枝、阴香等。

动物体内含水量约占其体重的46%～90%。当体内水分缺少至一个限度,就会引起昏迷或死亡。有的动物可以忍受较大的水分变化,有的动物则只能忍受较小的水分变化。动物长期生活在某一干或湿的环境中,可以产生适应性,如骆驼一次饮饱水后,可以连续17天不喝水,在失水量占体重的27%的时候,仍然可以稳健行走。但动物总还是不能缺水的,气候愈干燥的地区,动物就愈少。一方面多数动物难以忍受缺水环境,另一方面也与食物供应有关,干旱沙漠区缺乏植物,构不成食物链,动物也就无法生存。

(3)光照。太阳辐射是地球上一切生命活动的能量来源。绿色植物只有借助光合作用,才能在叶绿体中把从空气中吸收的二氧化碳和从土壤中吸收的水、无机盐等转化成有机质,并把太阳能储存在这些有机物质中。一切其他生物,包括所有的动物和人,都必须依赖这些有机物质为生,从中获得它们生长和活动的能量。从这个意义上说,没有阳光就没有生命。光照强度影响植物发育及外部形态。光照不足往往使植物开花期推迟,结实少或不结实。例如,在大群落中的果树比空旷地相同品种结实迟、结果少;大群落中的树木高大挺直,而空旷地则株形矮、树冠大。光照对果实品质也有影响,光照强度大而干燥的气候,果实含糖量高、耐贮藏。光照不足往往是植物茎秆细弱,叶片薄而黄,根系不发达,易倒伏。

日照长度与植物生长亦有关系。地球上不同地区四季日照长度呈周期变化,长期作用于植物,使之适应了当地日照条件的变化,产生不同的植物类型。光照时间长短能决定植物的开花,昼夜长短对植物开花的影响效应称为光周期现象。一些植物只有在日照时数大于某一阈值时才能开花,此类植物称为长日照植物,光照不足会推迟开花或不开花,如麦类、豌豆、油菜等。另一些植物则当日照时数小于某一阈值时才会开花,延长日照就会延迟开花或不开花,属短日照植物,如水稻、玉米、棉花等。而有的植物则对日照长短变化反应不敏感,如番茄、四季豆等。

光的季节变化和日变化,这种地球上最严格、最稳定的周期变化长期作用于动物,产生了动物生命节律(生物钟)的最可靠信号系统,对许多动物的生活和繁殖周期起着重要的控制作用。研究表明,鸟类的迁飞和光周期有密切的关系。当春天日照逐渐延长时,就促使鸟类生殖腺发育,当生殖腺发育到一定程度,就激发鸟类向北方迁飞的本能。光周期变化对哺乳动物的繁殖周期和毛皮的颜色也具有十分明显的影响,鹿总是在秋天短日照到来时进入交配期,雪貂则在日照渐渐加长的春天繁殖。实验室人工控制光照的实验已证实,的确是光照时数控制着这些动物的繁殖周期。实验还证实,有些动物(如雪兔)的皮毛颜色在秋季发生变化也完全是对秋天短日照的生理反应,而温度的改变和有无降雪无关。大多数动物都有随着昼夜交替而变的昼夜节律。有些是昼行动物,有些则是夜间活动。这种动物自身的生活节律(生物钟)是它们的活动与环境条件的周期变化十分合拍,从而有利于动物的生存。这种节律非常稳固而且可以遗传。

(4) 风、火和土壤。作为一种生态因子,风对于生物也有显而易见的作用。风力可以帮助植物传播种子,适宜的微风可使植物群体中 CO_2 浓度得到不断地补充,以维持高水平的光合作用。风也能加速植物蒸腾而降低叶面温度,避免日光对叶面的灼伤。但是强风会吹断树干、枝条及花果。对恒温动物,风力可帮助它们在夏季降低表皮温度。鸟类借助风力翱翔,许多昆虫也能随着气流作"长途旅行"。

火是另一种生态因子。在森林大火中,地面火的危害较轻。轻度的地面火烧掉植物的残体,把有机物直接还原或成为可溶性的灰分,加速了磷、钙、钾等养分的再循环,对林木的生长不但无害,还可能有利。中度的地面火会破坏草被和一些对火耐受力较差的树种。林冠火则常常会烧坏大量林木,甚至毁灭整个森林,使原有的生物群落崩溃。火还是人类进化的一个重要因子。

7.2.2 关于种群的基本概念

7.2.2.1 种群

种群是一定地域中一定数量的同种生物个体的组织,它是生物种内占有一定空间和时间的繁殖群。种群是由个体组成,但它又不等于个体的简单相加,因为种群个体不是彼此孤立的,而是有规律地组成一个统一的整体。在种群内,个体之间可以自由交配,繁殖后代,从而使种群得以延续。对单个的雷鸟而言。只有"出生"、"死亡"和"性别"的概念。而对一个雷鸟种群而言,就会出现"死亡率"、"出生率"、"年龄结构"和"性别比"(雌雄比例)等概念。

在自然界中,每个物种都是由很多这样的种群组成的。淡水鱼类和岛屿生物是种群的典型实例,淡水鲤鱼可以生活在各个湖泊和河流里,形成一个个被彼此隔离开的自然种群;蜥蜴生活在各个海岛上,形成各自的被海水隔离的蜥蜴种群。

7.2.2.2 种群动态

种群的时间和空间界限可根据研究的需要而定,如大到地球上所有的虎,小到实验室里某生物繁殖群(实验种群)。种群可能不断增大,可能相对稳定,但也可能不断减小,甚至消亡。所谓种群动态,就是种群数量的变化规律。由于生态学研究的需要,不仅要知道种群现时的质和量(这里的质指生物的栖居地、食性、活动时间、迁移现象等),而且要分析决定种群数量的因素及引起数量变动的原因,并以此为依据,推测种群的未来动态。

种群的生殖能力是对种群动态起决定性的作用之一。各种生物的繁殖能力差异很大,总的来说,寿命长、死亡率低的动物繁殖速度就较低,大象和鲸鱼每2~3年才繁殖一次,而类似田鼠之类的高死亡率和短寿命的物种则具有极强的生殖能力,以使种群能够延续,这是它们长期适应环境的结果。除物种自身生殖潜力的制约外,种群密度、年龄构成和性别比例以及环境因素也会影响种群的出生率。种群密度太大时,食物和栖息地都会发生困难,此时,种群的生殖力就会下降。而种群密度过稀,雌性动物难得遇到雄性动物,那么难以繁殖后代。我国的野生东北虎就面临着种群密度过小,种群难以繁衍,濒临灭绝的境地。

性别比例是指种群中雄性与雄性在数量上的比例。对于一雌一雄制的动物来说,若性别比不是1:1,就必然有部分成熟个体找不到配偶,从而降低种群的生殖力。对一雄多雌制的动物来说,种群中的雌性个体的数量适当的多于雄性个体有利于提高生殖能力。

种群的年龄结构是指各年龄期个体在种群中所占的百分比,它对种群的生殖力也有很大影响。生态学家博登海默把动物的年龄分为生殖前年龄、生殖年龄和生殖后年龄三个年龄期。种群中,不同年龄期的个体数量的构成可预示种群的动态。图7.1显示了种群年龄结构的三种基本类型,图中锥体的相对宽度代表各年龄组在种群中所占百分比,低年龄在下,高年龄在上,形成金字塔形状。如果年龄结构锥体的底部宽,上部尖,表示种群中幼年个体多,老年个体少,预示着种群数量会大大增加,称为增加型结构。反之,若老年个体在种群中占优势,年龄金字塔底部窄,中上部反而宽,则预示着种群将日趋衰落,即称为衰退型年龄结构。介于两者之间的年龄结构,各年龄期个体数量大体相等,种群数量处于稳定的平衡状态。

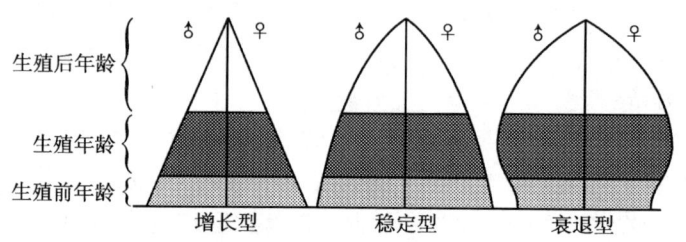

图7.1　种群的年龄结构(Kormondy,1976)

7.2.2.3　种群增长方程与环境负荷量

种群增长率是表示种群动态的最重要的数据,种群数量的增长速度取决于种群出生个体与死亡个体的速度。而种群的出生率和死亡率要受到气候、空间、食物等环境因子的制约。如果种群以不变的速率增长,种群数量将以几何级数的形式增长。假定一对动物在适宜的环境中生活,每年能生产6个新个体,死亡2个,1年之后,这对动物就成为6个,假定条件不变,两年后就是18个,3年后就是54个,依次类推,在不受限制

的条件下,种群数量是呈几何级数增长。如果种群的瞬时增长率为 r,且保持不变,种群数量为 N,则种群的增长模型为

$$\begin{cases} \dfrac{dN}{dt} = rN \\ N(0) = N_0 \end{cases} \tag{7.1}$$

容易得到种群数量的增长方程为

$$N = N_0 e^{rt} \tag{7.2}$$

这种指数增长在图形上表现为一"J"形曲线(图 7.2)。这种变化曲线在自然界或实验室均能实际见到,如在培养果蝇的初期,就出现这样的增长曲线。但是任何一种生物,这样的增长形式只能在短期内实现,而不能长久维持,种群增长到一定程度就会突然停止增长,甚至发生灾难性死亡而衰减。这是因为种群增长所需要的资源是有限的(食物、空间等),随着资源的枯竭,种群数量将被迫下降。可以想象,地球上哪怕只有一种生物按指数增长形式无限增长下去,这种生物将覆盖全球而排挤掉其他所有生物,最终也会自身毁灭。例如,据估计一对野鸭一年最多能繁殖 8 只雏鸭,假定这 8 只雏鸭都能发育成熟并按此速率繁衍后代,那么 16 年后,这对野鸭将衍生的后代为 3000 亿只,这一数字比地球上所有的鸟类还多。所以这种情况在现实世界是不会出现的,因为自然界存在许多限制种群增长的因素,如气候、食物、营巢地、天敌、疾病、种间和种内的竞争等。这些因素被称为环境阻力。环境阻力可以理解为自然界各种生物和非生物因素之间的相互制约,正是这种相互制约抑制了生物种群的无限增长,并保护了生物之间和整个大自然的生态平衡。

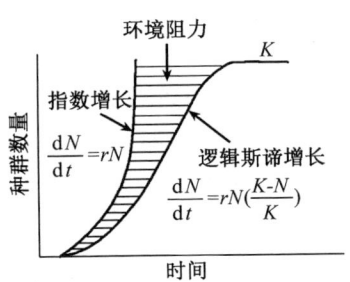

图 7.2 种群的两种增长模型曲线

由于环境阻力的存在,种群增长率不会保持不变,而是随着种群数量的增加而衰减,实际种群的增长模型可修改为逻辑斯谛(Logistic)增长模型

$$\begin{cases} \dfrac{dN}{dt} = r\left(\dfrac{K-N}{K}\right)N \\ N(0) = N_0 \end{cases} \tag{7.3}$$

式中，$r(K-N)/K$ 为实际增长率，其中 K 称为环境负荷量。当种群数量远小于环境负荷量时，$r(K-N)/K$ 接近于 1，种群按指数增长；但种群数量接近 K 时，实际增长率近于零，种群趋于停止增长。逻辑斯谛增长方程为

$$N(t) = \frac{K}{1 + \left(\frac{K}{N_0} - 1\right)\exp(-rt)} \tag{7.4}$$

其增长曲线呈"S"形（图 7.2）。这表示随着种群数量的增加，种群增加的速度逐渐缓慢下来，直到停止增长，这时种群将保持在一个恒定的水平上，或在这个水平上做微小的波动，这个恒定的水平即是环境负荷量 K，也就是环境所能维持的种群最大数量。需要指出的是，环境负荷量也不是一成不变的，当环境资源或生态遭到破坏时，环境所能维持的种群最大数量就会下降。例如由于人为或自然的因素使某草原的牧草面积缩小后，该草原所能养活的最大羊群就会减少。

7.2.3 生物群落

7.2.3.1 群落的概念

生物群落是在某一特定地区或自然区域里的生物物种的组合，即有一定种类的生物种群所组成的一个生态功能单位，是占有一定空间的多种生物种群的集合体。这种集合体并非是任意物种的随意组合，生活在同一群落中的各个物体并不是孤立存在的，它们通过彼此的相互作用而有利于各自的生存和繁殖，并使群落保持平衡和稳定，至少在一定时间内是这样的。

由于环境自然条件的差异，生物群落的类型也互有差别。不同生物群落之间有时界限分明，有时却是逐渐过渡而没有明显边界。例如，一个湖泊群落与其周围陆地群落之间具有明确的边界，而草原和森林之间以及针叶林和阔叶林之间，边界则不太明显了。群落之间也不是完全孤立的，或多或少存在一定的联系，有些生物可以生活在两个或更多的不同群落中。例如，丹顶鹤夏天在黑龙江沼泽地群落中生活，冬季则活动在我国沿海的海滩植物群落。

群落的性质是由组成群落的各种生物的适应性（对土壤、气候、食物的适应），以及这些生物彼此之间的相互关系（竞争、捕食、共生等）所决定的。

7.2.3.2 群落的基本特征

群落基本特征是群落的基本内涵之一，也是科学认识群落的切入点。生物群落的基本特征包括群落中物种的多样性、群落的生长形式（如森林、灌丛、草地、沼泽等）和结构（空间结构、时间组配和种类结构）、优势种（群落中以其体大、数多或活动性强而对群落的特性起决定作用的物种）、相对丰度（群落中不同物种的相对比例）、营养结构等。不同学者基于不同学科的背景，在对生物群落的基本特征进行凝练总结时，有一定的差

异性,但从群落的定义及核心内涵可知,一个群落应具有下列基本特征(杨持,2008;王让会,2005)。

(1)具有一定的种类组成与外貌

每个群落都是由一定的生物成分组成,特定的植物、动物、微生物种类组成是区别不同群落的首要特征。一个群落中种类成分的多少及每种个体的数量,是度量群落多样性的基础。

一个群落中的植物个体,分别处于不同的高度和密度,从而决定了群落的外部形态。在植物群落中,通常由生长类型决定其高级分类单位的特征,如森林、灌丛或草丛等类型。群落的外貌比较直观,也是判别群落差异性的重要指标。

(2)具有一定的时空结构

生物群落是生态系统的一个结构单元,它本身除具有一定的种类组成及外貌特征外,还具有一系列结构特点,包括形态结构、生态结构与营养结构。如生活型组成,种的分布格局,成层性,季相,扑食者和被扑食者的关系等,而蕴含在群落结构中的各种特征都是在特定时间与空间发生的,也必然打下了时间特征与空间特征的印记。但群落结构一般具有松散性特征,不像一个有机体结构那样严格而清晰。

(3)具有一定的动态特征

生物群落是生态系统中具有生命的部分,生命的重要特征是其始终处于运动变化之中,群落也不例外。群落的动态变化包括季节动态、年际动态、演替与演化等。按变化持续的时间而言,群落变化可以在天、年、几年、十年到百年、百年到千年、万年到亿年等时间序列予以区分,并形成了与时间变化序列相对应的群落变化类型,成为进一步认识群落变化规律的重要依据。

(4)具有一定的分布范围与边界特征

任一群落分布在特定地段或特定生境上,不同群落的生境和分布范围不同。无论从全球范围看还是从区域角度讲,不同生物群落都是按一定的规律分布。群落随水热状况变化表现出一系列特征,而特定生境条件下有孕育了特定的群落。

在自然条件下,有些群落具有明显的边界,人们可以清楚地加以区分;而有的群落则不具有明显边界,而处于连续或者交错变化中。不管其边界是否明显,由于群落的种群组成、结构、外貌、动态及相互作用,自然形成了与周边各种要素及其特征的差异性,这种差异性往往成为人们识别与分析群落边界的重要特征。现实当中,人为干扰或火烧与虫害等要素都可以形成群落的边界。然而,在多数情况下,不同群落之间都存在过渡带,或被称之为群落交错带,并导致明显的边界效应。

(5)不同物种之间具有相互影响

在漫长的变化过程中,群落中的物种有规律地共同相处,形成了有序的共存状态,这种状态是自然选择的结果,也是物种适应环境的结果。生物群落是生物种群的集合体,但它不是种群的任意组合。一个群落的形成和发展必须经过生物对环境的适应和生物种群之间相互适应与相互竞争,在经历了复杂而漫长的演变过程之后,形成具有一定外貌、种类组成和结构的集合体,才逐渐得以具备群落的特征。

总体而言,群落的基本特征是相互联系而共同存在的。生物群落对居住环境产生重大影响,并形成群落环境。特定环境具有与其相适应的群落类型。如森林中的环境与周围裸地就有很大的不同,包括光照、温度、湿度与土壤等都经过了生物群落的改造。特别要提及的是各种植物在长期生长过程中,对外界环境适应而形成了特定的生活形态,植物这种形态上的适应所表现出的生活型,在一定程度上反映了群落的外貌和时空特征。与此同时,群落因种类组成、外貌与结构、生态环境、演替特点的不同,可以区分为不同的类型。现实当中,可以把一个地区内的植物群落进行调查,并按相似度排定其位序,从而分析各群落之间及其与周围生境之间的相互关系。受自然及人为活动的影响,群落处于不断的动态变化之中。

7.2.3.3 群落的垂直结构

大多数生物群落有明显的垂直分层,以有利于不同物种充分利用阳光与空间。这种层次结构主要由植物的生长型所决定。如苔藓、草本植物、灌木和乔木,自下而上分别在群落的不同高度,形成其垂直结构;在草原上,牧草有高有低,通常上层牧草稀疏,喜光耐旱,下层牧草稠密,有的还匍匐在地上,大都耐阴。而且不同的牧草的根系占据地下的不同空间,它们生长在一起,互不干扰,各得其所。热带雨林中的垂直分层最为明显,最上层有高大的望天树和番龙眼树,次高的有椰子树、叶楠木和木奶果等乔木,再往下是1~5m的灌木,然后是1m左右的草本植物,地表上则附有苔藓、地衣之类。由于植物的垂直分层,生活在群落里的动物也就分别占据着不同的空间,以利于觅食、隐蔽和生存。

除垂直结构外,群落的结构还表现在物种的构成、生活型组成和水平结构上,大多数的群落还有明显的季节性变化,如植物的开花、结实、落叶,动物的迁移、休眠等。

7.2.3.4 群落的生态演替

自然界里的生物群落是不断发展变化的。所谓演替是指群落的优势物种的演变更替。例如一片弃耕的农田,土壤贫瘠,几乎没有植被,任凭烈日暴晒,风吹雨淋,与草地和林地相比,温度和湿度的变化都比较剧烈。这种环境下,只有一些适应力极强的一年生杂草首先在这里生长,并使土地自然条件得到初步改善。生态学上把这种首先在贫瘠土地上落脚的杂草群落称为"先锋群落"。几年后,一些多年生杂草和禾草开始生长,并逐渐取代一年生杂草而占据优势。这种物种的有规律的变化过程就是"群落的演替"。以后,这里会陆续生长出灌木,如野葛、山楂等,再往后,开始生长高大的乔木,并不断繁殖,最后形成森林。有了森林的调节,环境就相对稳定了。

在森林中,动、植物种类繁多,不同物种之间彼此依赖,互相制约,从而构成一个与环境处于相对平衡状态的稳定群落。这个群落称为"顶级群落"。从某种意义上来说，顶级群落是演替过程的最终阶段，具有长期稳定性。当然，这种稳定也是相对的，群落中各物种都有一定的波动变化和季节变化。

从先锋群落到顶级群落，这一完整的演变过程称为一个演替系列，而演替所经历的每一个群落就称为一个演替系列阶段。在不同环境条件下，完成一个演替系列阶段的时间有长有短，从几年到几百年不等。一般来说，湿热气候条件下，演替速度较快，干冷气候条件下，演替速度较慢。

7.2.3.5 陆地上的主要生物群落

陆地上的生物群落，大体上可归纳为以下的主要类型。

(1) 苔原和高山群落

苔原主要分布在欧亚大陆和北美北部的边缘地带。气候特别寒冷，多数底土为永冻土，降水量小。群落中植物只有苔藓、地衣、莎草等耐寒植物。另外还有一些如极柳、仙女木、极地毛茛等灌木和草本植物。群落中的动物有驯鹿、白熊、北极狐、狼、雪枭、旅鼠等。这里的动物多数有很厚的绒毛及丰富的皮下脂肪。

在海拔3600m以上的高山带也缺乏高大乔木，原因是那里终年积雪，气候严酷。在北温带高山上有以苔草为主的草甸，南半球的高山上也常有长着禾草的草地。

(2) 泰加林和冷针叶林群落

主要分布在苔原带的南部，气候比较寒冷。高度在2000~3600m的山区也有类似群落。其中泰加林(又称北方针叶林)群落分布在北美和欧亚大陆的北部。这里气候寒冷，但雨量比苔原丰富，降雨多集中在夏季。群落中的乔木有冷杉、云杉和松树等。林下有少量的灌木和草本植物，主要是兰科植物和石南灌丛。动物主要有黑熊、狐狸、貂和松鼠等。冷针叶林群落中有矮松树和喜欢潮湿的针叶林，林中气候潮湿，地上长满蕨类和杂草，动物有麋(驼鹿)、貂、猞猁、花鼠等。

(3) 阔叶林群落

包括温带落叶林和亚热带常绿林两个类型。温带落叶林群落主要分布于北美洲东部、欧洲和亚洲东部。我国的东北地区就有此类群落。该群落夏季平均气温在10℃以上，最冷月平均温度在-6℃以下，有明显的暖湿和干冷季节的交替变化。主要树种有栎树、橡树、槭树、胡桃、板栗、椴树、桦树等。主要动物有鹿、浣熊、熊、狐、雉、啄木鸟等。亚热带常绿阔叶林群落分布在我国华南，南大西洋海岸等地，全年降雨量较大，但月平均气温差达5~9℃，不适于热带雨林生长，所以就形成了亚热带常绿林，植物主要有橡树、木兰和棕榈科的多种树木。林下有各种藤本植物和附生植物。动物有雉和大量的爬行类和两栖类。

(4) 热带雨林群落

地处低纬近赤道地区，高温高湿，年平均气温高于18℃，降雨量超过2000mm，无明显的干湿季变化或干季很短。在东南亚、中南美洲、大洋洲东北部潮湿地带和非洲扎伊尔河流域以及我国台湾的北部都有典型的热带雨林群落分布。热带雨林中，动植物种类极其丰富，没有任何一种动植物能称得上是优势种。群落中树木高大密集，四季常青。树冠可呈 2～3 层，最高层达 40m，最低层为 5～15m。林中有大量附生植物和藤本植物。动物种类有象、犀牛、河马、各种猿猴、狝猴、各种爬行动物和两栖类动物，如巨蟒、飞蛙等。

(5)热带季雨林群落

位于热带低纬地区，干、湿季交替变化明显，树木旱季落叶，有年季变化。常见树种有木棉、凤凰木、柚木等。

(6)温带疏林和温带灌木林群落

温带疏林分布在年降水量 1000mm 左右的地区，气候相对干燥，无法生长高大密集的森林。主要生长有栎树、桧树等小乔木，覆盖度不大，林下有发育良好的灌木和杂草。温带灌木林群落分布在夏季少雨而冬季雨量充沛的地区，如美国的加利福尼亚州、地中海沿岸、大洋洲南部沿海。硬叶常绿灌木在群落中占优势，主要动物有花栗鼠、矮林兔、蜥蜴、鹪鹩。

(7)温带草原群落

主要分布在加拿大南部、美国西部、欧亚大陆及我国的东北和西北地区，年降水量为 250～700mm，雨量相对不足，气温也较低，不利于森林发育。生长着如针茅、堇草、三叶草、草原苜蓿及豆科植物等。动物以啮齿类动物为最多，如黄鼠、草原旅鼠等。有蹄类动物如羚羊、黄羊、野驴等也极常见。食肉性动物有狼、狐等。

(8)热带草原群落

倘若气候干燥，年降水量为 250～750mm，热带落叶林就会变得稀疏，或者干脆只长草而不长树，形成热带草原群落。它在非洲分布最广。此外，南美洲、南亚地区和大洋洲也有分布。热带草原中，豆科相思属的树木很常见。由于树干株间距离大，其树冠舒展成伞形，显得生气勃勃。动物种类繁多，如长颈鹿、羚羊、斑马、角马、野驴等食草性动物及狮、豹、鬣狗等食肉性动物，还有水牛、犀牛、和象等大型动物，大洋洲草原上还有袋鼠。

(9)荒漠群落

荒漠区降水量少(年降水量少于 300mm)，气候干燥，植物稀少且耐旱。年平均气温较高的荒漠称为热荒漠，如撒哈拉大沙漠，那里只有仙人掌等多肉植物和一些菊科以及蒺藜科的刺灌丛。常见动物有骆驼、蜥蜴、蛇类、鸵鸟和两栖类。我国的新疆、内蒙古等地的温带沙漠属冷沙漠，植物有柽柳、山艾等，动物有跳鼠、沙鼠等。

§7.3 生态系统

7.3.1 生态系统的概念

在一个生物群落中,任何一个物种都不能脱离其他物种和环境而单独存在。在一定地域中,生物与生物之间、生物有机体与无机环境之间存在着功能的统一性,例如食肉性动物依赖于食草性动物而生存,另一方面食肉性动物的存在又对食草性动物种群的数量起着重要的制约作用。例如,在美国亚利桑那州的一个草原上,共同生活着黑尾鹿、美洲狮和狼等动物。1905 年,由于美洲狮等天敌的限制,草原上黑尾鹿的数量一直保持在 4000 头左右,为了保护鹿群,人们从 1907 年开始大量捕杀美洲狮,在失去天敌之后,果然鹿群很快扩大起来,次年即达到 40000 头,最高峰时达到 10 万头,然而由于鹿群数量太大,它们啃光了牧草,破坏了草原环境,最终导致黑尾鹿自身大量饿死,草原变得萧条冷落起来。又如群落中植物生长需吸收土壤中的水分和营养,而植被的存在又对维持土壤的肥力和类型起着重要的作用。诸如此类,群落中各生物种群之间及生物与环境之间存在着微妙的关系,以维持它们的平衡和物种的共同生存。

所谓生态系统是指:在一定时间和空间范围内,生物之间,生物与环境之间通过不断地物质循环、能量流动和信息传递,相互联系,相互影响,相互作用、相互依存,从而构成一个统一整体。这样一个统一整体,生态学上称为生态系统。很明显,生态系统包括生物种群与环境条件两大方面。有人简单地总结为:生态系统＝生物群落＋环境条件。简而言之,生态系统是生命系统(包括动、植物和微生物)和环境系统在特定空间的组合。

在自然界中,只要在一定空间内存在生物和非生物两种成分,并能相互作用,达到某种机能上的稳定性,即使是短暂的,这个整体就可以视为生态系统。在地球上有许许多多的大大小小的生态系统,小的如一块农田,一片森林,一片草原,一个湖泊或者一个小池塘,实验室里的一个培养皿,甚至一滴水。而我们居住的地球是一个巨大而复杂的生态系统。

生态系统,无论是自然界的还是人为的,都具有以下一些共同特点:

(1)生态系统是生态学上的基本结构和功能单位。

(2)生态系统的结构同构成生态系统的物种的多样性有关,生态系统结构越复杂,其中物种数目也就越多。

(3)生态系统的功能离不开能量的流动和物质的循环。

(4)生态系统越复杂,能量传递的效率越高,从而维持自身存在所需要的能量,相对说来少。

(5)生态系统是一个动态系统,要经历一个从简单到复杂,从不成熟到成熟的演变过程。

(6)生态系统中环境的改变是对生物成分施加的一种压力,那些不能调整自己以适应变化了的环境的生物就会从生态系统中消失。

7.3.2 生态系统结构

生态系统具有不同的空间结构、物种结构等结构形式。而营养结构却在不同生态系统中具有类似的形式。它是生物对营养的汲取、生产、消费及分解的功能构成。生态系统中任何一个物种都需要吸取营养以维持生命,而且基础营养成分需要从生态系统中不断循环,以维持生态系统的存在。因此生态系统的营养结构包括非生物环境、生产者、消费者和分解者四个基本成分。

非生物环境包括各种气候因素(如光照、温度、降水等)和各种化学因素(如土壤酸碱度和各种无机矿物成分的含量等)。此外,还有地质因素(如土壤的物理性质)、地理因素(如山脉、平原、河流等)。

在非生物环境与生物环境之间,通过土壤等界面相互作用。生物成分中的绿色植物通过根系吸收土壤中的水分和无机矿物成分,在阳光的作用下,把水分和空气中的二氧化碳合成为有机碳水化合物,并释放出氧气。同时植物还将氮、硫、镁等多种无机化合物与碳水化合物进一步合成,构成自身的蛋白质和脂肪,并把太阳能转化为生物化学能贮藏在有机物中。绿色植物是生态系统中营养物和能源的生产者,是生态系统中最基本和最关键的生物成分。没有绿色植物,生态系统就无法存在。

生态系统中的动物虽形态各异,习性不一,但它们都依靠吃现成的有机物来维持生命。因此,动物可称为生态系统中的"消费者"。消费者们也进行生产,如牛、羊等吃草,产生出肉、奶、皮毛等。但这只是从植物有机物到动物有机物的转变,这个生产方式与植物将环境中的无机物转化为有机物的方式有本质的区别。在动物中,有的动物直接吃植物,称为植食动物,又叫一级消费者;有的动物则以吃其他动物为主,称为肉食动物,又叫二级消费者。肉食动物中,主要以植食动物为食的动物(如蛙类、黄鼠狼等)称为一级肉食动物。而有些动物则以其他肉食动物为主食(如蛇类),这些动物称为二、三级肉食动物,直到顶级肉食动物(狮、虎等)。消费者还包括那些既吃植物也吃动物的杂食动物,也包括寄生在活的动、植物体内的寄生动物。

生态系统中的生物环境,依靠植物不断地吸收非生物环境中的矿物成分,并且这些营养成分中的一部分将向动物转移。如果这些成分不能最终回到非生物环境中去,长期如此的结果是,动、植物的残体及动物的排泄物就会堆积在地表层,而土壤等非生物环境将极度贫瘠,生态系统就难以为继。因此,一个生态系统必须存在分解者,即微生物,其基本功能是把动、植物的残体分解成比较简单的化合物,最终分解为最简单的无机物,并把它们释放到环境中去,在参与物质循环的过程中被生产者重新吸收和利用。这种分解过程对物质循环和能量具有非常重要的意义。由于有机物质的分解过程是一个复杂的逐步降解的过程,一般不可能由某一种生物独立完成,需要先由一些专食动、植物残体的动物,如专吃兽尸的兀鹫,食枯木、粪便和腐烂物质的甲虫、白蚁、粪金龟子、蚯蚓等软体动物,把各类动、植物残体肢解为碎屑,再由一些真菌和细菌逐步把这些碎屑分解成简单的无机物。

对于每个生态系统,非生物环境、生产者和分解者显然是必不可少的。绿色植物把太阳能转化成自身的化学能,把环境中的营养物质合成为自身的原生质,而植物死亡后,分解者又使其残体腐烂分解,使植物体内各种营养物质重又回到环境之中。生态系统的物质循环和能量流动就是这样反复进行,上述三个成分缺一不可,否则生态系统便无法维持。动物是纯粹的消费者,它们不会进行初级生产,只会消耗现成的有机物,似乎没有它们生态系统也能够存在。但从长远的角度看,动物对生态系统的存在和平衡也起着重要的作用。例如,许多植物要靠昆虫传粉或者靠其他动物传播种子,如果没有动物啃食,草原也许由于生长过盛而导致衰落。大自然是如此微妙,物种与物种之间,生物与环境之间互相作用,互相依存,在漫长的进化过程中,逐渐形成统一的整体。这个整体就是由环境、生产者、消费者和分解者共同组成的,不断进行物质循环和能量转换的生态系统。

7.3.3 生态系统的功能

生态系统是自然界的基本活动单元,它的基本功能包括生物生产、能量流动和物质循环等方面。

7.3.3.1 生物生产

生态系统中能量流动是从绿色植物开始的。绿色植物制造有机物并把太阳能固定在有机物质中。生态学上把绿色植物所制造的有机物质或固定的能量叫作初级生产量。或称为第一性生产量。这是生态系统中的第一次能量固定,也是最基本的能量固定。对于一个生态系统来说,初级生产量大,其他生物的生产量(次级生产量)才可能也大。例如对一个草原来说,只有牧草丰盛才能牛羊肥壮。由于植物一方面在光合作用过程中合成有机物,另一方面又因呼吸作用不断消耗有机物和能量,初级生产量需再进一步用"总初级生产量"和"净初级生产量"两个概念来表达。前者指生态系统中绿色植物合成的全部有机物或固定的能量,后者是总初级生产量扣除植物呼吸消耗后的数值,即真正用于植物生长和进行繁殖的能量值。初级生产量一般可用每年每平方米面积上所固定的能量值[$J/(m^2 \cdot a)$]或生产的有机物干重[$g/(m^2 \cdot a)$]来表示。在陆地生态系统中,热带雨林的生产量最高,净初级生产量可达 $1000\sim3500 g/(m^2 \cdot a)$,而沙漠和苔原仅约 $100\sim250 g/(m^2 \cdot a)$。动物把采食的植物同化为自身的生活物资,使动体不断增长和繁殖,叫作次级生产或第二性生产。它是有机物到有机物的转变,与初级生产有本质的不同。

7.3.3.2 能量流动

任何生命物种都需要不断补充能量来维持生命活动,地球上所有生物能量的源头均来自太阳能。在生态系统中,能够直接固定太阳能的是绿色植物,动物靠直接或间接摄取植物有机体中所含生物化学能量,从而将植物固定的太阳能传递到动物身上。任何一个生态系统中的生产者与各级消费者之间总是存在能量的传递流动。能量流动的渠道是食物链。食物链指生物之间捕食与被捕食的关系,如兔吃草,狐吃兔,这就是一个简单的食物链,草是这个食物链的开端,位于第一营养级,兔属于一级消费者,位于第二营养级,狐位于第三营养级。从植物到植食动物直至顶级肉食动物,复杂食物链的营养级可达6～7个。一个生态系统中的有多条食物链,各食物链之间并非彼此分离,如田鼠会吃几种植物的种子,而田鼠也是几种动物的捕食对象,肉食动物又以多种动物为食,各个食物链彼此交织,形成网状结构,叫作食物网。

太阳能通过食物链在生产者与各级消费者之间流动,构成生态系统的能流。能流是单向性的(图7.3),每经过食物链的一个环节,能量都有不同程度的散失。据研究,从一个营养级到下一个营养级的转换效率在5%～20%之间,平均起来大约是10%,这就是美国生态学家林德曼提出的"十分之一定律",也叫林德曼效率(图7.4)。即沿营养级逐级向上,营养级的能量呈阶梯状递减,于是形成一个底部宽,上部窄的尖塔形,称为"生态金字塔"。

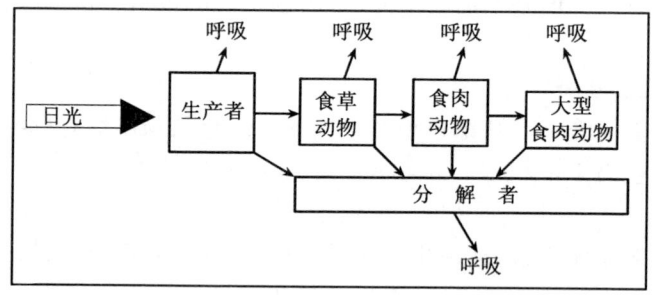

图 7.3 生态系统的能量流动模式

7.3.3.3 物质循环

生命的维持不仅依赖能量的供应,也依赖于各种化学元素的供应。生态系统也存在物质的循环与流动。在生命体中,构成碳水化合物的三种元素——碳、氢、氧几乎占生活物质总量的99%,另外,氮、磷、钾、钙、镁、硫等元素在复杂的有机物质中有较高的含量,称为大量元素,在生物体内含量很低的元素称为微量元素,一般不超过生物体重

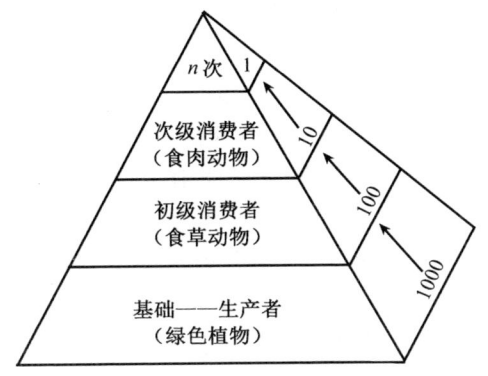

图 7.4 能量传递的"十分之一定律"(生态金字塔)

(干重)的 0.2%,而且并不是所有生物体内都有。属于微量元素的有铬、氟、镓、碘、钼、硒、锡、锌等,而这些微量元素也是生物体不可缺少的。生物从环境中吸收利用各种营养物质和元素,而这些物质和元素又必须借助于再循环和生物分解而重返环境,以便于生物的再次利用。这就是物质循环。

物质循环有三种基本类型:水循环、气体型循环和沉积型循环。

水循环仅包括水这一种化合物,水在生态系统的循环过程中占有非常独特的地位,许多物质和元系的循环需由水作为运输载体。水在生物体与环境之间以很高的速率进行循环,如植物通过根系吸收土壤中的水分,其很小一部分留在植物内,大部分通过蒸腾作用进入大气层。

气体型循环主要包括碳、氧、氮、溴、氟等元素及其主要化合物。它们主要以气体状态参与循环。循环过程中,大气和海洋对这些气体循环物起着储存和调节的作用。气体型循环具有明显的全球性,循环能力极为完善。局部短缺的现象很少发生,因为一旦发生,很快就会依靠完善的循环功能而得到补充。

在上述气体型循环的元素中,碳在生态系统中的重要性仅次于水,它是构成生物体的主要元素之一。蛋白质、糖类、脂类都含有大量的碳,它在生物体中的含量占生物体重(干重)的 49%。大气中的二氧化碳是含碳的主要气体,也是碳参与循环的主要形式。绿色植物通过光合作用将二氧化碳气体中的碳固定在植物体内,并逐步转移到各种动物体内,而这些生物体内的碳最终又会通过呼吸、分解过程回到大气环境中去。在这个循环路径中,大气是碳的贮存库(气体 CO_2 的形式)。然而,地球上碳的总量的绝大部分贮存在岩石圈和海洋之中。岩石圈和水圈对大气中的碳含量起着调节平衡作用。若大气中的 CO_2 发生局部短缺,就会引起一系列的补偿反应,如水圈里的溶解态 CO_2 就会更多地进入大气圈。这样,碳在生态系统中的含量过高或过低都能通过自我调节机制得到调整,并恢复到平衡状态。但是,如果人类对大气中碳平衡的干扰超过其自我调节能力,造成大气中 CO_2 的持续增加,将给地球生态系统造成目前尚难以精确预测的后果。

氮是构成蛋白质的基本元素之一,没有氮,就不会有生物有机体。在大气中,氮的含量约占 79%。但是氮的循环是最复杂的,这是由于绝大多数生物无法直接利用大气中的氮,只有通过固氮作用,使氮和氧结合形成硝酸盐或亚硝酸盐,或是氮和氢结合成氨,才能成为植物可利用的养料。氮本是一种惰性气体,但在闪电和宇宙线产生的高能作用下,能与氧或氢结合成硝酸盐或氨,随着雨水降落到地面,这就是大气固氮过程。而地球上最主要的固氮途径是生物固氮,与豆类作物共生的根瘤菌就具有把大气中的氮固定下来的本领。另外,固氮菌和某些蓝绿藻也能起固氮作用。据估计,由于生物固氮作用,每年平均能为每公顷土地提供 100~200kg 氮。工业固氮则是人类自身开辟的一个固氮途径。植物从土壤里的硝酸盐或氨中吸引氨,把它转化成氨基酸的成分,贮存在植物体内并逐步转移到动物体内。而动物的排泄物和动、植物遗体在土壤里腐烂分解,产生氨,这些氨即可能以气体形式重新逸入大气,也可能直接被植物利用,或进一步转变成亚硝酸盐和硝酸盐而再被植物利用。另外,土壤里的氮也会随着降水而被带入水域,并为水生生物所利用。

沉积型循环主要包括磷、硫、钙、钾、钠、镁、铁、锰、碘、铜等元素及其化合物。这些物质以固体状态参与循环。虽然硫和碘也能生成气体物质,但它们在大气中含量很少,对整体循环影响甚微。沉积型循环物质的主要储存库是岩石、土壤和沉积物,主要通过岩石的风化作用和沉积物的分解,转变为可被生物利用的营养物质,而这个过程是一个缓慢的漫长的过程。所以沉积型循环物质的循环功能极不完善,循环的全球性也表现得不明显,局部短缺现象时有发生,一旦发生短缺也难以在短期内得到补充。例如生物对磷的需求量相对碳和氮要小得多,只是对氮的 1/10,但是由于磷是沉积型循环,循环的过程缓慢,缺磷现象比缺氮现象更为普遍。

7.3.4 生态系统的稳定和平衡

生态学是研究生物与其环境之间相互关系的科学。而生态学所关心的核心问题,是生态平衡,它不仅与现代人类的生活环境、衣食住行有关,而且还关系到未来人类的生存条件。

所谓生存平衡是指生态系统在一定时间内的相对稳定状态,包括结构、功能上的稳定,物质和能量的输入、输出的稳定。而这种稳定并不意味着不动,而是一种动态的平衡。生态系统是由生产者、消费者和分解者三大生物功能类群以及非生物成分所组成的一个功能系统。在生命进化过程和发展演替过程中,生态系统中的生物有机体不断地适应环境,又作用于环境。同时系统中不同生物之间相互依赖,相互制约。在自然条件下,生态系统总是朝着种类多样化,结构复杂化和功能完善化方向发展,从而使生态系统达到一种微妙的相对稳定成熟的稳定状态。

当生态系统达到一种动态的平衡稳定状态，它就能够自动调节并维持自身的正常功能。生态系统可以通过因果关系相互影响的反馈作用，在很大程度上调整和消除不稳定因素对系统的干扰，从而维护系统的稳定。一般来说，在风调雨顺的年份，生态系统中的植被长势良好，草食动物兴旺，肉食动物数量随之增多；反之，气候异常的年代，植被长势不好，各种动物的数量就会相应减少，以使植被得到休养。在一个成熟的生存系统中，尽管各种生物的种群密度会随着不同的年份和季节而波动，但是，这种波动毕竟是有限的，在通常情况下，生存系统中的任何一个生物都不会轻易地灭绝。由此可见，生态系统有维持自身相对稳定的能力。

生态系统的自我调节能力和抗干扰的能力是很强的，但也是有限的。比如当少量的污染物进入水体生态系统（湖泊、河流等）后，由于水的稀释，微生物的分解作用，轻度污染的水体生态系统仍能维持其功能作用，并最终净化污染物，恢复系统原来的状态。但如果污染物的量超过了水体生态系统的净化能力，重度污染的水体生态系统将会严重失衡，造成某些物种灾难性的大量死亡或另一些物种灾难性的大爆发。例如富营养化水体中，藻类植物大爆发，从而使水体极度缺氧而使鱼类大量死亡。此时，生存系统已无力依靠自身的调节作用恢复原来的状态（只可能经过非常漫长的历史年代的演替去达到新的平衡状态），这就是生态平衡遭到破坏。

自然界的生态平衡是历经漫长时期才形成的，但是，人类的某些不适当的行为可能使这种平衡崩溃，而这种情况的出现，也给人类带来许多的麻烦甚至灾难性的后果。如1930年代，美国由于盲目开垦西部土地，使草原植被遭到严重破坏，从而产生多次"黑色风暴"，卷走数亿吨表土，毁灭数千万亩良田，黑色风暴所到之处，昏天黑地，人们不得不在脸上蒙上纱布，以防沙尘灌入口中。类似这样的大自然报复人类的示例还很多。因此，人类在改进和影响大自然的时候，必须对生态系统的结构、功能有充分的了解，注意保护生态平衡，防止生态危机的出现，或者使生态系统向结构更合理、功能更完善的方向发展，以获得更好的生态效益。

第8章 自然地理水平地带性和垂直地带性

§8.1 自然地理的区域分布

8.1.1 自然地理环境的整体性

显然地球上自然地理环境各地是不相同的，某一地的自然地理环境总是与其他地区的自然地理环境有着物质和能量的交换。同时，地球的各圈层之间也存在着物质和能量的交换而相互作用、相互影响，形成错综复杂的整体。所有这些内在的紧密联系均说明地球的自然地理环境是一个整体，是一个非常复杂的系统，具有多层次结构的特点。每一层次由各主要地理组成成分相互结合而成，在各自的内部又分化为属性相对独立的许多子系统即自然带或自然地域。它们又与地球其他圈层组成地球系统。每个自然带或自然地域包含着更低一级的不同类型的自然地域综合体，它们均具有一定的空间配置规律。自然地理环境的最基本的（也是最简单的）单位是很小的地块，具有较单一性质的地形、气候、土壤和生物群落，称之为相或立地。在各式各样的内部性质均一的地块之间有着复杂的物理过程、化学过程和生物过程，有物质和能量流的联系。这样则组成了一个内部性质不均一、有一定结构特征的各类各级自然地域综合体，即自然地理系统。

各自然地理环境的各个组成成分之间虽然有相互作用，但作用面和影响强度和深度都存在很大的差异。地貌和气候形成的主要制约因素分别是地球内能和太阳辐射，自然地理环境内部各因素则大多数起调节转化作用。这两个因素是自然地理环境中独立性最强、影响最深刻的两个主导因素。水的分布和运动受它们制约，而水体也对它们产生显著的反作用。气候、地貌、水文诸环境特征对生物进行选择，促进其演化和组成各类群体。土壤的发生发展在各种环境因素共同作用下进行，它对生物、气候、水文也有一定的反作用。

显然，自然地理环境的各个组成成分服从自己的固有的发展规律，具有特定的属性，与其他成分之间有着复杂的相互作用过程，共同形成统一的、多层次的、开放的和动态的特殊物质系统。

8.1.2 自然地理环境的区域分异规律

上面已经提到,自然地理环境既是一个统一整体,其内部又存在着很大的差异。其具体形式和内容因时、因地而不同,且存在一定的规律性,即区域分异规律。所谓区域分异即为地球外层(地理圈)各组成成分及自然地域综合体沿地球坐标一定的方向,分成互相更替的空间单位的现象。

影响自然地理环境区域分异的主要因素,一是太阳辐射能量在地球上分布的不均匀性。地球上获得的太阳辐射能量从赤道向极地有规律地逐渐减少,从而使地表热量条件和许多自然现象也随纬度变化呈现有规律的相应变化。这种带状的区域分化现象称为纬度地带性。

另一个重要因素是地表物质组成及存在形态的空间差异。这是由于地球表面不是一个连续的、均匀的、具有相同物质组成的行星。地球表面分成大陆突起部分和海洋凹下部分。大陆占地表29%,海洋占71%。它们之间的比例在表层地圈的不同部位很不一致。众所周知,大陆的大部分集中在北半球。由于固体表面和水层的物理性质不同,对太阳能量的吸收和反射差异极大,在其上空分别形成性质不同的气团。假若气团发生海陆转移,就会对总的"原始"的大气环流施加深刻的影响,造成自然地理地带性的改变和修正,一般来说,离开海岸深入大陆,空气含水量愈来愈低,降水量愈来愈少,各种自然地理现象亦会发生有规律的更替。因此,地球表面的某些地理地带并不具有连续地带的形式,而往往是断裂的。即使是在陆地上,由于地球内力作用也是异常强烈的,它不断地引起地壳垂直升降和水平运动,使地球表面高低起伏、参差不齐。现今地球表面陆地的平均高度为875m。3000m以上的高山区占地球表面积的1.6%,1000~3000m的占6.7%,0~1000m的只占20.8%。地球表面千差万别势必起到重新分配地表所接受的太阳能量并对地表水的分配有着极为重要的作用。众所周知,许多重要的气候特点取决于海拔高度、海陆分布、地形起伏、岩性变化等。如海洋与陆地的面积大小和空间配置、山地与平原的分化、岩石种类和地表物质粗糙程度等都对自然地理环境其他成分产生强烈的影响,造成地域特征的空间差别。这类差别称为非地带性地域分异。

可见,自然地理区域分布可分为地带性和非地带性。所谓自然地理地带性就是地球表面的自然地理要素、物理化学过程和自然现象在空间分布上都根据各自所具有的自然地理特点,呈有规律的带状排列。这是地球表面重要的自然现象,是自然地理空间分布的普遍规律。太阳辐射在地球上呈带状分布是地理环境带状分布的决定性因素。由于地球表面具有十分复杂的地表状况,自然地理的区域分布又会偏离地带性规律,即存在非地带性。如海陆原因及地形原因引起的畸变所表现出的自然现象,均被视为非地带性。在非地带性中垂直地带性最为突出。自然地带性和非地带性是地球上的普遍规律,地表所有的自然现象都从属于这一规律。

自然地理环境地带性的认识和研究,是人类认识程度由特殊到一般、又由一般到特殊的过程,从而不断加深认识,并将这种认识应用到社会经济的发展和自然环境的保护中来,也有利于促进地球科学的进步。

§8.2 垂直地带性与水平地带性的关系

8.2.1 垂直地带性与水平地带性的关系

热量平衡随高度而改变是垂直地带性的起因,导致温度随高度增加而下降。大气中垂直方向上的温度梯度,大体上是每上升100m,气温下降0.6℃。这个梯度变化大致是纬度方向温度梯度的1000倍。山地坡地上的垂直温度梯度各地有较大差异。所以,垂直地带性与水平地带性既有许多类同的地方,又有不少差别。在垂直方向几千米内,就可以看到从热带到极地的自然地理现象的变化。

垂直地带性有许多特点,区别于水平地带性。比如水分条件随高度的变化,由于山地的屏障作用,气团运行受阻发生上升运动,加强了水分的凝结,并且开始增加降水量。在达到一定高度后,水分储存量损耗,降水也随之减少。加上,山地的迎风坡与背风坡以及封闭盆地之间降水差别很大。

各地垂直带的带谱类型也是极其复杂多样的。首先,它不完全重现纬度地带的序列。许多纬度地带在山地并没有相似物;而一些高山垂直带在平原也不出现,例如高山草甸。其次,每一水平带都有自己的垂直带谱系列,即垂直带的类型都依存于它所处的水平地带,是在水平地带的自然地理基础上发育和发展起来的。例如,温带针阔混交林地带的垂直带谱中,就找不到常绿阔叶林,更找不到季雨林和雨林。反之,不同的水平地带又具有不同的垂直地带谱。乌拉尔山脉南北伸延余2000km,可以作为水平地带和垂直地带关系的一个例子(图8.1)。

在我国青藏高原的喜马拉雅山,从南到北的水平地带性变化上,以此为背景的垂直地带变化更是十分明显(图8.2)。

从这两幅图中我们都可以看到,垂直带谱随水平地带而有规律地更迭,垂直带谱随纬度增高、随基带海拔增高而由繁变简,分带数目由多变少。就纬度变化而言,每向北移动一个水平地带就失去南部最下部的一个垂直自然带。因此垂直自然带是从属于水平地带性的。

垂直自然带除随纬度方向而有变化外,随距水汽源地远近亦产生变异,随坡向不同也有变化。如喜马拉雅山脉横亘在青藏高原的南侧,阻挡水汽北进,使山脉南北两侧垂直带的性质、组合迥然不同。南侧以热带雨林、季雨林为基带,包括山地常绿阔叶林带、

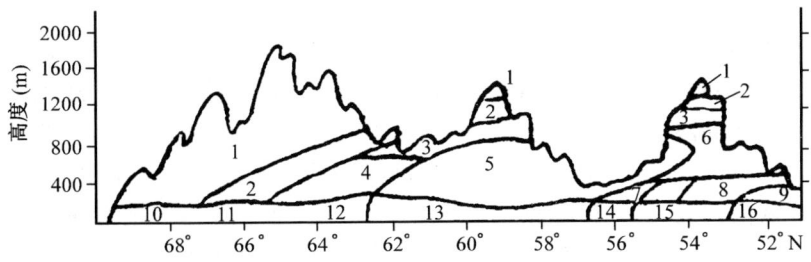

图 8.1 乌拉尔山西坡垂直带与水平地带的关系

1.秃山,2.高山冻土带,3.高山桦林和草甸,4.高山森林冻土带和疏林,5.高山暗针叶泰加林,6.高山亮针叶泰加林,7.高山亚泰加林,8.高山阔叶林,9.高山森林草原,10.冻土带,11.森林冻土带,12.北泰加林带,13.中、南部泰加林带,14.亚泰加林带,15.森林草原带,16.草原带

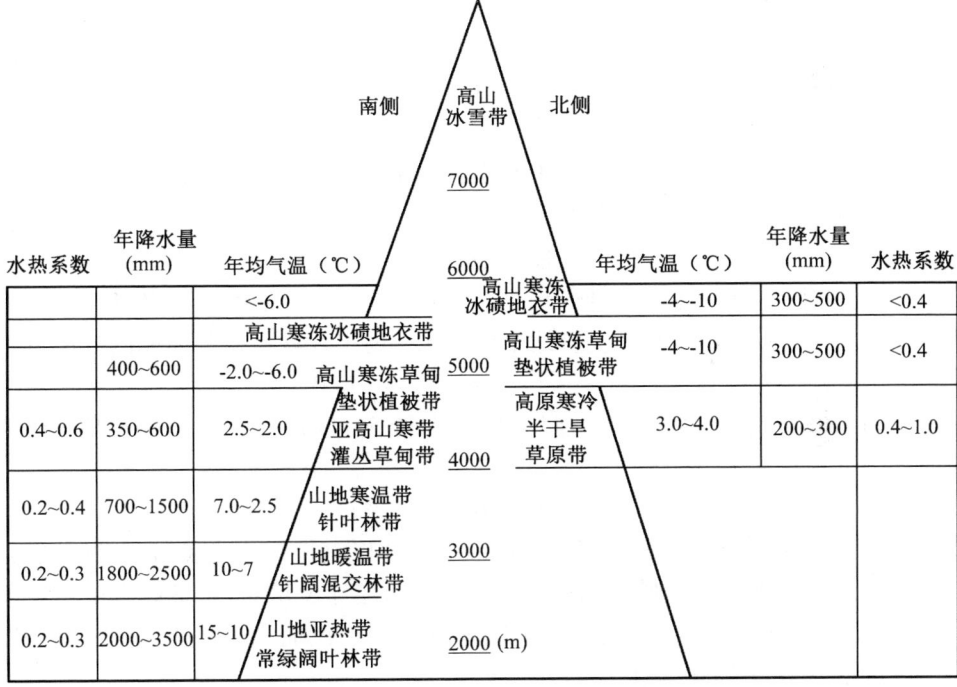

图 8.2 珠穆朗玛峰地区的垂直分带

山地针阔叶混交林带、山地暗针叶林带、高山灌丛草甸带、高山稀疏植丛带、高山冰雪带等整个带谱结构属湿润海洋型。北侧以山地草原和高山草原为基带,包括高山座垫植被草甸带及高山稀疏植丛带、高山冰雪带等,整个带谱结构属半干旱-干旱大陆型(图 8.2)。

任何一个垂直带的"基带"都具有水平地带和垂直带的双重性质。尽管各地垂直带的特点各不相同,但都有水平地带的深刻烙印。不同的是各地受影响的程度可能有强有弱。例如,近年研究表明,青藏高原尤其是边缘部分的垂直带的确是极明显的。由于地势变化所引起的温度差异超过了纬向地带变化。但在地域广袤、南北跨越 $10°\sim12°$ 纬距的高原范围内,作为纬向地带性主要因素的太阳辐射,仍然显示出它的重要影响,表现为温度从南到北递减和垂直带界线循同一方向降低。青藏高原南侧山地垂直带谱特征,取决于其亚热带的纬度位置。北侧山地温带性质的带谱,又取决于其温带的纬度位置。这些都与毗邻低地的水平自然地带有密切的联系。至于高原内部的垂直带,因广阔的高原面而展现的水平地带变化,就并非简单地从边缘向内部的伸展或变异,而具有强烈的高原特色。

8.2.2 自然地理地带性的经验模式

如何用数学方法来定量地表征自然地理的空间分布,不少学者进行了大量的研究。如从地表热辐射的理论分布及其与自然带的规律性联系,建立理论模型。然而,目前能做到的仅仅是经验性的和区域性的数学模式,距离理论模式还有不少距离。尽管如此,这些模式的建立仍然是有意义的,它们是从定性描述向定量描述迈出了重要的一步。

关于北半球自然地理地带性的经验性数学模式,牛文元(1981)根据东亚树线分布高度与纬度的关系,得出如下指数型模式

$$\lg H = b\varphi + a \tag{8.1}$$

式中,H 为东亚树线分布高度,单位为 m;φ 为地理纬度,单位为°;a,b 均为系数。由 n 个 $H=f(\varphi)$ 函数关系,可以得出垂直地带性与水平地带性联系的基本表达形式

$$f_n(\varphi) = H_n = \exp(a_n\varphi + b_n) \tag{8.2}$$

蒋忠信(1982)研究了式(8.2),建议用正态频率分布函数型曲线来贴切地描绘地带性规律。公式为

$$H = a\exp[-b(\varphi-d)^2] - c \tag{8.3}$$

式中,a,b,c,d 为系数。H 与 φ 的相关系数在 0.96 以上。该公式表明,自然带的分布高度随纬度增大并不是单纯递减,而是从赤道开始,随纬度增高,到最高点后才逐渐下降,但又不是匀速下降,先以加速度、继而减速度下降至极地。根据计算得出,树线、雪线在中纬度变化最快,变幅最大。

程国栋(1984)在研究我国高海拔多年冻土地带性规律时,尝试用高斯曲线对北半球高海拔多年冻土下界资料进行拟合,得到如下关系

$$H = 3650\exp[-0.003(\varphi-25.37)^2] + 1428 \tag{8.4}$$

式中,H 为多年冻土下界高度,单位为 m;φ 为地理纬度,单位为°。

将拟合结果与实测数据进行对比,精度较理想。该式表明,多年冻土下界高度并非

随纬度减小而单纯递增,而是从赤道开始,下界值随纬度增大而升高,至极点后,转而随纬度增大而降低。该极值点的纬度值为 25°22′,相应的多年冻土下界的最大值为 5078m。认为在 25°附近出现极值与地球上射入辐射及射入辐射与射出辐射之差值在该纬度附近出现最高值直接有关。通过极值点后,下界高度随纬度增大而降低,先是以加速度,在拐点纬度 38°处达最大下降速度,然后再以减速度下降。

§8.3 自然地理环境的三维结构

由上述讨论可见,自然地理环境有地带性和非地带性的特点。显然这种地带性和非地带性在地球表面都存在一定的空间范围,既有一定的水平尺度,又有一定的垂直尺度。这就是说自然地理环境具有三维结构。如果以三维坐标来表示自然地理空间分布,可以得出下列函数式

$$s=f(W,J,G) \tag{8.5}$$

即任何一个地点的自然地理景观,应该是纬度变化因素对自然环境的影响(W)、经度变化因素对自然环境的影响(J)、高度变化因素对自然环境的影响(G)等三者的函数。在平原地区,G 为常数或接近常数,函数式可写成 $s=f(W,J)$。同理,在面积不大的山地,W 和 J 为常数或接近常数,函数式又可写成 $s=f(G)$。

从理论上说,在获得纬向和垂直方向所占据的面积后,再沿第三个方向进行一次积分,相同地带的体的空间域是能求出来的。但是,任何一种自然现象的空间实际分布规律都要比上面所述情况复杂得多。因为 W,J,G 所代表的因子是多种因素的综合,它们的参数化方案也各式各样的,且多数是经验性的。因此,三维结构函数式的求解,目前还很困难。

三维结构是自然地理环境的客观存在。一个典型的例子是青藏高原各个水平自然地带均发育各具特色的垂直自然带,其结构类型十分丰富。各类型之间存在着一定的联系,反映出它们在三度空间上的规律变化(图 8.3)。

刘朝端(1981)总结了高原土壤变化规律,也指出了土壤地带性变化的三维结构(图 8.4)。可见任何一地自然地理环境的形成都是温度、水分和高度变化叠加在一起的结果。简单地用纬度地带性、水平地带性或垂直地带性都难以概括和说明。

地球表面的自然地理环境是在历史的长河中不断演变的,自然地理地带性是复杂的历史过程的产物,决不是简单的瞬息痕迹。因此,地球表面任何一个地带都有自己的历史和年龄。赤道森林地带,早在第三纪以前就已经形成了。冰土地带则相反,非常年幼,在它现在分布的范围内仅存在几千年。在现代自然地理地带发展、形成的同时,各地带的位置也在变化。例如,在老第三纪,俄罗斯平原南部不是现在的草原,而是常绿的热带森林;而在中新世,现在欧洲广大的温带地区完全是热带草原。

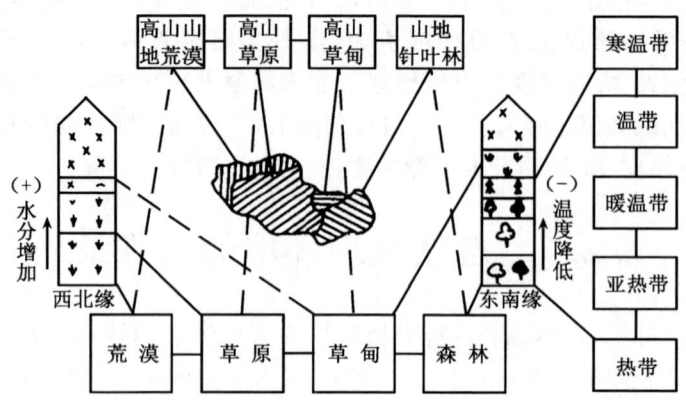

图 8.3 西藏自然地带三度空间变化示意图

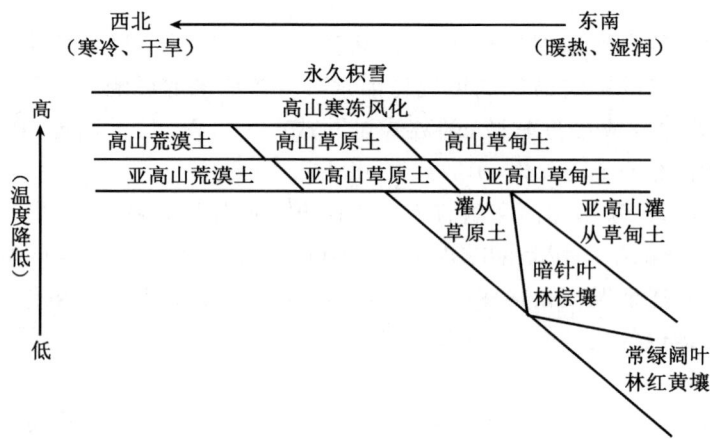

图 8.4 西藏土壤地带的三维结构

青藏高原昆仑山、唐古拉山、冈底斯山，中新世晚期至上新世早期，亚热带常绿阔叶和落叶林，以及针阔叶混交林生长繁盛，气候温暖潮湿，植被垂直地带并不明显。至上新世晚期，喜马拉雅山区为针阔叶混交林，昆仑山、唐古拉山为暗针叶林广布。由于气温下降，这些地区温带落叶林逐渐减少，旱生及盐生成分逐渐侵入。第四纪时，由于高原进一步抬升和全球性气温下降，高山冻原、草原和森林多次交替，直到现在的地理地带。这些情况，可以总结出时间一空间变化图(图 8.5)。

从图 8.5 不难看出，以上新世亚热带森林、森林草原为基础，高原上植被的变迁幅度，大体由西北向东南逐渐减小。在高原东南深切割带，按植物的基本特征，可能从未发生过地带性的变迁，而地壳的抬升只是引起它们发生垂直的相对位移。高原的隆起、气候恶化,森林不断由内部向外缘退缩。在退缩的过程中,高原东南有利于森林保存,而西北则促使森林消失。高原现代自然地带表现为亚热带森林—温带森林—寒冷灌丛草甸—寒冷草原—寒冷荒漠,其形成是高原隆起对现代自然地理过程影响的结果。

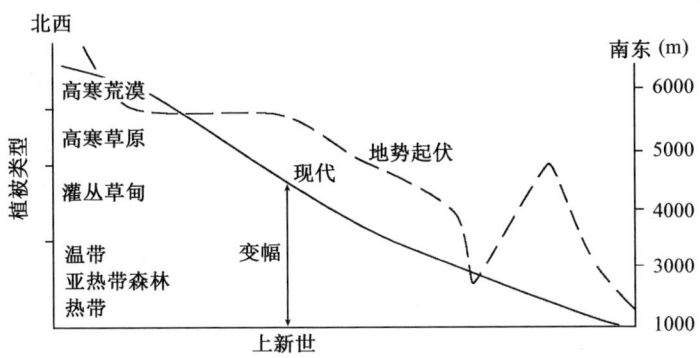

图 8.5　青藏高原地理地带的时空变迁

由此可见,自然地理环境不仅在三度空间上是有变化的,而且在时间上也是永不停息地在变化着的。

§8.4　自然区划

自然区划是将自然地理环境按其区域分异规律,划分为不同的区域。在地理科学中,自然区划是一个与划分、研究、描述自然区域有关的工作。它是在比较全面地认识地表分异规律、掌握比较丰富的地理事实、大致了解区域自然地理过程、有了比较适当的方法论等基础上,才能着手进行的一项工作。因此,人们总是把一个国家的自然区划水平作为反映对自然地理环境的认识深度和自然地理研究水平的重要标志之一。

一个正确反映客观世界的自然区划,不仅深化了自然地理研究的一系列理论和方法,而且会在国民经济中发挥明显的作用。它可以直接为制定开发利用自然资源的规划、拟定改造自然的方案提供必要的科学依据。同时,它又必然会揭露出自然地理实际资料和理论研究方面的薄弱环节、存在问题和空白部分,进一步推动学科的发展。

20世纪50年代以来,我国进行了大量的自然区划研究工作。作为国家重要研究项目,曾经三次组织较大力量,开展全国自然地理区划的研究和方案的拟定,取得了可喜的成绩。1983年赵松乔提出中国综合自然地理区划的新方案,将全国划分为三大自然区、七个自然地区和三十三个自然区。自然区以下还有亚区和小区,并指出,自然小区的划分应与土地类型划分相结合,对两者衔接问题的研究是今后自然地理区划与土地类型划分工作的努力方向之一。

8.4.1 自然区划的几个理论问题

在一个相对稳定的自然地理环境中，任何一个要素的改变都将引起整个环境为适应这种变化而相应改变。同时，不同区域的自然地理环境存在着明显的地域差异。因此，在地球上找不到条件完全相同的两个环境。然而，这种空间地理分布又具有逐步过渡的性质。这样，便可以根据相似性和差异性进行地域划分，对自然地理环境相对一致的区域的特征，它的发生、发展和分布规律进行研究，按区域等级的从属关系，得出一定的区域等级系统。这样一种研究方法就叫自然区划。

自然区划虽然是人为划分，但它应该是地表自然界客观存在的正确反映。自然地理环境是一个十分复杂的物质体系，组成复杂，变化多端，等级镶嵌，要正确反映确有不少困难，从理论和方法都需要认真加以研究。

8.4.1.1 自然地理环境的区域特征

(1)自然地理环境的区域之间既有差异性又有相似性，在某一范围和等级中，既不存在完全相似的现象，也没有绝对差异的现象。用辩证法的观点来看，相似中孕育着差异，差异中又包含着相似。如果以数量表达，将两个自然地理环境区域完全相似的概率为1时，则两者之间完全不同、绝对差异时的相似概率为0。那么，实际的自然地理环境区域之间其相似的概率一般均介于0与1之间。相似性的数值愈大，差异性越小。反之亦然。这种对立和互补就构成自然区划的基本依据。自然区划要求划定的区域内部相似性最大，差异性最小。而区域之间，则要求差异性最大，相似性最小。

(2)自然环境是复杂的，所有的自然地理过程和自然地理界线，空间分布都不会是决然的一刀切，肯定都具有过渡特点，所见到的都是连续的和渐变的状态。其结果必然导致两个相邻区域的边界，呈现不分明和重叠的特征。这就造成了区划工作中区域界线确定的困难。

(3)要描述自然地理区域之间的差异和相似，必须根据全部自然现象所表现出的"集体效应"，而不是某一个要素或现象的反映，因此自然区划就要求具有综合性。划分出的区域在空间上不会重复出现，具有空间不重复性。但在具体划分时，由于主导因素的变化往往影响到其他因素的变化，常常在综合分析的基础上，采用反映主导分异因素的主导标志作为具体划分指标，这就是建立在地理相关分析基础上的主导标志法。

(4)为了清楚地表示自然区划单位的相似性和差异性，自然区划必须确定明确的等级单位系统。并且从高级单位到低级单位，内部相似性加大，差异性减小。例如，如果对黄土高原进行再划分，还可以分出汾河谷地、晋东南高原、陕西晋北黄土丘陵和陇东黄土高原等次一级的区划单位。这些单位就相似性来看，内部相似性比高一级的区划单位黄土高原要增大许多，而各自内部的差异性却比黄土高原这个自然整体要减少得多。

8.4.1.2 关于自然区划的原则

自然区划之所以具有一定的科学、实用价值，就在于它系统、直观地揭露了特定地区的地域分异规律。为了切实反映这个规律，就必须遵循一定的原则。

关于自然区划的原则，提法很多，意见很不统一。目前常用的有发生统一性原则、区域共轭性原则、综合性原则、主导因素原则等。大体可归纳为两类：一是由区划本身特点所决定的，目的在于解决分区问题，二是解决区界的确定问题，是由地域分异和区划单位的整体性所决定的。

发生统一性原则，即发生学原则。它在自然区划中很重要。因为任何一个区域单位都是在地域分异因素下历史发展的产物，也就是说由区域的共同性合并在一起的各种现象之间错综复杂的相互联系，是有着在一定程度上共同的一些形成因素。即发生学原则是指阐明所划分区域的最基本和最本质的特点的形成和发展。

区域共轭性原则起源于区域单位的空间不可重复性。任何一个区域单位永远是一个个体，不能存在着彼此分离部分。尽管山间盆地和它附近的山地极不相似，但根据区域共轭性原则，必须把两者合并到一个区域单位中。比如，四川盆地之所以成为一个盆地，是因为周围被山地所包围，换言之，没有周围的山地也就无法显示四川盆地的盆地特征。

综合性原则是自然地理区划中应用得最成功的原则。由于它最能反映出自然地理区域的发展和分化的规律性，因此，它已愈来愈受到重视和广泛使用。综合性原则强调必须将地带性因素与非地带性因素，外生因素和内生因素，现代因素和历史因素结合起来，进行综合分析。分析的重点在所有自然要素的相互关系，即综合体的结构和自然地理过程。既要考虑地域的发生和分化的历史以及现代地理环境结构，也考虑地理环境结构中的自然地理过程，以及在人类活动影响下开发利用程度、性质和特点。

8.4.2 关于区划的界线问题

自然区划的实际操作其实就是区域之间界线确定。而实际上区域之间的界线是一条逐渐变化、宽窄不一的过渡带。这种过渡特征具有相对性。岩石和水体接触的界面就相对要清楚而狭窄。一般来说，自然地理环境的固体基础，它们的分界线比较明显，也比较固定和易于确定。土壤和植物的界线则往往变化多端。但相比之下，这类界线仍然是有形的，在野外依靠目视观察或用一定的科学仪器都能直接测得。至于气候、水文乃至动物等项要素的界线就表现得很模糊。它们是无形的，野外看不到，必须用专门的方法才能确定。这类界线的确定带有很大程度的理论性质，在实际上则应视为有一定宽度的渐变带、过渡带。

整个自然环境是由各种要素构成的，它的界线也就往往具有"综合"的特征。为了把区划界线划得符合实际，必须详细地研究各要素界线空间实际分布的相互关系。

一定等级的自然地理区域界线怎样确定？首先应该从分异的主导因素去找；其次，是仔细研究各个要素的变化和发展过程的特点，从而发现各要素的先后关系；第三是研究自然地理环境的物质和能量交换、各要素的相互渗透。界线确定是综合研究自然地理各要素的产物。另外，界线的各段分异原因可能是不同的，因此允许分段运用不同的要素指标，还应该有许多参考指标。

就全国的自然区划而言，讨论最多、成绩最大的首推亚热带的界线。为了解决热带和温带之间连续过渡所产生的划界困难，在其间分出一个亚热带，以此来缓冲和弥补某些缺陷，以便更正确地刻画自然界的这种渐变。竺可桢在1957年"中国的亚热带"一文中认为亚热带的北界接近34°N，即淮河、秦岭、白龙江一线，此线靠近一年两熟的北界，南界则横贯台湾的中部和雷州半岛的南部，即在22°30′—21°30′N。亚热带是一个气候上的概念，由于采用它可以说明许多自然地理现象，能更确切地反映自然界的过渡特征，因此，其后有关全国的自然区划方案都把亚热带列为一个区划单位。

8.4.3 关于自然区划的指标

从很早开始，人们就企图从各方面选用一些数量指标来划定各类自然区域的空间界线。从现象的描述到本质揭露，从定性到定量确实是很大的进步。但由于自然地理环境的极其复杂性，定量地描述自然地理环境仍有很大的困难。

8.4.3.1 热量状况的表征方法

目前一般都用一地的气温来表征热量的多寡。但应当指出，温度和热量这两个概念并不能完全画等号，是有联系但又是不等值的两个物理量。因此，我们通常所说的我国东部划分为几个热量带，正确地说不是热量带，而是温度带。

（1）日平均气温≥10℃期间的积温是目前应用比较广泛的一个指标。积温能反映植物可能生长期内的温度强度和持续时间，反映出生长期内可能提供植物可利用的热量，可以认为它能代表地区热量的生物学潜力。

（2）界限温度。任何一个地区的自然地理环境条件都集中表现在自然植被的生长状态上，由于植物开始生长和停止生长的温度不同，因此，用对于自然植物生长有一定意义的界限温度也是经常使用的热量指标。年、月平均气温，其优点在简明扼要、资料易得、统计方便，反映了全年热量水平及夏季热量强度、冬季寒冷程度等。梅格斯为联合国教科文组织所做的干旱地带分类就属此列。他把最热月和最冷月平均温度，分成<0℃、0~10℃、10~20℃、20~30℃、>30℃五个级别。

8.4.3.2 水分状况的表征

1900年道库恰也夫就明确指出："地域的空间分布，在很大程度上受气候因子的决定，而且其中特别取决于气候的湿润条件"。可见，水分状况，在很大程度上可以用来表征自然地理环境特征的。

关于水分状况的表征一般都离不开降水,但单纯的降水是不够的。同单纯使用温度一样,降水不能体现输入自然地理环境的能量、物质的分配、组合、转换规律。

作为地理指标的表征,使用 r(降水量)与 E(潜在蒸发量)之比,作为湿润系数。这方面的公式有很多。大体可以分为四类:①降水为依据;②降水和平均温度为依据;③土壤水分和作物参数为依据;④气候指标和蒸散量为依据。

布迪科(Budyko,1958)根据地表热量平衡和水量平衡方程的分析,由地表热量平衡和水量平衡的相对值设计的辐射干燥指数,即

$$K = R/Lr \qquad (8.6)$$

式中,K 为辐射干燥指数或辐射干燥度,R 为年净辐射值,L 为蒸发潜热,r 为年降水量。该指数能较好地表示出了世界的植物地理带,如图 8.6,图中横坐标为 K,纵坐标为 R,图上表示苔原、森林、草原、半沙漠、沙漠所对应的水分、热量的位置。

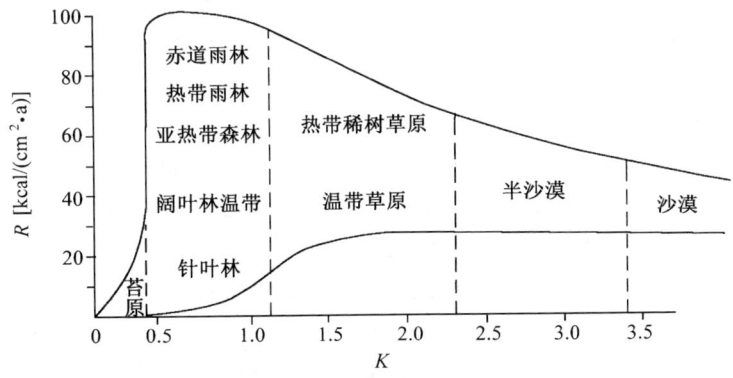

图 8.6 植物地理带(Budyko,1958)

1959 年中国自然区划实际上是采用了湿润系数的倒数,即用干燥度来表示湿润程度。其经验计算式为

$$K = \frac{E}{r} = \frac{0.16 \sum t(\geqslant 10℃)}{r(t \geqslant 10℃ \text{ 期内})} \qquad (8.7)$$

式中,E 为可能蒸发量,$\sum t$ 为日平均温度 $\geqslant 10℃$ 稳定期的积温,r 为同时期的降水量,K 为干燥度。干燥度 K 与气候、植被之间的关系见表 8.1。

表 8.1 干燥度与植被之间的关系

干湿情况	干燥度(K)	植被	农田水文
湿润	<1.0	森林	排水
半湿润	1.0~1.49	森林草原、灌丛草原	防水不足
半干燥	1.50~3.49	草地干草原	灌溉
干燥	>3.5	荒漠草原、荒漠	灌溉

当然这些指标也都存在一些弱点,如过于简单以及无法判定界线位置,且缺乏严格的数学和物理分析等。因此,一些新的方法和新的指标不断出现。近年来,进行自然地理点的空间分布研究时,有人把概率论的某些概念和方法引进自然地理研究,也有人引进一些统计方法如进行聚类分析、模糊数学,取得一定的成果。

8.4.3.3 地理信息系统应用

随着信息技术的发展,地理信息系统已广泛应用于自然规划中。地理信息系统(Geographic Information System)英文缩写为 GIS,还可称为环境信息系统、自然资源信息系统。它是建立在统一的地理坐标上的多种环境要素的数据库,而又不断积累形成空间信息的时间序列。并通过计算机网络和通信卫星进行区域之间的信息流,从而实现国家或省区对自然环境动态变化的预测预报,进行现代化科学研究、工农业规划和生产管理,随时为国家社会经济发展、环境保护、自然资源开发利用、军事战略等提供最新材料和决策。地理信息系统一个很重要的特点是具有多维结构,在实现三维的空间信息结构即经、纬度和高程三个空间位置信息外,还按时间序列延续提供随时间变化信息,从而具备信息存储、更新和转换的能力。

因此,地理信息系统是一种具有多层次数据结构、多功能综合分析能力的空间信息型的技术系统。它具备多维的数据结构,可把全球或地球的大量自然因子和人文要素的属性,按照地理位置存储在电脑里面,建成空间数据库。无论是矢量的、多边形的,还是栅格的,都可以互相转换,以便按地理单元进行检索、提取或叠加。它储存的信息数据量要比地图大出好几个量级,更重要的是它可以用各种各样的方法和各种各样的指标进行各种各样的区划,并进行相互比较,提供最优化的、最适宜于实际应用的区划结果。而且它的数据库更新能力快,可以把整个地区的各种观测站建成网络,加上遥感卫星资料,使数据库保持在经常的更新状态之中,可以根据地理信息系统建立动力学模型来了解自然区划的动态变化。因此,地理信息系统在规划中的应用正在我国各级区域范围和城市迅速发展。

8.4.4 关于山地自然区划问题

山地和高原地区的自然区划问题一向是区划工作中的难题。我国又恰好是一个多山地、高原的国家。因此,研究这些地域的区划原则应该是我国自然区划工作的一个重要理论问题。

在山地和高原的自然区划工作中,垂直带的垂直—水平地带意义特别值得重视。前面已经提到垂直带谱结构具有明显的地区差异特点,而作为某个具体垂直带谱的基带来讲,必然多多少少包含着水平地带的含意,反映出垂直带的基本性质。垂直带的基带具有垂直的和水平的双重性质,因此就产生了按照不同的带谱特点进行区划的可能性。

山地和高原的自然地理区划,与平原低地区划一样,首先也是按照地带性原则与非地带性原则相结合为基础。山地总处在一定的水平地带内,因此其垂直带谱总是与山脚所处的水平地带紧密联系的,这山脚的水平地带称为山地垂直带的水平基带。

由于水、热条件在山地随海拔高度而有规律的变化,山地自然地理有明显的垂直分层现象。因此,可以根据山地自然地理的垂直带谱结构,确定山地自然地理垂直带谱分类的指标系统,如按热量条件,或按湿润状况,或按植被分布,或按土壤类型等划分山地自然地理的垂直分层,并划分为不同的区域系统。这样不仅可以从全面系统分类中认识山地自然地理垂直分层的形成和发展的特点,而且山地自然地理垂直分层都有相应的地区分布,占有一定的空间位置。可见,这种分层有着明显的环境生态意义和社会经济意义。因此,山地垂直方向进行自然地理的分层、区划是一项很有意义的工作。

§8.5 中国自然区划

赵松乔在汲取我国已做过的各种区划方案主要优点的基础上,根据历年在全国各地的实地考察,1983年提出了下列区划方案。

8.5.1 区划的原则

综合自然地理区划工作的第一步就是拟定一个能够充分反映自然地理环境的相似性和差异性的区划分类单位系统,主要考虑了下列三个原则:

8.5.1.1 综合分析和主导因素相结合的原则

自然界是一个统一整体,必须把地带性因素和非地带性因素、外生因素和内生因素、现代因素和历史因素等结合起来,进行综合分析。常用的方法是叠置法,即将若干自然现象的分布图和区划图叠置在一起,得出一定的网格,然后选择其中重叠最多的线条,作为综合自然地理区划的界线。由于自然界各项现象相互联系,这种方法在一定范围内可以选用。但是,自然界各项现象各有其发展规律,发展阶段又各不相同,不可能完整地用这种方法来拟定综合自然地理区划的单位系统和界线。

另一方面,自然界是一个具有密切的内在联系的综合体,其中一个因素变了,其他自然因素乃至整个自然综合体往往跟着改变,特别是一个主导因素的地域变化,必然导致其他因素和各个自然综合体的改变。一般来说,气候(主要是温度和水分条件)和地貌(主要是绝对高度和相对高度)是自然地理环境中两个基本因素,而土壤和植被则是反映自然地理环境的两面明亮的"镜子",可以从这些主导分异因素的一个或几个着手,来探讨自然地理环境的地域变化,这样做,也便于进行质量、数量的衡量和界线的划定。

8.5.1.2 多级划分的原则

由于区划分类单位的相似性和差异性是相对的,因而区划系统应是多级的,从较高的级到较低的级,每一个划分出来的区划单位,其内部相似性逐级增大。但是,为了便于应用和避免烦琐,全国性综合自然区划的级别不宜太多,这里暂采三级区划,即:自然大区(natural realm)→自然地区(natural division)→自然区(natural region)。全国划分为三个自然大区,七个自然地区和三十三个自然区。在科学资料比较充分的自然区,还可以进一步划分四级区——自然亚区(natural sub-region),最低级的综合自然区划单位(五级区或自然小区,natural area),在全国范围内暂不进行划分。

8.5.1.3 主要为经济发展服务的原则

进行综合自然地理区划的主要目的是:①了解各地区的基本自然地理情况;②摸清各地区自然资源的家底,为因地制宜开发利用自然地理环境提供科学依据;③探讨各种自然条件对生产建设的有利方面和不利方面,特别是对自然灾害的研究,为因害设防,控制和改造不利自然条件提供基本数据,促进我国经济的发展。区划分类单位系统和界线既要以目前土地利用的地域差异来衡量,也要从合理利用和改造自然的方向来考虑。

此外,拟定中国区划分类单位系统,应尽量注意与亚洲邻国和世界各国的区划相衔接,以便相互比较。

8.5.2 三大自然区

我国自然地理环境中最主要的地域差异,有:①纬度和海陆分布等地理位置的差异;②地势轮廓及新构造运动的差异;③气候主要特征的差异;④自然历史演变的主要差异;⑤人类活动及自然界的影响以及开发利用和改造自然的方向之差异。据此,全国首先可分为东部季风区、西北干旱区和青藏高寒区等三大自然区。

这是我国综合自然地理区划单位的第一级(图8.7),其主要自然特征简述如下。

8.5.2.1 东部季风区

这是人口占全人类半数以上的亚洲季风区的一部分,约占全国陆地总面积的45％。与西北干旱区的界线大致为干燥度 $1.2\sim1.5$ 的等值线,与青藏高寒地区则以 $2500\sim3000m$ 等高线为界。本大区主要自然特征:

(1)首先是湿润的季风气候占统治地位,干燥度大部分在 1.0 以下(一部分为 $1.0\sim1.5$),全年风向和降水均按季节有明显的变化和更替,夏季海洋季风的影响很显著。

(2)新构造运动上升幅度一般不大,海拔超过 $2000m$ 以上的山岭不多,没有现代冰川,绝大部分地面海拔 $1000m$ 以下。在钦州—郑州—北京—鸥浦一线以东,是新构造运动以沉降为主的地域,大部分地面在 $500m$ 以下,并有广阔的冲积平原。

(3)地貌外营力主要是常态的风化物质移动、水力侵蚀和堆积、溶蚀等作用。地表

第 8 章　自然地理水平地带性和垂直地带性　　·201·

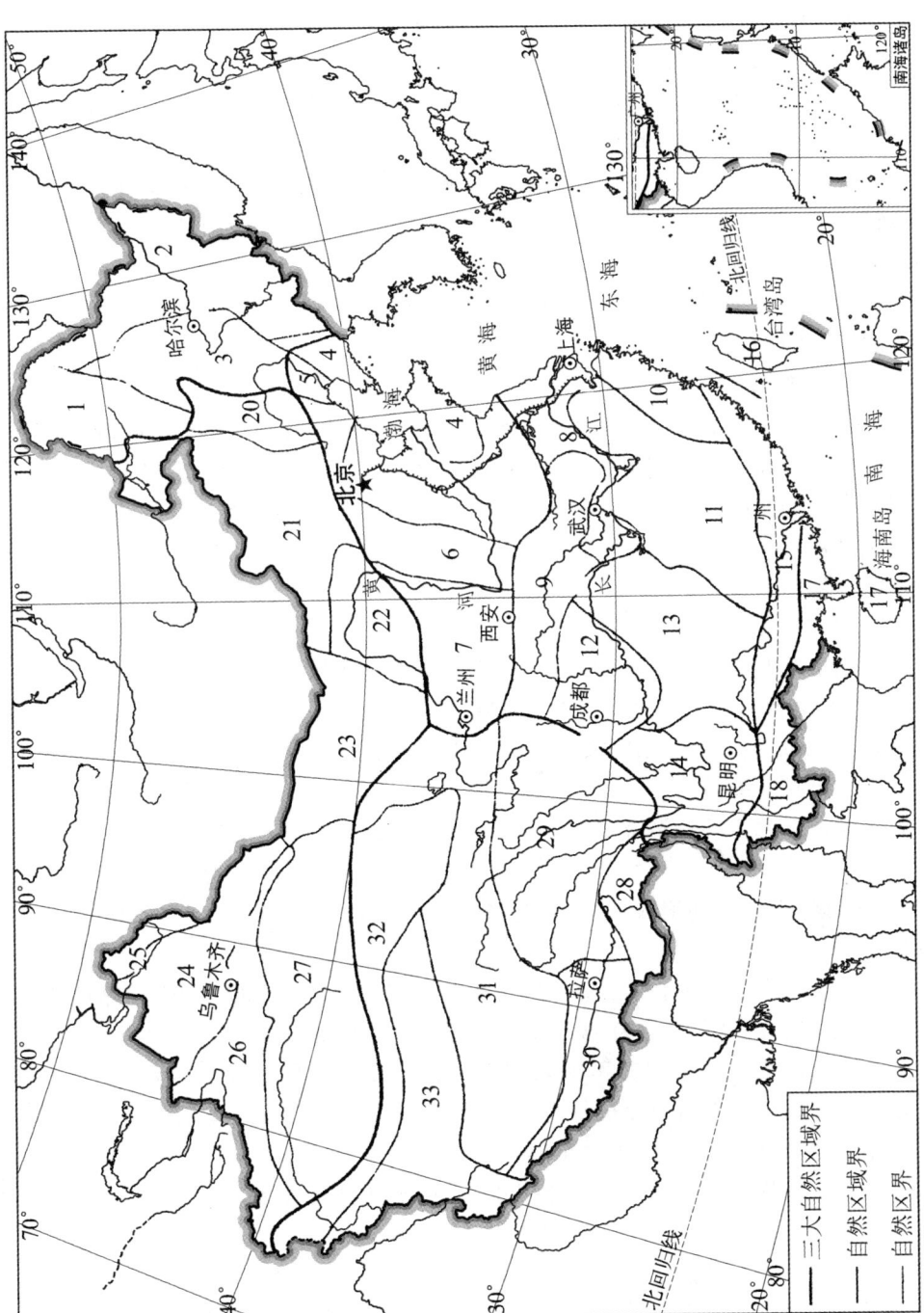

图 8.7　中国综合自然地理区划

水资源丰富,补给以雨水为主;潜水也有相当数量。

(4)天然植被以森林为主,有一部分森林草原。由于第四纪冰期没有强盛而广大的冰川作用,植物区系和动物区系受害轻微,因而生物种类繁多,分布混杂,土壤与其他地面疏松物质也未为冰川所破坏。

(5)人类对自然界的影响广泛而深切,可耕地几已全部辟为农田(黑龙江省等少数地方例外),天然森林也已大部不复存在。本大区不论在过去,现在或将来,都是我国主要农耕地区。

(6)内部地域分异的主要因素是随纬度而变化的温度,但在华北和东北,湿润程度随着距海里程的增加而减少,也是一个重要分异因素。

8.5.2.2 西北干旱区

这是横跨欧亚大陆中心的广大草原、荒漠区的一部分,约占全国陆地总面积的30%。与东部季风区的界线即为上述干燥度 1.2~1.5 等值线,与青藏高寒地区则以昆仑山、阿尔金山、祁连山等一系列青藏高原边缘山地为界。本大区主要自然特征:

(1)深处内陆而四周为山岭所环绕,夏季海洋季风影响甚微,以半干旱(干燥度 1.5~2.0)和干旱(干燥度>2.0)气候为主,年降水量在 400mm(半干旱)至 200mm(干旱)以下,常常连续半年以上滴雨不降。

(2)最近地质时期曾有显著的差别上升,大部分地域上升幅度不很大,形成海拔 1000m 上下的高原和内陆盆地;一部分地域则大幅度上升,形成了横亘高原之中或环绕高原和内陆盆地的高山,天山海拔 3500m 以上,阿尔泰山在 3000m 以上。高原和内陆盆地之中,也有一些较低部分,吐鲁番盆地中心海拔-155m,是全国陆地最低处。

(3)地貌外营力主要为风化、物质移动、水力侵蚀和堆积以及广泛的风力侵蚀、搬运和堆积,沙漠和戈壁广布。绝大部分属内陆流域,在平地上产生的地表径流几乎全属源自暴雨的暂时性水流。湖泊较多,大多是咸水。山地径流是本区主要水资源,补给来源为雨水及冰雪融水。

(4)自中生代末期以来,即已逐渐形成半干旱和干旱气候。现有植物大都是周围山地植物逐渐干旱化的结果,植、动物种类远较东部季风区为少。

(5)人类对自然界的影响远不如东部季风区那么广泛深入,但在有水可供灌溉之处,发展了许多肥沃而人口稠聚的绿洲。干草原则自古是丰盛的牧场;近一二百年来,又在其东南边缘发展了广阔的半农半牧带。

(6)内部地域分异的主要因素是干燥度,可区分为半干旱和干旱;其次是温带及暖温带。

8.5.2.3 青藏高寒区

这是全世界面积最大、海拔最高、形成最新的高原,约占全国陆地总面积的 25%。本大区具有下列主要自然特征:

(1) 全区大幅度的近代上升,部分地区并有差别上升,形成了平均海拔 4000m 以上的大高原,其间还有许多白雪皑皑海拔 7000m 乃至 8000m 以上的极高山,垂直分带现象非常显著。

(2) 海拔很高,空气稀薄,温度低下,冻土广布,风力强大,太阳辐射强烈。

(3) 地貌外营主要为比较强烈的物理风化和物质移动,以及冰川和流水的搬运与堆积,现代冰川和第四纪古冰川作用广泛分布,大部分地方属内陆流域,有许多内陆湖泊。

(4) 植物和动物种类很多,植被主要为荒漠草原、草甸和灌丛,而森林较少,土壤的母质粗瘠,加以年龄不长(第四纪冰川退却以后才开始),成土作用缓慢,土壤剖面一般发育很差,土层很薄。

(5) 不利自然条件对人类的生产和生活限制都较大,人口密度很低,人类活动的影响还比西北干旱区为微弱。

(6) 内部地域差异主要为垂直分布现象,其次为从东南向西北的水分条件变化,从湿润、半湿润到半干旱和干旱。

8.5.3 七个自然地区

在上述三大区的基础上,全国可以划分为七个自然地区。自然地区指温度条件和水分条件的组合大致相同,并在土壤、植被等方向的反映有一定共同性的广大地域。在具体划分上,按照温度和水分的组合情况以及三大区各自的主导地域分异因素作为划分指标。在命名上,暂采三名法,即地理位置、水分情况和温度带相并列(表 8.2)。

表 8.2 七个自然地区的主要气候指标

大 区	自然地区	活动积温(℃·d)	干燥度*	无霜期(d)
东部季风区	东北湿润半湿润温带地区	1400~3200	0.5~1.2	<145
	华北湿润半湿润暖温带地区	3200~4500	0.5~1.5	150~200
	华中华南湿润亚热带地区	4500~7500	0.5~1.0	230~330
	华南湿润热带地区	>7500	0.5~1.0	全年
西北干旱区	内蒙草原地区	2000~3000	1.2~4.0	<180
	西北荒漠地区	3200~4500	>4.0	200 上下
青藏高寒区	青藏高原	<3000 垂直变化	0.5~4.0 垂直变化	<130

注:干燥度,按式(8.7)计算。

在东部季风区,主导分异因素是纬度位置和温度带,从北而南可划分为四个自然地区,即:①东北湿润、半湿润温带地区(寒温带由于面积很小,暂包括在内);②华北湿润、半湿润暖温带地区,与上述温带地区以活动积温(≥10℃期间的积温)3200℃·d 等温线为界;③华中、华南湿润亚热带地区,与上述暖湿带地区以活动积温 4500℃·d 或平均 1 月温度 0℃等温线(大致相当于秦岭—淮河线)为界;④华南湿润热带地区(赤道带包括在内),与上述亚热带地区大致以活动积温 7500℃·d 或 1 月平均温度 16℃等温线为界。

在西北干旱区,主导分异因素是距海远近以及由此而产生的水分、植被差异。由东而西,基本上可分为两个自然地区,即:⑤内蒙古草原地区和⑥西北荒漠地区,两者大致以贺兰山—六盘山一线为界。

在青藏高寒区,主导分异因素是地势以及由此而产生的各项自然因素的垂直变化。只划一个自然地区,即:⑦青藏高原。

应该指出,上述七个自然地区的划分,尚未得到一致的意见,有的地方存在分歧意见。

8.5.4 三十三个自然区

自然区的划分,按照气候—生物—土壤等地带性因素和地貌—地面组成物质—水文地质等非地带性因素的综合分异指标,较好地反映了土地合理利用和改造自然的方向。因此,在全国综合自然区划中,这是主要分类单位。在上述三大区和七个自然地区的基础上,直接划分 33 个自然区,在命名上,暂采二名法,即地貌单元和主要植被相并列。全国 33 个自然区如图 8.7 及表 8.3 所示。

8.5.5 低级区划单位

在自然区之下,主要按照地貌、地面组成物质等非地带性因素的特点及其在气候—生物—土壤等地带性因素上的反映,作者还划分了若干亚区(即第四级区划单位)。同一自然亚区,在综合自然环境及其土地利用和改造方向上更为一致,在省(区、市)综合自然区划、综合农业区划和综合经济规划上具有更现实的意义。

最低级区划单位(自然小区,或五级区划单位)似可与全国土地类型的划分相结合。在科学概念上,"土地"是地表某一地段包括地质、地貌、气候、水分、土壤、植被等全部自然要素在内的垂直剖面,也包括过去和现代人类活动对自然地理环境的相互作用在内,土地类型与主要代表水平方向组合的自然区域,是自然地理综合体的两个方面,既是相区别,又是相互补充的。

如何进行第四、第五级的低级区划?在区划单位、土地类型划分的相互衔接等方面,尚有待进一步研究。目前,地理信息系统等新技术的广泛应用,将有助于这一工作深入进行。

表 8.3 全国三大自然区,七个自然地区和 33 个自然区

大 区	自然地区		自 然 区
一、东部季风区	(一)东北湿润半湿润温带地区	Ⅰ	大兴安岭针叶林区
		Ⅱ	东北山区针阔叶混交林区
		Ⅲ	东北平原森林草原区
	(二)华北湿润半湿润暖湿带地区	Ⅳ	辽东山东半岛落叶阔叶林区
		Ⅴ	华北平原落叶阔叶林区
		Ⅵ	晋冀山地落叶阔叶林森林草原区
		Ⅶ	黄土高原森林草原干草原区
	(三)华中华南湿润亚热带地区	Ⅷ	北亚热带长中下游谷地混交林区
		Ⅸ	北亚热带秦岭大巴山混交林区
		Ⅹ	中亚热带浙闽沿海山地常绿阔叶林区
		ⅩⅠ	中亚热带长江南岸丘陵盆地常绿阔叶林区
		ⅩⅡ	中亚热带四川盆地常绿阔叶林区
		ⅩⅢ	中亚热带贵州高原常绿阔叶林区
		ⅩⅣ	中亚热带云南高原常绿阔叶林区
		ⅩⅤ	南亚热带岭南丘陵常绿阔叶林地区
		ⅩⅥ	南亚热带台湾岛常绿阔叶林季雨林区
	(四)华南湿润热带地区	ⅩⅦ	海南季风林区
		ⅩⅧ	滇西南季风林区
		ⅩⅨ	南海诸岛季风林雨林区
二、西北干旱区	(五)内蒙古温带草原地区	ⅩⅩ	西辽河流域干草原区
		ⅩⅩⅠ	内蒙古高原干草原荒漠草原区
		ⅩⅩⅡ	鄂尔多斯高原干草原荒漠草原区
	(六)西北温带暖温带荒漠地区	ⅩⅩⅢ	阿拉善高原温带荒漠区
		ⅩⅩⅣ	准噶尔盆地温带荒漠区
		ⅩⅩⅤ	阿尔泰山地草原针叶林区
		ⅩⅩⅥ	天山山地草原针叶林区
		ⅩⅩⅦ	塔里木盆地暖温带荒漠区
三、青藏高寒区	(七)青藏高原地区	ⅩⅩⅧ	喜马拉雅山南翼热带亚热带山地森林区
		ⅩⅩⅨ	青藏高原东南部山地针叶林高山草甸区
		ⅩⅩⅩ	藏南山地灌丛草原区
		ⅩⅩⅩⅠ	青藏高原中部高寒草原山地草原区
		ⅩⅩⅩⅡ	柴达木盆地—昆仑山北翼荒漠区
		ⅩⅩⅩⅢ	阿里—昆仑山地高山荒漠草原区

第9章 中国自然地理特征

中国位于亚欧大陆的东南部,太平洋西岸,是个海陆兼备的国家。我国领土最东端在乌苏里江与黑龙江的合流处(135°2′30″E),最西端在帕米尔高原上(73°40′E),东西经度跨越61°21′,约为5200km,东西时差达4h。最北端自黑龙江主航道中心(53°31′10″N)起,最南端至南沙群岛的曾母暗沙(3°52′N),南北纬度跨越49°41′,约为5500km。北回归线穿越我国南部,使我国90%以上的国土处在四季分明、寒暑适度的温带和亚热带,南部部分地区处在热带。南北热量与东西水分分布有显著差异,导致农、林、牧生产和自然景观的多样化。我国陆域面积为9597100km^2,约占世界陆地总面积的十五分之一,亚洲面积的四分之一。我国领土面积居世界第三,仅次于俄罗斯和加拿大。我国还有约18000km长的海岸线,是世界上海岸线最长的国家之一,海上有大小5000多个岛屿。

§9.1 中国的地形、地貌特点

我国幅员广大,领土辽阔。西有壮阔的高原,巨大的盆地,绵延的高山,壮丽的雪峰,东有坦荡的平原和起伏的丘陵。地形分布复杂多样。但总结起来,多种多样的地形类别基本可归纳为五大类,即山地、丘陵、高原、平原和盆地。

9.1.1 中国地形概述

我国地形的基本特征,概括地说有三点:①西高东低的阶梯地势;②多种多样的地貌类型;③山多而且高。

从图9.1可见,我国地形分布的主要特征是西高东低,地势海拔差别显著,由西部的帕米尔高原向东逐渐降低,并有宽阔的大陆架把大陆和太平洋盆地连接起来。最西端喀喇昆仑山脉高达6000m,祁连山脉高度在4000m以上,秦岭山脉海拔为2000～3000m,黄淮海平原海拔在200m左右,东部大陆架在海平面下200m以内,形成西高东低的倾斜分布。这种地形的逐渐下降,由两条山岭组成的地形界线明显地把大陆分成三级阶梯(图9.2),最高一级是青藏高原,海拔一般在4000m以上,藏北高原达5000m以上,高原上山脉横列,峰峦载雪,在蜿蜒绵延的巨大山脉之间,散布着许多牧草丰美、湖光闪烁的大小盆地。我国主要大江大河就是从这一级阶梯倾斜面分别向东、北、南三个方向奔腾而下。

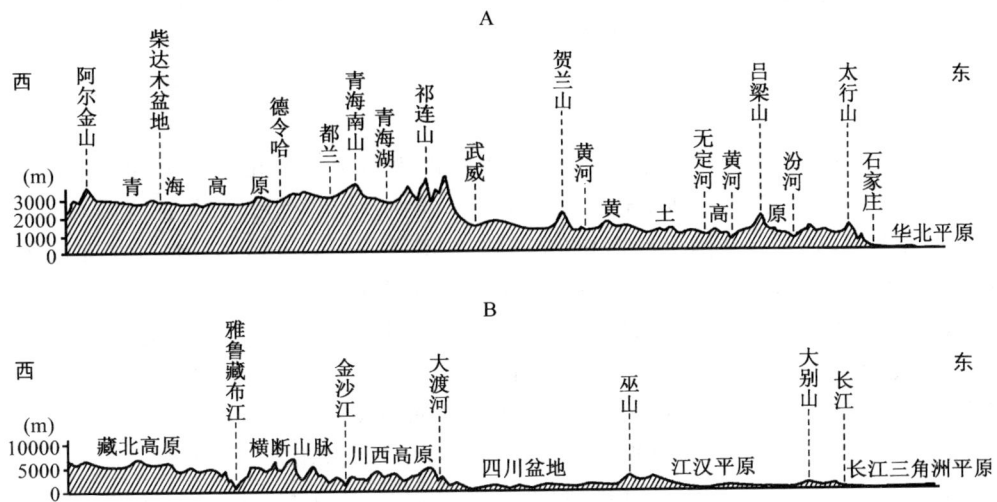

图 9.1 中国地形剖面图

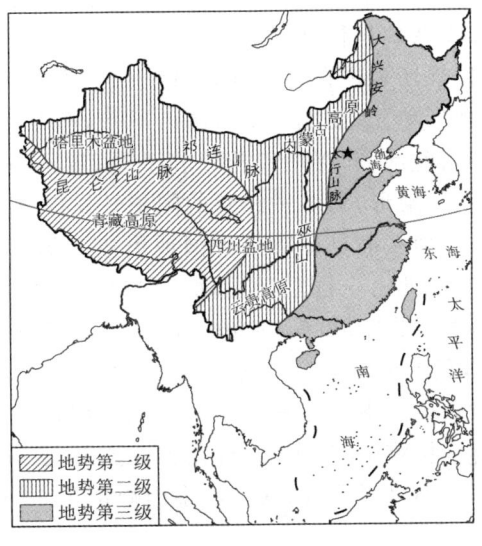

图 9.2 中国地形三大阶梯示意图

第二阶梯与第一阶梯以昆仑山—祁连山—岷山—邛崃山—横断山一线(3000m 等高线)为界,海拔高度降低到 1000~2000m,第二阶梯地形复杂多样,山地、高原、盆地相间排列,其中有天山、阿尔泰山、秦岭等著名山脉和内蒙古高原、黄土高原、云贵高原等高原,还有塔里木盆地、准噶尔盆地,四川盆地等几大盆地。

沿大兴安岭—太行山—巫山—雪峰山一线以东到海滨,是我国地形的第三阶梯。

这里地势低平，以平原与丘陵为主，大的平原有华北平原、东北平原和长江中下游平原，海拔均不超过200m。平原的周围散布着低山和丘陵，如山东丘陵、江南丘陵等。其海拔高度大多低于500m，少数在1000m以上，第三阶梯以东，就是大陆向海洋延伸的大陆架，水深大都在200m以内。

在地貌特征上，我国地质条件复杂，在漫长的地质历史演化过程中，内外营力所塑造的地貌类型十分齐全，山地、丘陵、高原、平原、盆地等五大形态类型在我国均有分布。它们的构成是，高原占全国土地面积的26%，山地占33%，丘陵占10%，盆地占19%，平原占12%。此外，还有许多成因类型，如青藏高原的高山上，因气候寒冷，冰雪常年不化，形成寒冷气候条件下的冰川地貌；在广西、贵州和云南一带，碳酸盐类岩层分布很广，在温暖湿润的气候条件下，形成奇峰异洞，即所谓岩溶地貌，也称喀斯特地貌；在西北内陆地区，气候干旱，风沙作用强烈，形成一系列的风蚀与风积地貌，如沙丘、风蚀谷、雅丹地形等；而陕西、山西等地则分布有独特的黄土地貌，如塬、梁、峁等。此外，还有火山地貌、冻土地貌、海岸地貌、红层地貌等。总的说来，外营力的作用在我国东部地区以流水作用为主，形成如河流侵蚀、堆积地貌、岩溶地貌。而在西北干旱地区，外营力的作用则以风沙占优势，形成风沙、黄土地貌，而在青藏高原地区，则以冰川作用最突出。总之，我国地貌的多样性和复杂性是很独特的。

我国地貌的复杂多样性还表现在各种地形的交错分布方面，在一种主体地形的背景上还镶嵌着多种其他地形单元，使地形变得高低不平，形态各异。例如，青藏高原，分布着许多山地和盆地；四川盆地，却存在着丘陵和平原；黄土高原上也有山地、丘陵、盆地和平原。这种错综复杂的地形，为多种经营的国土开发提供了丰富的自然资源。

我国是多山的国家，山地多而且高峻是我国地形概况的又一主要特征，包括山地、高原和丘陵在内的广义的山地占全国陆地总面积的2/3。我国的山地面积广大，而且绝对高度也高。据统计，海拔在1000～2000m的地区占全国面积的25%，2000m以上的占32.9%。另一方面，我国山地的分布也不均匀，西部地形起伏大，山地较多，而东部地区起伏小，山地相对较少。沿兰州—成都—昆明一线以西，绝大部分为高山，其中有许多著名的大山，如喜马拉雅山、喀喇昆仑山、唐古拉山、巴颜喀拉山、阿尔金山、横断山、大雪山等。青藏高原号称世界屋脊，其上许多山峰都在6000m以上。

9.1.2 中国的山系

山是指有顶峰、山坡和山麓三部分的高地，高度一般高出当地平原500m。山地是指山分布的地区，山地往往呈带状分布。具有明显走向的长条山地称为山脉，几条走向相同的山脉组成一个山系。人们按照山系的绝对高度（海拔高度）和相对高度及切割程度划分出极高山、高山、中山、低山等山地类型，如表9.1所示。

表 9.1　山地类型的划分

类型	绝地高度(m)	相对高度(m)	切割程度
极高山	>5000	>1000	
高山	3500~5000	>1000 500~1000 100~500	强烈切割 中等切割 轻微切割
中山	1000~3500	>1000 500~1000 100~500	强烈切割 中等切割 轻微切割
低山	500~1000	500~1000 100~500	中等切割 轻微切割
丘陵	<50	<200	

9.1.2.1　东西走向的山脉

按照李四光的地质力学观点,东西走向的山脉是由南北向水平挤压产生的纬向构造体系,在我国,东西走向的山脉主要有:北部的天山—阴山—燕山,中部的昆仑山—秦岭—大别山,南部的南岭等。

(1) 天山山脉

天山山脉横贯我国新疆维吾尔自治区,是亚洲中部的大山系之一,其海拔高度在 300~5000m,最高峰(托木尔峰)达 7443.8m,东西绵延 2500km,宽 250~350km。在我国境内的部分约 1700km,是塔里木盆地和准噶尔盆地的分界线。这是一条古老的褶皱山,3000 万年前曾被蚀平为准平原,到 500 万年前的上新世末,又被新的构造运动重新断裂和强烈抬升,形成今天这样层峦叠嶂、雄伟挺拔的气势。

天山是一条典型的褶皱断块山,以褶皱和断块并重为特色,深大断裂把天山分成北天山、中天山和南天山,其山脉共有 20 余条,断裂谷往往成为山间盆地或谷地,如吐鲁番盆地、哈密盆地、伊犁谷地。其中位于吐鲁番盆地中的艾丁湖湖面低于海平面 154m,是我国陆地的最低点。天山的东段还有许多因地层断裂而形成的山口,著名的有达坂城山口、七角井山口等。

由于天山山体高大,能够截留西风气流带来的水汽,山上的雨量比山下多,故天山山麓为沙漠区,而天山上部却为森林区,生长着著名的天山云杉。天山南面雪线高度约为 4500m,而北坡由于水汽更充足,雪线下降到 3500m。全山系总计有冰川 7000 余条,每年流出 450 亿 m^3 水量,其中汗腾格里峰是冰川集中的区域。

(2) 阴山山脉

阴山位于内蒙古自治区中部,属于古老的断块山地,东西长约 1200km。阴山山脉

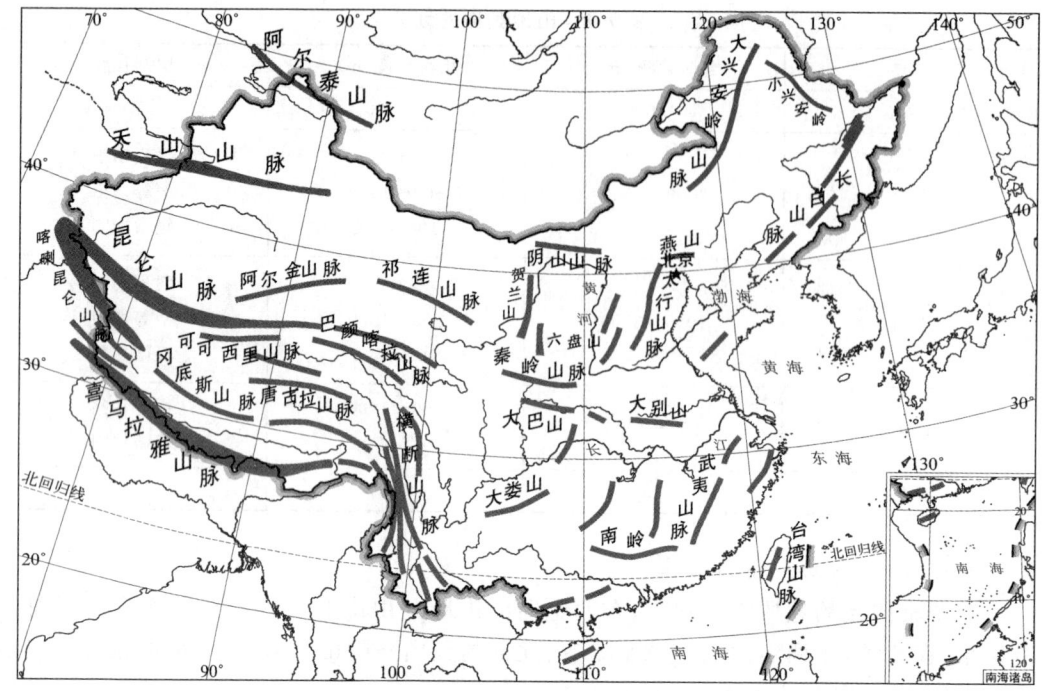

图 9.3 中国主要山脉分布示意图

比较复杂,西段有狼山、乌拉山,山势较高,海拔约在 2000m 左右。中段大青山、灰腾果山,环绕着河套平原,东部叫大马群山。

阴山地貌特征的一个显著特点是南北不对称,北坡和缓,逐步过渡到内蒙古高原;南部陡峻,以 1000m 落差直降到河套平原,危崖千仞,有如天然屏障。这是由于地质构造运动中,阴山南侧发生断裂下降,河套平原是一断陷谷地之故。

(3)昆仑山脉

昆仑山西起帕米尔高原东部,横贯新疆、西藏之间,东延至青海省与四川北部,东西绵延 2500km,是我国境内东西绵延最长的山脉,平均海拔 5500~6000m,其中许多的山峰超过 7000m,其高度仅次于喜马拉雅山和喀喇昆仑山,被誉为"亚洲脊柱"。

昆仑山是由许多山脉组成的巨大山系,人们常把它分为西昆仑、中昆仑和东昆仑三部分。西昆仑长约 600km,两端高,中间低,山势紧凑,平均宽高仅为 150km,呈西西北走向,山势雄伟,北坡更为陡峻;中昆仑为塔里木盆地与藏北高原的界山,长 600km,宽约 200km,近期仍有火山活动;东昆仑渐分为三支,其中间有断陷盆地和谷地,北支祁漫塔格山,中支阿尼玛卿山,南支为巴颜喀拉山。

(4)秦岭山脉

广义的秦岭,西起四川、甘肃交界的岷山,东到河南境内的伏牛山,其中包括西倾山、终南山、华山、崤山、嵩山等,西段海拔高度4000～5000m,东段降到1000～2000m。狭义的秦岭仅指陕西境内的一段,相当于广义秦岭的中部,高度在海拔2000～3000m,主峰太白山高3676m。秦岭是古生代褶皱形成的山体,在中生代受到侵蚀夷平成为准平原,后由喜马拉雅造山运动抬升而成,是一个倾斜断块和夹有断陷谷地的多条岭谷相间组成的山系。北侧沿渭河发生大规模的断裂下陷,故北侧山体相对高差大,山势险峻,如以险闻名的华山,它的北坡就是险峻的断层崖。

秦岭山脉横贯我国中部,是我国一个重要的地理分界线。在气候上,秦岭以北冬季寒冷,秦岭以南气候温和,是暖温带与亚热带的分界;在地貌上是华北大面积黄土分布的南界;植被上是夏绿林与常绿-落叶阔叶混交林分界线;水文上是黄河(渭水)与长江(汉水)的分水岭;农业上,大致是水、旱作物的分界。此外,在习惯上秦岭还是华北与华中的分界线。

(5)南岭山脉

南岭是横亘在湖南、江西、广东、广西边境的一系列独立山地的总称,东西绵延1000km以上,海拔高度1000m左右。山岭之间各自独立,互不相连,自西向东依次以越城岭、都庞岭、萌渚岭、骑田岭和大庾岭最为有名,故南岭又称五岭。它是华中与华南的地理分界线,也是气候和水文上的重要分界线。

9.1.2.2 东北—西南走向的山脉

我国东部地区的山地排列方向大多呈东北-西南向或北北东-南南西方向,按位置分布分为西列山地、东列山地和台湾山地。

(1)西列山地

包括大兴安岭、太行山、巫山、武陵山、雪峰山等。北起黑龙江的漠河,向西南延伸至湖南西部,海拔高度一般在1000m左右。除大兴安岭外,大多为活化地台上的褶皱断裂所形成。西列山地实际上是我国地形自西向东下降的一个巨大阶梯界线,其东侧常为断层翘起,山势陡峻,而西坡则比较平缓,呈不对称的山形。

大兴安岭北起漠河,南至西拉木伦河,长约1200km,宽200～300km,海拔高度1000～1400m。属古老的褶皱断块山,东陡西缓,山顶呈浑圆状,并有许多横谷和山口。它是内蒙古高原与东北平原的界山。山脉东部气候湿润,森林繁茂,山脉以西气候趋于干旱,天然植被向森林草原过渡。

太行山则是黄土高原与华北平原的界山。它北起河北境内的拒马河谷,南至山西、河南边界的黄河沿岸,长约500km,平均海拔高度只有1000m上下,但也耸立着不少高峰,如小五台山高达3491m,地势东陡西缓。在外营力上,太行山流水作用显著,河流切入东坡,形成深峻的峡谷,加之多石灰岩层,故峡谷常呈悬崖壁立的岩溶地貌。山高林密是其景观特征。

巫山位于四川、湖北边境,北与大巴山相接,平均海拔高度为1000～1500m,西侧为四川盆地,东侧是长江中下游平原。山体由石灰岩和砂贝岩组成,长江穿越其间,形成奇峰竞秀的三峡风光。

雪峰山位于湖南西部,北起洞庭湖滨,南至湖南与广西边境,属云贵高原的东缘山地,平均高度海拔1000m左右,北段山势较陡峻,南段被资水深切,逐渐变为丘陵。

(2)东列山地

东列山地包括长白山、山东低山丘陵、江南山地丘陵和东南沿海山地丘陵。

长白山地是辽宁、吉林和黑龙江三省东部和中朝边境一系列平行排列的东北—西南向断块山地的总称,包括有完达山、老爷岭、张广才岭、吉林哈达岭等,海拔大都在500～1000m左右,以长白山为主干,其中白云峰海拔2691m,是东北地区第一高峰。

山东半岛上的山地和丘陵主要由三条相互平行的山地组成,地形较破碎,自西而东依次有泰山、鲁山、沂山。以泰山最高,海拔1524m。

江南山地丘陵包括南岭以北、云贵高原以东、长江以南的广大地区,主要是在湘江和赣江流域内一系列东北向大型盆地周围的山地,如湘赣边境上的幕阜山、九岭山、罗霄山等,此外,也包括著名的黄山、九华山、天目山等。

东南沿海山地从广西的十万大山,经云开大山、九连山、佩霞岭、武夷山、括苍山等,以武夷山为主干,其主峰黄岗山海拔达2158m。

(3)台湾山地

台湾山脉属岛弧山脉,主要分布在台湾岛的中部和东部,由北东北向的大断裂分割为几条相互平行的山脉,有台东山脉、中央山脉、玉山山脉及阿里山脉,以玉山最雄伟高大,其主峰海拔3997m。

9.1.2.3 南北走向的山脉

南北走向的山脉主要包括贺兰山、六盘山、龙门山、横断山等。

贺兰山耸立于宁夏平原的西侧,南北延伸350km,宽约30km,平均海拔2000～2800m。主峰达呼洛老峰,海拔3556m。山体东侧陡峭,西侧缓斜,为不对称山形。

六盘山又称陇山,位于宁夏南部和甘肃东部,为陕北高原与陇中高原的分界,长约200km,海拔2500m左右。

横断山由四川、云南及西藏东南部的一系列南北走向的山脉构成,包括大渡河与伊洛瓦底江之间的所有山岭,高度为2000～6000m,山势由北向南逐渐降低,其北部山岭多雪峰和冰川。横断山河谷深切,高山峡谷相间排列,山岭河谷高差可达1000～2500m,金沙江虎跳涧谷深达3000m,为世所罕见。山岭之间夹有众多的河流也是其特征之一,如怒江、金沙江、大渡河等。由于横断山地势落差特别大,加之印度西南季风等作用影响,该地自然景观的垂直分布十分明显,2000m以下主要是干旱灌丛群落,2000～3100m主要是云南松林,3100～3800m为冷杉林,3800～4500m为高山草甸、杜鹃灌丛和高山寒漠群落,4500m以上为永久积雪的现代冰川,具有热、温、寒三带景观。

9.1.2.4 西北—东南走向的山脉

该走向的山脉主要分布在我国的西部地区,自北向南主要有阿尔泰山、祁连山、冈底斯山,喀喇昆仑山等。

阿尔泰山,蒙古语意为"金山",绵延与中、蒙、俄、哈交界处,全长2000km以上,中段在我国境内,约500km长度,海拔为1000～3500m,主峰友谊峰海拔4374m。阿尔泰山属典型的地垒式断块山,层状地形十分突出,南侧准噶尔盆地边缘有许多断层阶梯,山势由山麓向山顶呈陡峻的阶梯状上升,层次分明,阶梯面上地势平坦,牧草丰茂。

祁连山位于青海与甘肃两省境内,是青藏高原的东北边缘,由一系列西北—东南走向的平行断块山所组成,因位于河西走廊以南,故又称南山。它西起敦煌与阿尔金山断续相连,东南与六盘山遥相对应。青海湖盆地是祁连山中的一个凹地。祁连山东西长约1000km,西宽东窄,最宽处在酒泉与柴达木盆地之间。山脉海拔在4000～5000m之间,山势自西北向东南倾斜,山体上部有现代冰川分布。同时祁连山还是黄河与内陆水系的分水岭。

喀喇昆仑山,维吾尔语的意思是"紫黑色的昆仑山",它与冈底斯山都属于西藏台块南缘的隆起部分,喀喇昆仑山在新疆西南部,克什米尔东北部,东延入西藏北部,长约400km,是世界上最高峻的山脉之一,平均海拔6000m以上,海拔高于8000m的高峰有4座,主峰乔戈里峰海拔8611m,仅次于珠穆朗玛峰,为世界第二高峰。山上广泛分布着许多雪峰与巨大的冰川。

9.1.2.5 弧形山脉

位于中国西藏自治区和和巴基斯坦、印度、尼泊尔、不丹境内的喜马拉雅山脉,向南凸出呈弧形,西起帕米尔高原的南迦帕尔巴特峰,全长2500km,宽约200～350km,平均海拔超过6000m。山势巍峨峭拔,山上雪峰重叠。它有四条主要山脉组成,分别为柴斯克山和拉达克山、大喜马拉雅山、小喜马拉雅山、西瓦利克山。以大喜马拉雅山为主体,其平均海拔高度超过6000m,8000m以上的高峰有11座,位于中尼边境上的珠穆朗玛峰海拔8848m,为世界最高峰。山顶终年积雪,冰川面积达1×10^4 km²。其南坡雨量充沛,植被垂直变化显著,1000m以下是热带季雨林,1000～2000m为亚热带常绿林,2000m以上为温带森林,4000m以上是高山草甸。喜马拉雅山是一年轻的山脉,距今7000万年前,这里还是与古地中海相连的一片汪洋,在漫长的地质年代里,大量的从陆地上冲刷下来的碎石和泥沙堆积形成了近3×10^4 m厚的厚层。此后,由于南印度洋洋底扩张,推动印度板块逐渐北移,与亚洲大陆相碰撞,处在两个坚硬地块狭缝中的古海因受挤压而强烈抬升,成为当今世界上最雄伟壮观的山脉。时至今日,这种抬升仍未终止。

9.1.3 中国的高原

在我国的国土上,有26%的面积为各种各样的高原所占据。最著名的有青藏高原、云贵高原、黄土高原和内蒙古高原。

9.1.3.1 青藏高原

青藏高原是我国面积最大、高度最高的一个年轻的高原。它包括西藏自治区的全部,青海的大部,四川西部和甘肃西南角,东西跨越2700km,南北宽1400km,面积约$230×10^4 km^2$,占全国总面积的1/4以上,平均海拔在4500m以上,是世界上平均海拔最高的高原,被誉为"世界屋脊"。青藏高原实际是由一系列高大山脉组成的高原,地理学家称为"山原",其上分布着许多一两千米以上的长大山脉,由东西向和南北向的山系构成了整个高原的骨架,北有昆仑山,南有喜马拉雅山,西边喀喇昆仑山,东部横断山脉。许多山峰高度超过6000～8000m,位于雪线以上的高山终年白雪皑皑,冰河四射,是一座巨大的固体水库,使之成为许多大河大江的源头,长江、黄河、澜沧江、怒江、雅鲁藏布江、印度河、恒河等都从青藏高原发源。高原四周为群山环抱,它的东、南、北又以数千米的相对高差跌落到大盆地、大平原、其南侧越过喜马拉雅山直落恒河平原,相对高差超过5000m,北侧越过昆仑山直下塔里木盆地,相对高差4000m。按照地形差异,青藏高原可分为藏北高原(昆仑山和冈底斯山脉之间,也称羌塘高原)、藏南谷地(冈底斯山—念青塘古拉山以南,喜马拉雅山以北)、柴达木盆地、祁连山地、青海高原及川藏高山峡谷等地形单元。

9.1.3.2 云贵高原

云贵高原位于我国西南部,主要包括贵州全省,云南哀牢山以东地区,广西北部和四川、湖北、湖南的部分地区。地势由西北向东南倾斜。云南境内,海拔一般为2000m左右,到贵州中部降到1000m左右。高原北、东、南三面边缘的河谷,海拔在500m以下。云贵高原的地面崎岖破碎,山地、峡谷、丘陵、河谷平原和山间盆地互相交错,山高谷深,水流湍急,关山险峻。尤其是贵州地区,实为一个山地性的高原,其景观以流水地貌为特征。云贵高原是长江、西江(珠江的最大支流)和元江(流入越南后叫作红河)三大水系的分水岭。长江水系的金沙江、乌江、赤水河,西江水系的南盘江、北盘江等河流都伸进了云贵高原,这些河流长期切割地面,造成了许多又深又陡的峡谷。另外,云贵高原石灰岩分布广泛,岩溶地貌(喀斯特地貌)特别发育,岩溶地形占高原总面积的50%～80%,是世界上岩溶发育最典型的地区之一,成为举世闻名的风景区。

9.1.3.3 黄土高原

长城以南,秦岭以北,祁连山以东,太行山以西,这一范围内,除石质山地外,地面基本为连续的黄土所覆盖,实际面积约$40×10^4 km^2$,是世界上面积最大的黄土分布区。这里平均海拔在1000～2000m,称为黄土高原,其地形单元有陇中高原、陇东高原、陕北高原、山西高原和豫西山地等。黄土堆积是黄土高原的主要特征,大部分地区黄土厚度在 50~100m 左右,陕、甘边界的子午岭两侧是黄土最大厚度中心,如董志塬黄土厚达 200m。黄土高原的另一个特征是水土流失严重,黄土质地疏松,抗侵蚀能力弱,加上本地区植被稀疏,夏季又多暴雨,地表被冲刷的沟壑纵横。

9.1.3.4 内蒙古高原

内蒙古高原是我国最北部的一个高原,它包括内蒙古自治区全部,甘肃和宁夏的北部,东起大兴安岭和苏克鲁山,西至甘肃河西走廊西北端的马鬃山,南部以长城为界,北接蒙古。东西长约 2000km,南北宽约 500km,面积 100km^2 以上,是我国第二大高原,平均海拔 1000~2000m,东部比西部略高。内蒙古高原地势起伏和缓,切割轻微,低缓丘陵与浅宽盆地相间排列而成的波状准平原外貌是其最大特征。除少数山岭及塌陷盆地外,到处是一望无际的原野。此外,沙漠、戈壁与广阔的草原交错分布是内蒙古高原的另一特征。然而,其东部和西部又有所不同,贺兰山、乌鞘岭以西气候干燥,地貌以沙漠、戈壁为主,高质量的草原不多,贺兰山以东,水分条件较好,草原植被生长繁茂,沙漠规模较小。

9.1.4 中国的平原、盆地

我国的平原分布在东部地区,最著名的有东北、华北和长江中下游三大平原,自北向南几乎连成一片。在构造上是我国的主要沉降地带,主要由江河淤积而成。平原上地势平坦,土壤肥沃,江河纵横。

9.1.4.1 东北平原

位于我国东北地区,主要由松花江、嫩江和辽河冲积而成,又称松辽平原。其西、北、东为大兴安岭,小兴安岭和长白山地所环绕。北起嫩江中游,南至辽东湾,长约 1000km,东西最宽处约 400km,面积 $35\times10^4 km^2$,土地十分肥沃,2/3 是黑土,是我国最大的平原和农业生产基地。它由三部分组成,东北角上有松花江,黑龙江和乌苏里江下游冲积而成的三江平原,北面是松花江、嫩江冲积而成的松嫩平原,南部是辽河平原。东北平原是我国各大平原中地势最高的,大部分海拔在 200m 以下,松辽两河分水岭处地势稍高,海拔为 200~250m。东北平原有明显的波状起伏,特别是松嫩平原。此外,东北平原还广泛分布着许多沼泽和湿地,在松花江与嫩江汇流处地带有大片的沼泽地,三江平原沼泽地占总面积的 2/3。形成大片沼泽和湿地的原因,一方面是地势低洼,积水不易排泄,另一方面,气温低,蒸发弱,加上黏土层和冻土层结合,形成不透水层,也有利于积水滞留在地表,长期积水而形成大片沼泽和湿地。

9.1.4.2 华北平原

由黄河、淮河、海河冲积而成,又称黄淮海平原。西起太行山和伏牛山,东至黄海、渤海和山东丘陵,北起燕山,西南到桐柏山、大别山,东南到苏皖北部与长江中下游平原相接,面积约 $31×10^4 km^2$,是我国第二大平原。华北平原地势低平,除平原边缘山前地带以外,大部分地区海拔在 50m 以下,地表相当平坦,一望无际。在平原的西部,由山地和高原上流出的黄河、海河、滦河等河流把黄土高原上带来的大量泥沙堆积在山前,形成一系列大大小小的冲积层,它们彼此相连而形成宽阔的山麓冲积扇带。这些冲积扇带地势略高,海拔在 50m 左右,坡度大,排水好,是农业生产条件优越和开发较早的地区。河南、河北的一些古老城市和首都北京都位于冲积扇带上。在冲积平原外围临近海岸的地方是各个河流三角洲相连而成的海滨平原,这里地势很低,一般海拔在 5m 以下。

9.1.4.3 长江中下游平原

该平原主要由长江及其支流带来的泥沙冲积而成,呈狭条形。它包括三峡以东,黄淮平原和淮阳山地以南,江南丘陵以北,面积约 $19×10^4 km^2$,大部分海拔在 50m 以下。长江中下游平原不如华北和东北平原那样平坦开阔,它分成两湖平原、鄱阳平原、苏皖平原和长江三角洲平原四个相对独立的单元。其中,两湖平原包括位于湖北中部,由长江和汉水冲积而成的江汉平原及位于湖南北部,由长江及洞庭湖水系(即湘、资、沅、澧四水)冲积而成的洞庭平原,这里因地壳下沉和河道变迁,形成众多的湖泊,古称"云梦大泽";鄱阳平原位于江西北部,由长江及鄱阳水系(即赣江、修水、抚河、信江等)冲积而成;从江西湖口以下到江苏镇江之间,沿长江两岸分布的狭长带状的冲积平原是苏皖平原,其面积狭小,海拔约 20m 左右;自镇江以下就是平坦宽阔的长江三角洲平原,面积约 $5×10^4 km^2$,海拔一般低于 10m。

9.1.4.4 盆地

我国有众多的群山环抱的盆地。在沿海、内陆和高原都有分布。其中,面积超过 $10×10^4 km^2$ 的大型盆地有四个,它们是:塔里木盆地、准噶尔盆地、柴达木盆地和四川盆地,号称我国四大盆地。

塔里木盆地地处新疆南部,四周为天山、昆仑山和阿尔金山所环抱,是一个典型的封闭盆地,仅东侧有 70km 宽的缺口与河西走廊相通。东西长 1400km,宽 150km,面积约 $55×10^4 km^2$,是我国最大的盆地。盆底海拔为 800~1300m,与四周高山相差 3000~4000m。

准噶尔盆地在新疆北部,由天山、阿尔泰山、阿拉套山、塔尔巴哈台山等山脉所环抱。它东西长约 1100km,南北最宽处有 800km,呈现不等边的三角形,面积约 $38×10^4 km^2$,是我国第二大盆地。盆底海拔 500~1000m。准噶尔盆地较塔里木盆地开放,西北面较低,并有一些低缓山口与开口的谷地,北冰洋的水汽可以进入,因而降水稍多,气候上不像塔里木盆地那样极度干旱。

柴达木盆地位于青海西北部,南面是昆仑山,北临祁连山,西北面是阿尔金山,东为日月山,四周高山环抱,也是一个封闭的内陆盆地。它面积约 $20×10^4 km^2$,海拔一般在

3000m 上下,是我国大型盆地中海拔最高的。盆地与周围山地高差在 2000~2500m 之间。

四川盆地位于四川东部,四周由秦岭、大巴山、大娄山、巫山、邛崃山、大雪山等山地所环绕,面积约 $20×10^4 km^2$,盆地海拔一般在 300~600m。地势起伏不平,只有在西部九顶山、邛崃山和龙泉山之间有一块平原,即成都平原。

§9.2 中国的水系

我国是江河众多、水资源丰富的国家,有大小河流数万条,流域面积超过 $1000km^2$ 的有 1500 多条。另外还有众多的湖泊、巨大的冰川雪原以及大量的地下河流等,其中面积在 $1km^2$ 以上的天然湖泊有 2800 多个,总蓄水量约 6500 亿 m^3。

我国外、内流区的分界大致与年降水量 400mm 等值线相接近(图 9.4),它自大兴安岭西侧向西南方向辗转延伸,经阴山—贺兰山—祁连山—巴颜喀拉山—冈底斯山,到达西南边境,此线以东、以南的绝大多数地区是外流区,面积占国土总面积的 2/3,而此线以西以北的地区为内流区,占国土面积的 1/3。我国外流区包括太平洋、印度洋和北冰洋三大水系。以太平洋流域最大,占外流区面积的 89%,包括注入渤海和黄海的淮

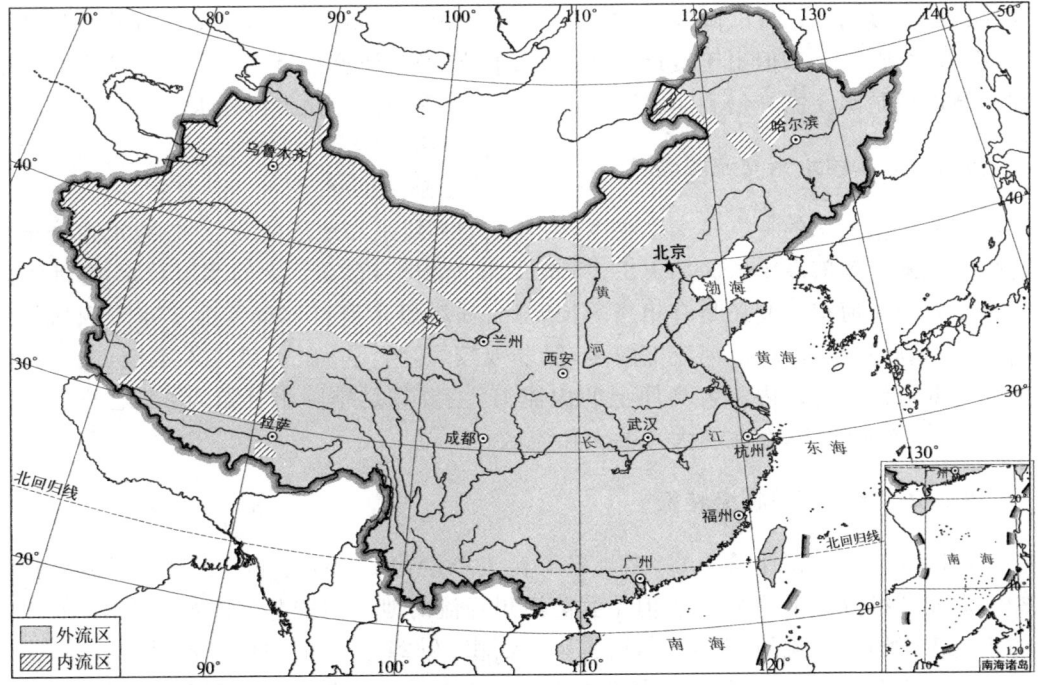

图 9.4 中国内外流域与水系分布示意图

河、沂河、海河、滦河、辽河、鸭绿江等,注入东海的长江、钱塘江、瓯江、闽江等,注入南海的澜沧江、元江、珠江等。流入印度洋的河流主要有雅鲁藏布江、怒江等。新疆西北的额尔齐斯河是我国唯一流入北冰洋的河流。台湾岛的河流分别注入太平洋、台湾海峡和南海。

河流水系的分布主要受地形与降水的制约,我国的东南部山地丘陵分布广泛,降水丰沛,因而水系发育,河流众多。水系多呈树枝状或网格状、辐射状、扇形状等分布形状。西北地区和青藏高原的北部属干旱和高寒地区,降水稀少,除高山地区外,河流短小,水系极不发达,尤其是内陆盆地,河流更少,水系多呈两端散流,中间有主干相连的哑铃状。

我国主要河流多数发源于地形的倾斜面或斜坡地带。发源于地形第一阶梯的河流有长江、黄河、怒江、澜沧江、雅鲁藏布江等,这些河流源远流长,水量丰富,其上中游流经高原山地,坡度大,水力资源丰富。长江、黄河分别是我国的第一、第二大河。怒江是经缅甸入海的萨尔温江的源头,澜沧江则为流经老、缅、泰、柬、越各国的湄公河的源头。而雅鲁藏布江则是印度布拉马普特拉河的源头。发源于第二级阶梯的主要河流有元江、西江、淮河、海河、辽河、黑龙江等,除黑龙江和西江外,这些河流的长度和水量都不及源出第一阶梯的河流。发源于长白山、山东丘陵和东南沿海丘陵的河流有图们江、鸭绿江、沂河、钱塘江、瓯江、闽江、韩江等。这些河流源头距海近,故长度和流域面积都不大,大多数独流入海,但由于接近海洋,降水十分丰富,河流水量相当大。如黄河的长度和流域面积是闽江的9倍和12倍,但闽江的多年平均流量比黄河还大。

9.2.1 我国水系与流域概况

内流区水系总的特点是短小稀少,因各地的补给水和地形的差异,各地水系分布也有显著不同。西部高山地区如天山、祁连山、昆仑山等,存在巨大的冰川雪原,靠冰雪融水补给的内流河有一些还是有相当的长度的,如塔里木河、伊犁河,由于冰雪融水的补给,高山地区水系较发育,河流也较多,但多数较短,河流一出山口进入盆地,大多数消失在戈壁流沙之中。内蒙古高原上的内流河,主要靠夏季降水补给,由于地处季风边缘,降水少而不稳定,存在着大片的无径流区。

9.2.2 我国河川径流特征

我国的径流资源十分丰富,多年平均径流总量约27210亿 m^3,占世界径流总量的6%,占亚洲径流总量的20%。但是我国河川径流的地区和季节分配很不平衡,外流区的径流占全国总径流的95.45%,而占国土面积36.24%的内流区,径流只占4.55%。

径流主要来源于大气降水,径流的时空分布与降水量的时空分布有一定的相似性,但降水转变为径流的数量和速率,还与地形、植被、土壤性质等诸多因子有关,所以径流时空分布实际要比降水量时空分布复杂。我国径流的基本特点是南方高于北方,近海高于内陆,山地高于平原,迎风坡大于背风坡。我国年径流深度 50mm 等深线大致与年降水量 400mm 等值线相近,由海拉尔—齐齐哈尔—哈尔滨一线向西南延伸,经张家口、兰州、黄河止于西藏南部。该线西北侧径流短缺,以畜牧业为主。年径流深度 200mm 等深线经过秦岭—淮河一线,大致与年降水量 800mm 等值线相似。该线以北,径流偏少,农业以旱作为主,该线以南,径流丰富,农业水以稻为主。

同一地区,山地与平原的年径流量相差可以十分悬殊,如鄱阳湖盆地和洞庭湖盆地年径流量分别为 700mm 和 500mm,而相邻的江南丘陵(包括湘西丘陵、湘中丘陵、赣西丘陵等)降水多,坡度较大,土质透水性差,有利于径流的产生,年径流深度为 1000~1400mm。此外,浙江、福建沿海山地,年径流深度为 1200~1400mm,但沿海平原和山间盆地,年径流深度仅为 700~800mm。而在山区,受降水形势的影响,迎风坡径流远大于背风坡。台湾山地迎风坡一侧,降水非常丰富,山地坡度大,年径流深度在 2000mm 以上,其中大屯山区超过 4000mm,是我国径流最丰富的地区之一,而台湾西部沿海平原处于背风环境降水少,年径流深度仅为 700~800mm。

根据我国径流的地区差异,可划分以下几个径流带:

(1)丰水带,年径流深度大于 900mm,年降水量大于 1600mm。主要包括广东、福建、台湾大部、湖南、浙江、江西山地、西藏东南角、广西、云南南部。

(2)多水带,年径流深度 200~900mm,年降水量 800~1600mm。主要包括南岭以北,秦岭、淮河一线以南,贵州、四川及云南大部。

(3)过渡带,年径流深度 50~200mm,降水量 400~800mm。主要分布在黄淮海平原、山西、陕西、东北大部、四川西北部、西藏东部。

(4)少水带,年径流量 10~50mm,年降水量 200~400mm。主要分布在青海大部、西藏西部、内蒙古、甘肃、宁夏大部、新疆西北部和东北西部。

(5)干涸带,年径流深度小于 10mm,年降水量小于 200mm。主要有塔里木盆地、河西走廊、准噶尔盆地、柴达木盆地、内蒙古西部、贺兰山以西沙漠区。

我国季风气候明显,绝大多数地区降水集中在夏半年,多数河流夏季丰水,冬季枯水,春秋两季属过渡季节。各地河流汛期与雨带移动趋势相近。华南及东南沿海诸河,3—6 月为洪水季节,洪水期较长。两湖盆地洪水主要发生在 5—6 月。长江中下游及淮河汛期发生在 6—7 月。华北汛期发生在 7—8 月。东北地区主要在 8 月出现洪水,但春季积雪消融也会形成春汛。西北干旱地区和青藏高原大部,河川径流主要靠冰雪消融补给,径流与气温变化相适应,7—8 月为丰水期,冬季是枯水期。

由于东亚季风的不稳定,降水量年际变化较大,年径流量也具有较大的年际变率常有持续性洪水年或持续性枯水年出现。相对而言,北方河流年际变率大,南方河流年际变率相对要稳定一些。其中澜沧江最稳定。另外,以冰雪为主要补给的地区,径流年际变化不大。

9.2.3 主要河流概况

我国有众多的大江大河,如长江、黄河、珠江等著名的河流。据统计,长度超过1000km的河流有22条。超过2000km的河流共有8条,它们是长江(6300km)、黄河(5464km)、黑龙江(3420km)、珠江(2210km)、澜沧江(2153km)、塔里木河(2137km)、雅鲁藏布江(2057km)、怒江(2013km)。

9.2.3.1 长江

中国第一大河长江发源于青藏高原唐古拉山、依次流经青海、西藏、云南、四川、重庆、湖北、湖南、江西、安徽、江苏和上海等省市,于崇明岛附近流入东海。它的长度、流域面积($180×10^4 km^2$)、流量($31060m^3/s$)均属全国第一。同时仅次于尼罗河和亚马孙河,是世界第三大河流。长江流域拥有全国26.7%的耕地和1/3的人口,径流量占全国径流量的38%。

长江自源头(沱沱河)到入海口,沿途接纳大小支流700多条,构成庞大的长江水系(图9.5),从源头到湖北宜昌为上游,宜昌至湖口为中游,湖口以下为下游。从上游开始,主要支流依次有雅砻江、岷江、沱江、嘉陵江、乌江、汉江、湘江、赣江、青弋江、黄浦江等。长江干流及主要支流流经我国亚热带区域,降水丰富,水量充足,一些主要支流如岷江、嘉陵江、湘江、汉江、赣江的径流量比黄河的径流量还大。

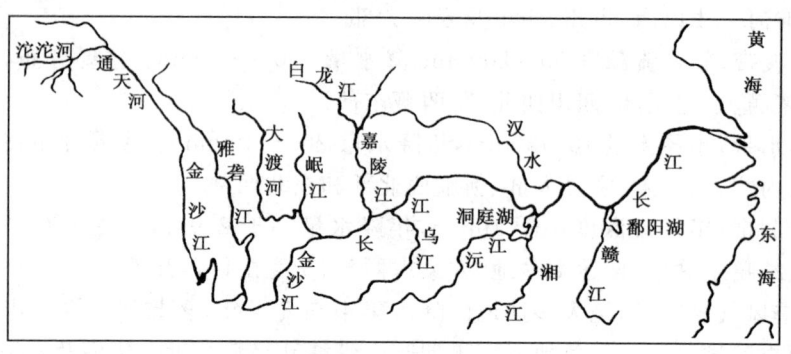

图9.5 长江水系略图

9.2.3.2 黄河

黄河是我国第二大河,也是世界著名河流之一。它发源于青藏高原巴颜喀拉山,流经青海、四川、甘肃、宁夏、内蒙古、陕西、山西、河南、山东等省区,在山东利津县北镇附近注入渤海。全长5464km,流域面积$75×10^4 km^2$,平均流量$1829m^3/s$。黄河的一个特征是含沙量极高,为世界各大河流之首。这主要原因是黄河中游流经黄土高原,这里水土流失严重,大量泥沙被地表径流带到黄河里。另外,黄河虽然源远流长,但黄河处在干旱、半干旱和半湿润地区,水量并不丰富。平均流量在全国只占到第八位,并且其径流季节分配很不均,夏秋两季径流量占全年的 70%～80%,春季次之,冬季最少。径流的年际变化也很大,丰水年与枯水年相差十分悬殊。如陕县测站 1933 年实测最大流量达 22000m³/s,1928 年实测最小流量仅为 145m³/s,两者相差 150 倍。

黄河水系如图 9.6 所示,其发源地为巴颜喀拉山的各姿各雅山东麓,由源头到托克托县河口镇为黄河上游,由河口至孟津为中游,孟津至入海口为黄河下游。

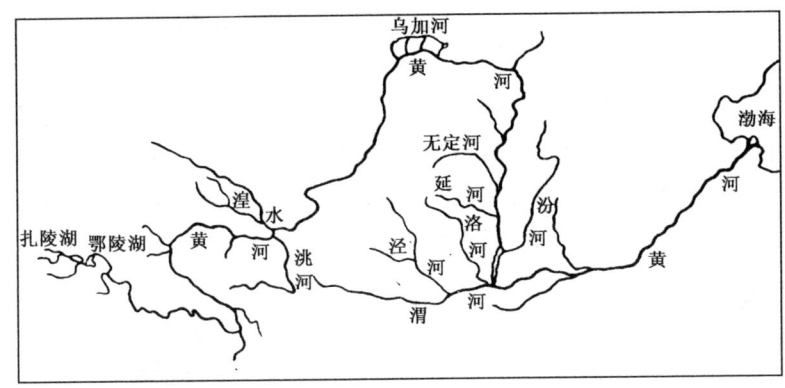

图 9.6 黄河水系略图

9.2.3.3 珠江

珠江是我国南方的最大水系(图 9.7),其上源为西江、北江和东江三大水系。其中西江最长且水量最大,为珠江的干流,它的上源南盘江发源于云南沾益的马雄山,流经云南、贵州、广西、广东,全长 2200km,来水量占珠江总水量的 77%。北江发源于江西大庾岭,至三水附近进入珠江三角洲,全长 582km,来水量占珠江总水量的 15.6%。东江发源于江西安远的南岭山地,全长 523km,来水量仅占珠江的 7.4%。

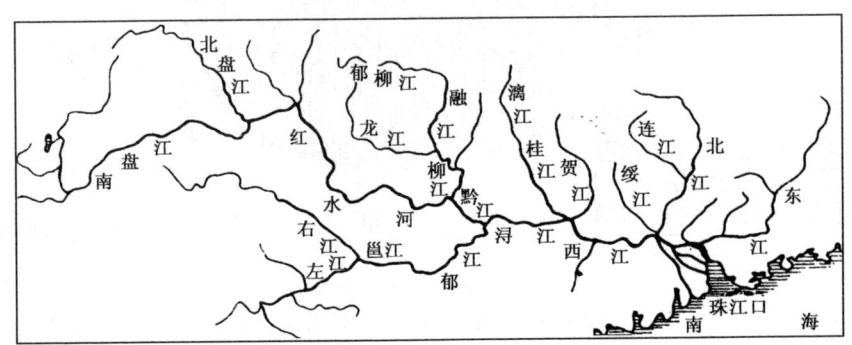

图 9.7 珠江水系略图

珠江流域大部分处于丰水带,水量丰富,其流域面积虽不及长江流域面积的 1/4,黄河流域面积的 3/5,但年径流总量达 3942 亿 m³,占全国径流总量的 14.6%,约为长江的 1/3,黄河的 6 倍,居全国第二位。珠江汛期长达半年左右,4—6 月为夏季风降水,8—9 月则由于台风带来降水。珠江流域径流相对变率较小,年径流量变化相对稳定,并且含沙量小。总的来说,珠江水系具有水系复杂,河网稠密,汛期长,水量丰富,径流相对稳定,含沙量少等特点,对水资源的开发利用十分有利。

§9.3 中国的土壤分布

土壤与植被是自然环境中的有机因素,是地球表面与太阳共同作用的产物。它们能直观地反映自然景观特征,对自然环境具有指示意义。它们的分布具有明显的地带性、区域性。土壤、植被、动物、水分和气候条件诸因素之间互为因果,有着千丝万缕的联系。

根据覆盖的植被类型,可将我国土壤划分为森林土壤、草原土壤、荒漠土壤及耕作土壤四个系列(图 9.8)。

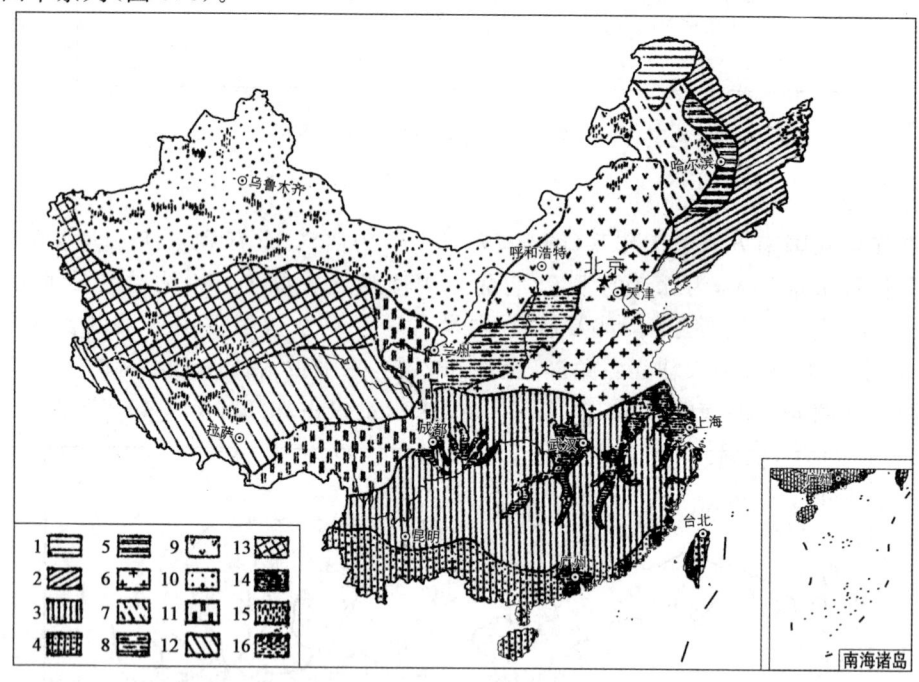

图 9.8　我国土壤分布概况

1. 灰化土壤,2. 棕壤,3. 红壤和黄壤,5. 黑土,6. 褐土,7. 黑钙土,8. 黑钙土型土,9. 栗钙土,10. 灰钙土、棕钙土、漠钙土,11. 山地森林土壤,12. 山地草甸草原土,13. 山地半荒漠、荒漠土,14. 水稻土,15. 盐碱土,16. 沼泽土

9.3.1 森林土壤

包括湿润、半湿润气候条件下生成的各类型土壤，如砖红壤、红壤、黄壤、黄棕壤、棕壤、灰化土、褐土等。

砖红壤是在热带森林环境下生成，强烈的富铝化过程是其最基本的特点，其土层深厚，质地黏重，干土坚硬如砖，呈强酸性。主要分布在台湾、云南及广西等省（区）的南部和海南省、雷州半岛的部分地区。

红壤和黄壤是在亚热带常绿林环境下发育的土壤类型，红壤成土富铝化过程仍较明显，其表层为有机质含量 1%～5% 的腐殖质层，中部为质地黏重的红色或棕红色的淀积层，呈强酸性。主要分布在长江以南广大地区和台湾的山区坡地。黄壤的特性与红壤相似，但黄壤分布区水分条件比红壤好，湿度大或全年多云雾，土壤中水分偏多，肥力较高。主要分布于贵州和广西山地，四川北部和长江以南丘陵缓坡。

黄棕壤发育于亚热带常绿与落叶阔叶混交林地区，属过渡性自然土壤，呈中性弱酸性。主要分布在长江与淮河之间的广大地区。

棕壤是暖温湿润的落叶阔叶林环境的自然土壤，表层有机质含量可达 5%～6%。主要分布于华北、东北的沿海地区，以山东半岛、辽东半岛地区最为典型。在东北东部山地湿润针阔叶林下发育的土壤叫作暗棕壤，它与棕壤的区别主要是腐殖质含量更大，可达 8%～15%。

褐土是在暖温带半湿润森林或森林草原环境下发育的土壤，主要分布于华北山地、丘陵盆地，呈中性或弱碱性。

灰化土是在寒冷湿润气候与针林环境下发育的土壤，主要分布于大兴安岭北部。表层富含有机质，含量可达 10%～30%，呈强酸性。

9.3.2 草原土壤系列

在半湿润、半干旱和干旱气候与草本植被环境下分别形成的黑钙土、栗钙土、棕钙土等类型的草原土壤。

黑钙土是在温带半湿润到半干旱草甸或草原，草本植物生长茂盛的条件下发育成的。主要分布于大兴安岭两侧及松辽平原中部。土壤有机质含量高，表层有机质含量为 5%～15%，腐殖质层厚 30～80cm。土体呈黑色，具有团粒状结构，腐殖质层下是钙积层，故名黑钙土。

栗钙土是在温带半干旱草原条件下的地带性自然土壤。由于水分条件较黑钙土弱，植被稀疏，腐殖质积累较慢，有机质含量在 1.5%～4%，表层呈栗色。主要分布在内蒙古东部草原、松辽平原西部、准噶尔盆地北部以及西北部分地区。

棕钙土是在温带荒漠、草原植被下形成的土壤。这里气候干旱，植被稀疏，土壤表层有机质含量极低,呈褐棕色或淡棕色,土体结构差,多砂、砾和石膏盐类积聚。分布于内蒙古中西部、准噶尔盆地东北部。

9.3.3 荒漠土壤系列

荒漠土壤是在暖温带极端干旱的荒漠植被区的土壤,主要为棕漠土。它分布在塔里木盆地、吐鲁番盆地、柴达木盆地等内陆盆地山前戈壁滩。地力贫瘠,砂、砾含量多,有机质含量只有 0.1%～0.5%。

9.3.4 耕作土壤系列

通过长期的农业生产活动,自然土壤受到人类的作用,形成各种各样的耕作土壤。由于长期种植水稻而形成的各类水稻土,在我国有着广泛的分布;旱作土壤中,黄土高原地区的黑垆土等也属耕作土壤。

§9.4 中国的植被

9.4.1 我国的植物概况

植物的生长受土壤和气候等因素的影响最明显,特别是光、热、水、气等气候条件的制约。我国幅员辽阔,气候条件与土壤类型繁杂,因此,我国的植物具有种类繁多、分布不均;起源古老,特有种属多;种属分布南北混杂等特征。

据统计,我国现有种子植物种数 24500 多种,约占世界种子植物总数的 9.4%,分别属于 353 个科 3184 个属,仅次于马来西亚和巴西,居世界第三。在全国各省市中,以云南省的植物种类最丰富,总计达 12000 种,约占全国的一半,素有中国"植物王国"之称。我国被子植物有 291 个科,2940 多个属,24300 多种。我国的裸子植物极为丰富,世界现存裸子植物有 12 个科,我国则有 11 科,除南洋杉科外都有分布。除裸子植物之外,我国的苔藓植物、蕨类和拟蕨类植物也很丰富,有苔藓 2100 多种,蕨类和拟蕨类植物 2600 多种。我国各个区域的气候殊异,植物种类分布不均。总的说来是南方种数多,北方种数少。其中以云南省最丰富,而四川、广东、贵州等地也较多;北方各地中,以内蒙古地区植物种类最少,黑龙江和甘肃也较少。

我国不仅植物种类繁多,而且区系成分相当复杂,各区系成分南北混杂和相互渗透。我国植物几乎与世界各个植物区系都有广泛的联系,尤其是印度、马来西亚、北美洲及古地中海区有重要联系。各类区系成分在我国分布呈现南北混杂的相互渗透现象,如属于热带成分的 100 个科,有 50 个科伸展到秦岭至淮河以北,其中 30 个科分布在华北和东北,如南方的五味子、猕猴桃等,在长白山区仍能看到。而属于北方温带植物种类也会出现在江南和西南各地,如原属温带成分的枫香和麻栎等落叶阔叶树,也生长到华南和西南的热带森林中,成为热带林中落叶成分的代表树种。此外,冷杉、云杉、落叶松等针叶树,第三纪时主要分布在高纬地区,第四纪时,这些树种随气候的变化而逐步南迁至我国,有的还分布到南方和西南地区。

9.4.2 我国植被类型的分布

覆盖于地表,适应一定的环境条件,具有一定种类组成的所有植物或植物群落总称为植被。我国植被类型多种多样,除赤道雨林、地中海植被类型外,世界所有植被类型,在我国几乎都能找到。在荒漠植被中,有干旱荒漠和高寒荒漠,其中青藏高原有世界唯一的高寒植被;在草原植被中有草甸草原、干草原、荒漠草原、稀树草原和高寒草原;在森林植被中,有针叶林、常绿阔叶林、热带季雨林和热带雨林以及它们之间的过渡类型。此外,我国还拥有特殊环境下生成的植被,如沙生植被、水生植被、盐生植被、沼泽植被。

概括起来,我国的植被基本类型可分为森林、草原和荒漠以及它们之间的过渡类型(森林草原或荒漠草原等)。各种植被类型都具有反映区域环境特征的独特风貌(图9.9)。

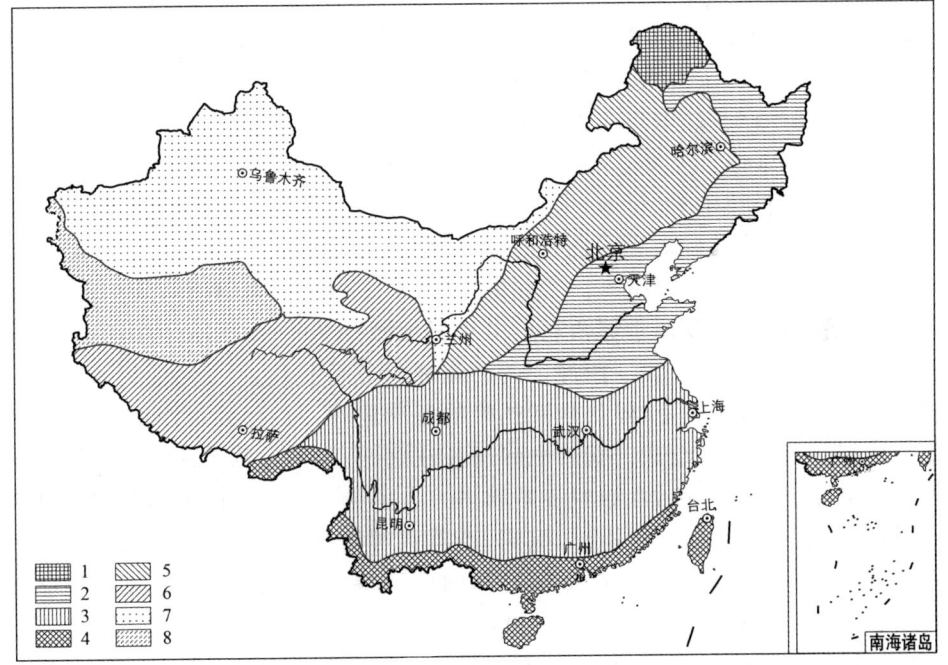

图9.9 中国植被分布示意图

1.寒温带落叶林区,2.温带落叶阔叶林区,3.亚热带常绿阔叶林区,4.热带雨林区,5.温带草原区,6.高寒草甸草原区,7.温带荒漠区,8.高寒半荒漠、荒漠区

9.4.2.1 森林植被类型

依据树木营养体和生态特征,森林可分为针叶林、阔叶林以及混合形态针—阔叶混交林。

针叶林是我国分布最广泛的森林植被,它是以裸子植物,如松柏类针叶树为主体的森林群落。此类型植被具有很强的适应性,我国从大兴安岭到热带的海南岛,从东部平原到西部高原山地,除极干旱地区和高寒山地外,几乎到处都有针叶林的分布。根据南北生态环境的不同,我国针叶林又分为寒温带与温带山地落叶针叶林、温带常绿针叶林、亚热带和热带常绿针叶林、亚热带和热带落叶针叶林等。

寒温带与温带落叶林主要分布在大兴安岭北部和阿尔泰山等地,主要树种有兴安落叶松、西伯利亚落叶松、黄花落叶松等,林缘低地有白桦、大黄柳、小叶樟等。此类针叶林耐寒、喜光、生长较快。

温带常绿针叶林又分为温带山地常绿针叶林和典型温带针叶林。温带山地常绿针叶林,是由云杉和冷杉为主要树种组成的森林,是喜低温、阴湿的常绿针叶林。冷杉多分布在气候冷湿的东北东部山地和阿尔泰山的西北角。云杉则分布在大气湿度较小的天山、祁连山、贺兰山。此外,在垂直带明显的亚热带、热带高山的常绿针叶林之上,也有云杉和冷杉或它们的混交林。典型温带针叶林是温带、暖温带半湿润气候条件下的地带性森林植被类型,主要树种红松,属世界稀有的珍贵树种。主要分布在小兴安岭和长白山、大兴安岭南侧、辽东半岛和黄土高原。

亚热带、热带常绿针叶林,其分布面积广,但比较零散。主要树种有马尾松、华山松、南亚松、云南松、黄山松、杉木、柏木等喜温且稍耐干旱的常绿针叶乔木,是我国南方主要的用材木。尤其杉木是我国特有的针叶林,分布在长江流域及东南丘陵一带。亚热带、热带落叶针叶林,主要指第三纪残遗树种——水杉林和水松林,其分布范围狭小,自然生长的水杉林最早发现于鄂西利川市水杉坝海拔 950~1150m 的山谷。水松林为人工栽培,分布在两广、福建、江西等地的河流冲积平原上。

阔叶林主要分布在温带、亚热带和热带的湿润地区。在我国北方温带地区,冬季严寒,阔叶林都是由落叶树组成。秦岭淮河与长江之间,阔叶林则由落叶树和常绿树共同组成,为混交林。长江以南,常绿树逐渐增多并占了绝对优势。南方热带地区则为热带季雨林和热带雨林,有龙脑香、榕树、棕榈、番荔枝等树种及多种藤本植物组成,其中混生一些落叶树如木棉、樟树等。根据阔叶林的生态特征,可分为温带、暖温带落叶阔叶林,亚热带、热带常绿阔叶林,亚热带硬叶林等类型。

温带、暖温带落叶阔叶林分布于东北、华北和西北广大地区,大致可分为落叶栎类(蒙古栎、辽东栎、麻栎等)、落叶杂木类(槭树、椴树、水曲柳、胡桃楸等)和落叶小叶林(桦树林和山杨林等)。

亚热带、热带常绿阔叶林分布在我国青藏高原以东,秦岭淮河以南的广大地区,其中亚热带常绿阔叶林分布范围广,在红壤和黄壤分布区发育良好,北部以青冈栎和比较耐寒的槠、栲、柯等树种为主,南部则加上樟树、木荷等喜温树种。热带常绿阔叶林仅见于台湾、海南岛东南部、云南和西藏南部局部湿热的低山或峡谷区,树种主要有樟科、大戟科、桃金娘科、棕榈科、桑科、紫金牛科等。常有三四层结构复杂的乔木层,树干高大,通常在 30m 以上,有的高达 50m 左右。

亚热带硬叶常绿阔叶林,分布于青藏高原东部海拔 2000～4000m 的山地阳坡范围,约在 28°—32°N 的川西南和滇西北地区。主要由高山栎之类树种组成。

在针叶林和阔叶林的基本类型之间还存在针阔叶混交林。例如长白山地有红松与桦树、水曲柳混交林;南方山地丘陵分布有常绿林破坏后形成的马尾松与次生阔叶林混交林。在植被类型垂直分布明显的亚热带山带中部也有针叶林、苏铁与落叶阔叶林混交的山地林区。

9.4.2.2 草原植被类型

我国草原植被包括草原和草山草坡两种。前者分布于东北西部、内蒙古、西北荒漠地区的山地以及青藏高原的中部和北部,后者分布于南方的低山丘陵地区。草原又有温带草原和高寒草原之分。

温带草原集中分布区大致在 35°—51°N,草本种类较丰富,有针茅、羊草等禾本科植物,还有蔷薇科、豆科、菊科、十字花科、伞形科等杂草。依据地域和生存环境的不同,可分为草甸草原、干草原和荒漠草原。气候冷湿或地表排水不畅,土壤水分偏多的地方常常形成草甸草原,如东北平原和大兴安岭西麓低山丘陵就有大片草甸草原。青藏高原也有大面积草甸草原。在草甸草原里,植物生长繁茂,草产量高,以豆科为主,其次为禾本科植物。温带半干旱气候条件下的代表性植被类型就是干草原,它分布于内蒙古呼伦贝尔和锡林郭勒大草原,东北平原西南部及黄土高原中西部,此外在祁连山、天山、阿尔泰山也有分布,以禾本科和豆科植物为主(如大针茅、克氏针茅、短花针茅等),它是我国面积最大的草原类型。而荒漠草原则是温带和暖温带干旱气候条件下的代表性植被,此类草原草群矮小,生长稀疏,覆盖度小,产草量低而不稳。主要分布在内蒙古高原的西部,植物以戈壁针茅为主,同时还伴生灌木。

高寒草原产生于青藏高原海拔 4000～4500m 以上的高寒半干旱地区,在天山、阿尔泰山森林线以上也有分布。植物特征是抗旱耐寒,植株矮小,密集丛生,生长期短,主要有紫花针茅、异针茅、狐草,以及各种蒿草。

9.4.2.3 荒漠植被类型

荒漠植被是极端大陆性气候或雪线以上的高寒环境下的植被类型,其特征是:植物种类贫乏,植物群落分布稀疏,常以斑块状分布在大片裸地上。主要植物有旱生和盐生的灌木、肉质植物或春季短生植物,以及地衣、蓝藻等。其中温带荒漠植被主要分布在戈壁沙漠、柴达木盆地和内蒙古西部等荒漠地区;而高寒荒漠植被分布在青藏高原西北部、藏北高原,这里海拔高达 5000~5500m,地高天寒,风大水多发育了高寒荒漠植被。

§9.5 中国的海洋

我国大陆东南部濒临广阔的海域,按照地理和水文特征,将我国近海划分为渤海、黄海、东海、南海和台湾以东太平洋等五个海区。

9.5.1 海区的概况

渤海深入我国大陆内部,位于 $37°11'—41°N,117°30'—122°20'E$,为辽东半岛和山东半岛所环抱,以辽东半岛的老铁山角与山东半岛蓬莱角一线与黄海为界,面积 $7.7×10^4 km^2$。平均水深 18m,最大水深 78m,是一个东北—西南伸展的半封闭大陆架浅海。由于三面为陆地所包围,受大陆影响较大,因黄河、海河、滦河和辽河的注入,含沙量较高,含盐量较低。

黄海位于我国大陆与朝鲜半岛之间,北起鸭绿江口,南至长江口北角与朝鲜济州岛西南角一线。黄海也是一个半封闭的大陆架浅海,平均水深 44m,最深处 140m,面积 $38×10^4 km^2$。黄海海水受黄河、长江等河流的影响,含沙量较大,海水呈浅黄色,故名黄海。

东海位于我国大陆和台湾岛以及日本的九州、琉球群岛之间。北与黄海相接,南到福建东山岛南端至台湾的鹅銮鼻一线与南海分界。约在 $23°—33°10'N,117°11'—131°E$ 之间。呈东北—西南向伸展,长约 1300km,宽约 740km,面积 $77×10^4 km^2$,平均水深 370m。因与太平洋相通水域较广,水文性质受大洋影响显著,具有较高的盐分和水温。

南海是一个面积广大的深海盆,位于中国大陆、中南半岛、菲律宾群岛、加里曼丹岛和苏门答腊岛之间。东北部以台湾海峡与东海相接,东部有巴士海峡、民都洛海峡及巴拉巴克海峡沟通太平洋及苏禄海,南部有马六甲海峡、加斯帕及卡里马塔海峡与安达曼海及爪哇海相接。南海海域广阔,面积约为 $350×10^4 km^2$。平均水深 1212m,最大水深在南海中部,达到 5567m。南海的中部和南部分布着许多岛屿,总名南海诸岛,包括中沙群岛、西沙群岛、东沙群岛和南沙群岛。

9.5.2 我国的大陆架

大陆架是指陆地向海洋自然延伸的平浅海域,自海岸侧低潮线向海洋缓缓倾斜,延伸至坡度突然变大处。我国近海大陆架面积相当广阔,宽度一般在 100 海里以上(图9.10)。

我国近海大陆架总的特点是范围广阔,坡度平缓,起伏较小,沉溺地形明显。我国近海海底地势与大陆一样,基本上由西北向东南倾斜,靠近大陆一侧的浅海大陆架宽广

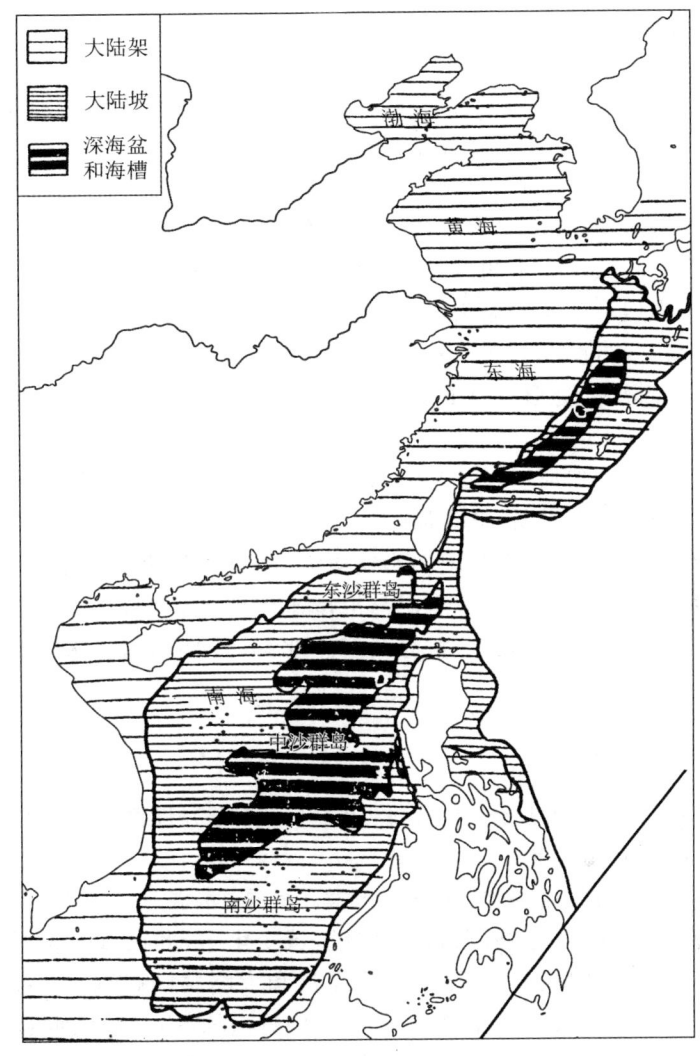

图 9.10 我国近海位置及海底地形达式

平缓,因有众多的河流注入,又加以有利的构造条件,使大陆架发育良好。我国各海区的地质条件不同。大陆架的特点也各异。渤海和黄海均为浅海,深度都在 200m 以内,海底全部属于大陆架;东海大陆架形状北宽南窄,海底向东南倾斜,地势平缓,大陆架外缘在 140~180m 等深线处;南海大陆架约占南海海域面积的 50.7%,相比较而言,南海大陆架所占海域面积比重小,坡度也稍陡,水下地形复杂,岛屿星罗棋布;台湾以东太平洋海区的大陆架非常狭窄,大陆架外侧紧接着狭窄的大陆坡,并直逼太平洋盆地。

9.5.3 我国近海水团

水团是指理化性质相对均匀,变化规律和运动趋势基本相同的水体。我国近海水团可分为外海水团、沿岸水团以及介于两者之间的黄海水团。

外海水团与太平洋海水有频繁的交换,也可以说是由太平洋水团变性而成。它包括东海和南海外海水团,前者是太平洋表层水在东海的变异体,分布于东海东南的黑潮主流区。水团性质与太平洋水团有较大的相似性,具有高温度、高盐度的特点,但不像太平洋水团那样强烈。冬季水温为18～24℃,盐度可达34‰～34.8‰,夏季水温为22～30℃,盐度最高不超过34.6‰。南海外海水团表层主要分布在南海海盆,是由太平洋表层水团进入南海后变形而成的。南海表层水团垂直分布较均匀,温度为22～31℃,盐度为32.5‰～34.5‰。

沿岸水团是入海大陆河川径流与海水的混合体,它围绕大陆沿岸,呈从河口向外弓突的条带状分布。主要有渤海、北黄海、苏北、江浙、闽台和广东沿岸水等。沿岸水团盐度较低,温度和盐度受大陆水文状况的影响很大,具有明显的季节变化和年际变化。

黄海水团是进入大陆架的外海水团与沿岸水团的混合体,在当地气候条件下形成一种过渡性水团,主要分布于渤海、黄海及东海北部的浅海区,其水文状况具有明显的过渡性。

9.5.4 海温和盐度分布

我国近海面积广大,跨越三个热量带,自北向南,海温逐渐降低,年较差逐渐加大,且离岸越远,海温差异越明显。

由于渤海为一内陆海,水温受陆地影响大。冬季,水温东高西低,等温线沿等深线分布,由中部向周边递减。夏季,水温较高且区域变化小,多数海区表层水温可达28℃左右。黄海是一个半封闭浅海,水温分布受海流和大陆共同影响。冬季的等温线随黄海暖流的形状向北突出,水温自北向南,自边而中逐渐增高,夏季则水温高且分布均匀。

东海是一个开阔边缘海,海流对水温分布起主要作用,温度终年受黑潮暖流控制。冬季,东海沿岸流与台湾暖流交汇的江浙沿岸海域是10℃的低温区,东部的黑潮流域是20℃左右的高温区,夏季,强烈的太阳辐射使沿岸海域水温上升,表层水温可达28℃,与东部黑潮水温趋于一致。

南海作为一个与太平洋频繁交流的深海盆,具有温度高且季节变化小的特点。冬季海区北端最低水温在16℃以上,最南端在28℃以上。夏季除个别的低温区外,绝大部分地区表层水温都在28℃以上。

近海海水中盐分的分布和变化,主要受入海径流量、降水和蒸发差、水团的特征等因素制约。外海水团主要是来自大洋的高盐水团,沿岸水团因河川的注入盐分较低,我国近海海域的盐分总的分布是近岸盐度低,外海盐度高;表层盐度低,下层盐度高;夏季盐分较冬季低。各海区相比,渤海盐度最低,年平均值为 30‰,黄海年平均值为 32‰,东海为 33‰,南海年平均值为 34‰。各河流入海口尤其是长江入海口形成明显的低盐区。

§9.6 中国自然地理条件与气候的联系性

我国气候的主要特征可以概括为两个主要方面,一是气候类型复杂多变;二是大陆性季风气候显著。气候本是自然环境中最活跃的因素之一,气候类型的形成受地理纬度、地形、海陆分布等因素的强烈影响和制约,还与水文特征、生物群落、土壤类型等环境因子相互影响和相互制约,有着千丝万缕的联系。

地理纬度决定一地的太阳入射角和昼夜的长短,而太阳辐射量是影响气候的最主要因子。我国地域辽阔,南北跨度大,具有赤道带、热带、亚热带、暖温带、中温带和寒温带等多种热量带。这是形成我国气候类型复杂多样性的主要基础原因。

各热量带内,由于海陆位置、大气环流和地形等因素的不同影响,降水数量不等,干湿程度不一,从而形成多种多样的气候类型。例如,在热带有热带季风气候,局部背风坡可出现热带稀树草原气候;在温带,有温带季风气候、温带草原气候、温带半荒漠气候、温带荒漠气候等。

海陆分布的特征也是气候特征形成的主要原因。由于海洋与陆地的热力性质有很大的不同,海洋对热量的容纳能力要远远大于陆地,一般来说,靠近海洋的地区,气候湿润,水分充足,气温的时间变化较平稳,而内陆地区气候干燥,气温变化比较剧烈。我国位于世界最大的大陆——亚欧大陆的东部,同时又濒临世界最大的大洋——太平洋,海陆热力差异突出,对我国气候产生深刻的影响。从东南沿海往西北内陆,气候的大陆性特征逐渐增加,依次出现湿润、半湿润、半干旱、干旱的气候区,这是我国西北地区特别干旱,植被稀疏的根本原因之一。另外,由于海洋对热量的巨大调节能力,冬季海温高于同纬度陆地气温,夏季则反之,这种热力分布的周期性季节变化造成气压场形式的周期性变化,即季风。受季风环流的影响,形成所谓季风气候。我国是世界上季风气候最显著的区域之一。冬季受亚洲高压控制,盛行寒冷、干燥的偏北离陆风,夏季则受北太平洋副热带高压的控制,盛行由海上来的潮湿温暖的偏南气流,温湿多雨。

以上因素构成了我国气候总的分布趋势,而复杂的地形作用则使各地的局地气候都有其各自的特征。一方面,地形对低层气流有屏障作用,阻滞水分和热量的重新分配,改变了水热的分布。另一方面,水热状况随地形海拔的变化,形成气候的垂直变化,使山顶和山麓的气候有显著的不同。我国一系列的东西走向的山脉,成为气候的水平分界线。例如秦岭山脉是我国气候上的重要分界线,冬季,它削弱了北方冷空气的南下,使秦岭北侧和南侧气候有显著变化,在水平距离约110km,海拔约1000m的南北坡对比,1月份南坡比北坡气温要高5℃左右,年平均气温南坡高出2~3℃,无霜期南坡长50d左右,年降水量南坡比北坡多400mm左右。又如,南岭也是我国气候的一条重要界线,冬季南下的冷空气受阻于北坡,形成山脉两侧气候特征的明显差异。

在高山深谷地区,气温随高度升高而降低,河谷与山顶的气候与景观有极大的不同,形成气候的垂直分布。如在横断山,山麓一带为热带、亚热带气候景观,山腰表现为暖温带或寒温带气候,山顶却是高寒气候。

特别要提到青藏高原对我国气候有极其深刻的影响作用,它对大气环流的阻挡作用对我国的气候起着很大的影响,青藏高原平均海拔4000m,已处在高空西风带上,在冬季,由于它的存在,西风气流分为南北两支,北支形成动力性高压脊,南支形成动力性低压槽。两支西风气流绕过高原后在东侧汇合,影响我国东部的天气气候。例如。贵州冬春多阴雨就与两支西风汇合有关。在夏季,西风带北移,南支西风消失,西南季风随之产生,但北上的西南季风被高原阻挡,被迫绕过高原进入西南、华南地区,加强了那里的降水,同时由于阻挡了水汽进入西北地区,加剧了西北内陆的干旱程度。另一方面,青藏高原还通过冷、热源作用影响东亚大气环流形势,增加了季风的强度,从而对我国的东部气候状况产生深刻的影响。

第 10 章　地图投影

地图是地球表面状况的全部和一部分的缩写和复制,是根据一定的数学原则和地理原则将地球表面的整体或局部以地图符号(表达地图内容的图例)和地图注记综合缩绘于平面上,并反映出各种自然和社会经济现象的地理分布和相互联系的图形。

因为地球是一个球形体,要把球面毫无误差的展绘在平面图纸上是不可能的,所以只能把地表现象有条件地描写在平面图上。这些条件就是一定的数学原则和地理原则。数学原则就是地球球面投影到平面的方法,即地图投影。地理原则就是将立体地形以及自然现象、社会现象表现到平面图纸上的方法。地图可按比例尺、内容、用途、包括的区域、颜色数目和图幅数目、使用特性以及其他许多特征来划分类别,而其中最主要的是按地图比例尺、内容和用途来划分。如就内容来划分,地图可分为普通地图和专门地图两类,矿产图、气象图等即属专门地图。

§10.1　地图投影

10.1.1　地图投影的基本概念

地球是个球形体,其自然表面又是个凹凸不平的不规则曲面,地图的任务是要将地球面上的经纬线、地表面上的物体经过缩小后,按一定的数学原则描绘在平面的图纸上。制图时首先将地球的自然表面投影在地球球形体上,然后再将其描绘在平面上。这种从球面或椭球体面转绘到平面的方法称为地图投影。

众所周知,地球上任何一个地点的位置是由所在地点的经、纬度来确定的。我们知道,地面上的地理坐标是一种球面坐标,曲面上的各点不能直接表示在平面图上,因之,必须将地球体表面的经、纬网点投影到平面或可展曲面上,然后展开成为地图上的经、纬网点。地图投影是椭球体面或球面与平面图的点的对应。即是将地理坐标 φ, λ 通过函数关系式

$$x = f_1(\varphi, \lambda) \tag{10.1}$$
$$y = f_2(\varphi, \lambda) \tag{10.2}$$

经计算转为平面直角坐标(x, y)(图 10.1),在平面上建立起相应的经、纬线网。有了平面上相应的经、纬线网,则地面物体的图形就可相应地转绘到平面图纸上。

地球由球体面展成平面时,在平面图上必然会引起开裂和重叠,要消除这种现象,

便需要在开裂部分将其均衡伸展;在重叠部分将其均衡压缩,结果又会使图形产生变形。图10.2中也存在没有变形的部分(如图中45°纬度处),没有变形的线或点上的比例尺称为主比例尺,有变形的地方称局部比例尺。地图上通常所标明的比例尺即主比例尺。

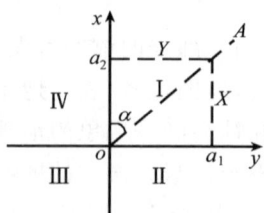

图 10.1　确定地面点的直角坐标

(x轴与指定的中央子午线的投影一致,坐标纵轴指北为正,指南为负;横坐标指东为正,指西为负。Ⅰ、Ⅱ、Ⅲ、Ⅳ,为四个象限顺序。α角顺时针量度)

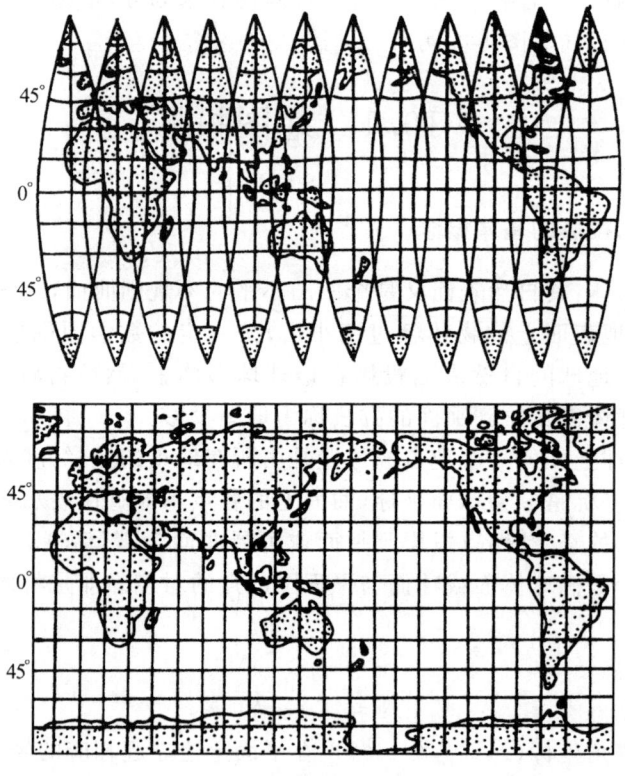

图 10.2　球面展为平面及伸展和压缩后的图形

10.1.1.1 投影误差

(1) 投影误差

由椭球体投影到平面上,使地图上所示的地表轮廓产生与实地不符的变形,即地面某部分在图上的面积、距离、形状和角度等都发生变化,产生面积误差、距离误差、角度误差和形状误差。

面积误差是指分布在地图上不同地区的地理事物,有着不同的面积比例,即图上的面积比例是随着地点而改变的。距离误差是指长度的比例随不同地点和方向的改变。角度和形状误差是指在地图上的角度不等于实际相应的角度和形状,由于地图投影方法的不同,可以得出各种不同的形状和特性的经、纬线网络。在各种投影图中,如果其面积误差很小或等于零,则它的角度和形状误差就必然很大,在另一种地图投影中,如果其角度误差很小或等于零,则其面积误差就一定很大。即每一种地图投影所构成的网格,均有自己的一种误差分布系统(图10.3),使用何种投影图,这主要决定于工作用图对误差系统的要求。

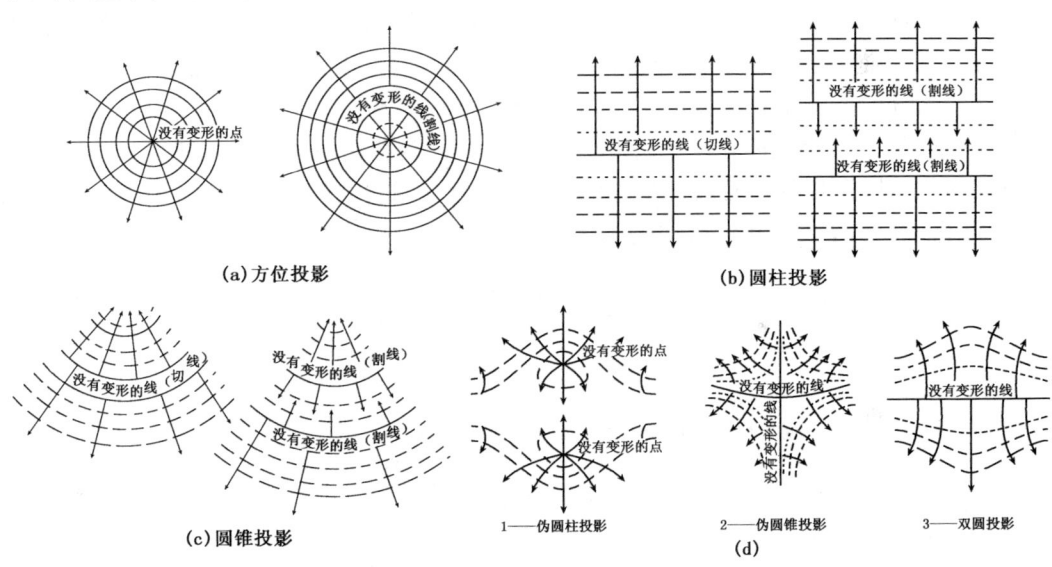

图 10.3 各种投影和变形分布系统

(虚线表示等变形线;箭头表示变形增加指向)

(2) 没有误差的点和线

把地球体表面投影在平面上时,经过伸展和压缩之后,在图中仍能保持着一部分和地球上相同的比例、保持与地表地理事物形状一致而没有误差的地方,称为没有误差的点和线。它仅限于地图中的某一点、线,如图 10.2 中的 45°纬度线,离开这些点和线就有误差,离开愈远误差愈大。没有误差的点和线上比例称标准比例,一般地图上所注明的都是标准比例。

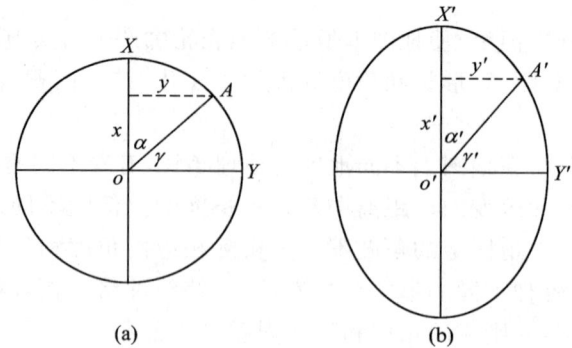

图 10.4 误差椭圆

(3)误差椭圆

要说明地图上各地点的误差性质和大小,常用误差椭圆的方法表示其特性。把地面上任一点设想为无穷小的圆,把这点移到地图上时,由于伸展和压缩的结果,这点本身发生了变形,变成无限小椭圆,叫作变形椭圆或误差椭圆。

设图 10.4(a)为地面上的无限小圆,图 10.4(b)为投影到平面后的椭圆。当把球面移到平面上时,因其各种元素会产生变形,故线段 x' 和 y' 应等于 x 和 y 乘以相应方向的长度比,设 m,n 表示相应方向的长度比,则

$$x' = mx, x = \frac{x'}{m} \tag{10.3}$$

$$y' = ny, y = \frac{y'}{n} \tag{10.4}$$

代入圆方程式 $x^2 + y^2 = r^2$,则得

$$\left(\frac{x'}{m}\right)^2 + \left(\frac{y'}{n}\right)^2 = r^2 \tag{10.5}$$

以 r^2 除,则有

$$\left(\frac{x'}{mr}\right)^2 + \left(\frac{y'}{nr}\right)^2 = 1 \tag{10.6}$$

式中 mr 为椭圆的长半径 a,nr 为椭圆的短半径 b,故上式可写为

$$\left(\frac{x'}{a}\right)^2 + \left(\frac{y'}{b}\right)^2 = 1 \tag{10.7}$$

式(10.7)即为椭圆公式。因此在地球面上的无限小圆,当描绘到投影面上时,由于变形而变成椭圆。在图上变形的形状和大小,即表明地图上各该部位变形的性质和程度,也即是地图上各该部位误差的性质和程度(图10.5)。

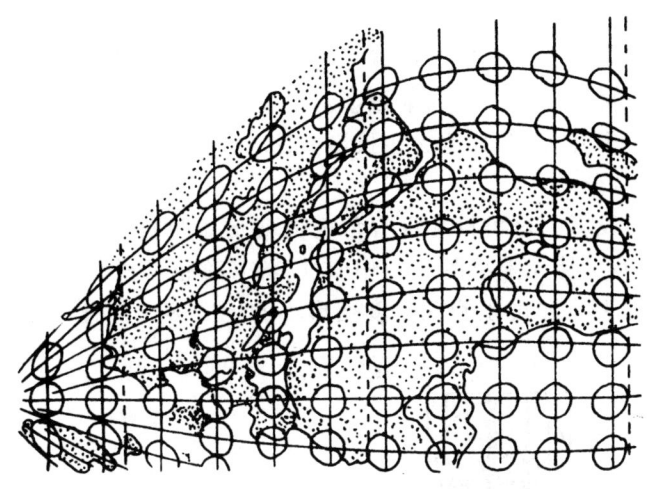

图 10.5 误差椭圆在地图上的分布

10.1.1.2 地图投影分类

地图投影方法很多,有透视投影和非透视投影。地图的各种投影方法多源于透视投影,透视投影是假设地球为透明体,又假设人们由有限和无限远的距离看地球,将地球经、纬线投射到另外的投影面上的方法。这种方法的投影误差很大,所以大多数投影是根据透视投影进行修正而实现的,修正后的投影称作非透视投影。若修正太多与原来关系已难辨认,但仍是根据一定条件和目的要求而设计的,此时则称条件投影。透视投影因光源设置位置的不同,可分为心射图法、平射图法、正射图法、外心图法。透射投影因所设计的投影面的形状不同,又分为平面投影、圆锥投影、圆柱投影等。因为直接由透视地球所得投影,只有切点或切线附近比较正确,因此,一般地图绘制的方法采用非透视投影法或条件投影法居多数。

地图投影类别目前一般可按构成方法和误差性质来进行分类。

(1)按构成方法分类

利用一些几何面,如平面、圆柱面、圆锥面等和地球仪相切或相割,而把地球的经、纬线网格转移到这些面(即投影的投影面)上去。根据几何面形状投影可分为:

1)方位投影。也叫平面投影。它以平面作为投影面,假设地球与平面相割或相切,把地球上的经、纬线网格投影到平面上。这样,由投影中心向四周的方向上与球面上实际相同,所以称作方位投影或正向投影。

2)圆柱投影。以圆柱面为投影面,把圆柱面侧面与地球仪相切或相割,投影到圆柱面上,再把圆柱面体沿某一基线切开展平,即得圆柱投影的经、纬线网格。

3)圆锥投影。以圆锥面作为投影面,把圆锥体的侧面与地球仪相切或相割,然后将圆锥展开成为平面。

4)多圆锥投影。由若干圆锥面与球相切于若干处,将经纬线投影到各圆锥面上,而后将各圆锥面展开拼接而构成多圆锥投影。

除上述四种投影外,还有其他一些投影方法。

(2)按误差性质分类

1)等角或正形投影。这类投影没有角度的变形,即地面上两线段夹角与图上相应两线段夹角相等,能保持无限小图形的相似性,故又称正形投影。等角投影的面积变形很大(图10.6a),对要求角度正确或角度变形小的地图多采用此类地图投影图,以保证角度的正确性。

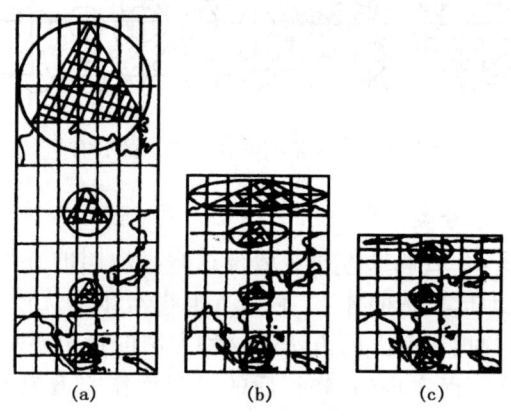

图10.6 等角(a)、等距(b)、等积(c)投影及其变形

2)等积投影。这类投影没有面积变形,即地图上某一部分的面积与所投影地区的面积成比例的投影。这类投影其角变和形状变形很大(图10.6c),但是没有面积变形,便于在这类图上进行面积的量比,因此,某些自然地理或经济地理图常采用这类投影。在气象上若对气旋、反气旋、副热带高压、台风等进行面积大小的比较(即范围大小),也可采用这类投影图。

3)任意投影。这类投影既不等角又不等积,距离、角度、面积都有变形,但其各种变形值又都比较适中。其中有些投影在某个方向上距离比例是不变的则称为等距投影(图10.6b)。任意投影和等距投影在角度、面积等方面都有变形,但它的角度变形比等积投影为小,它的面积变形等角投影为小,如果要求角度、面积变形都小的地图,可采用任意投影;若要求沿某一方向距离正确的地图,可采用等距投影地图。

因此,我们在选择地图投影时通常要考虑以下四个方面的条件:①等角或正形投影,即要保持形状的正确;②正向投影,即保持方向的正确;③等积投影,即保持面积的正确;④等距投影,即保持距离的正确。但由于地图投影方法的不同,可以得出具有各种不同形状和特性的经、纬线网格。在每一种投影方法中,最多只能满足其中一个或两个条件,要想在同一张地图上同时满足上面4种要求,这是不可能的。只有在地球仪上才能满足4个条件。对于气象工作来讲,其所用的天气底图及气候底图,最重要的是要求正形和正向,以正确反映天气气候系统的状况、范围大小及移动方向。

10.1.2 极地投影的半球图

10.1.2.1 平射法极地投影

这是方位投影的一种,其投影面与地球极点相切,光源放在极点所得出的投影(图10.7a)。投影面 TG 与极地 P 相切,光源为 V,自透视点 V 过各点 1,2,3…做放射线,并延长相交 TG 于 1′,2′,3′…若干点,以极点为中心,以 P1′,P2′,P3′…为半径绘的圆就是各纬圈,最外圈就是赤道大圆(图10.7b),用分角器按一定经线间隔做放射直线,是为经线。

这种投影地图只有中央部分比较正确,从中央向边缘误差逐渐增大,它的等变形线是以投影中心为圆心的同心圆(图10.7a),其变形值随远离中心而逐渐增大。

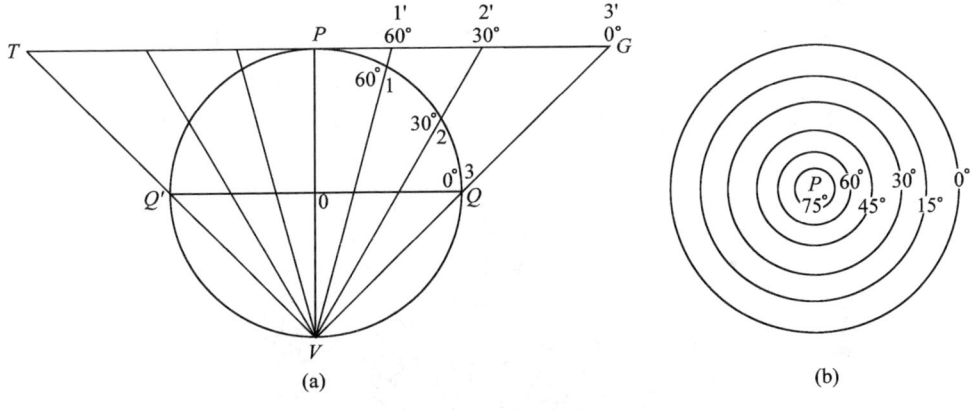

图 10.7 平射图极地投影

10.1.2.2 方位等积极地投影

这种投影的经线是由极点向四周辐射的直线,纬线是以极心为圆心的同心圆,纬圈间的距离随离极心的距离而渐小,但两纬圈间所包含的面积与球面上的实际面积相等,根据地球半径 R 可以计算出各纬度的纬圈半径 r,以 r 为半径所做的圆即纬圈圆。各经线间的夹角与实地相应的夹角相等,因之,从中央到四周的方向与实际相符(图10.8)。

10.1.2.3 方位等角极地投影

这种投影以极为投影中心,纬线是以极为圆心的同心圆,经线为由极向四周辐射的直线,纬线间的距离由中心向外(低纬度)增大。自中央到四周的方向与实际相符,任何

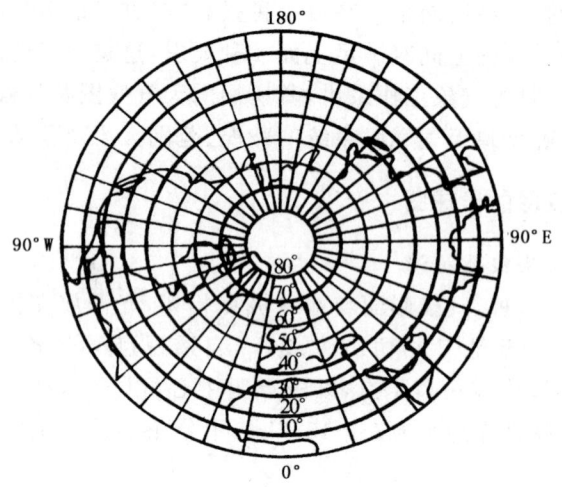

图 10.8　方位等积极地投影

地点沿经线方向与纬线方向皆同样放大,满足正形、正向要求,中央部分最正确(图 10.9)。这类投影图符合气象上正形、正向的要求,因之,绘制北半球气象图多采用该投影图。尤其在高纬度地区能较正确地反映了气压系统的范围及形状。需要指出,如在气象工作中所使用的北半球底图,常取标准纬度 $\varphi=60°$ 的极射割投影半球地图。

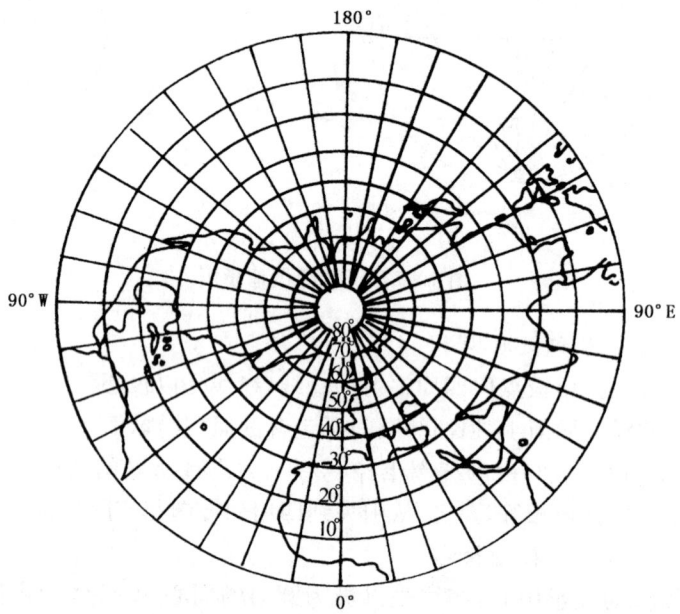

图 10.9　方位等角极地投影

10.1.3 墨卡托投影

它是圆柱投影的一种,又称正切等角圆柱投影,是荷兰制图学家墨卡托(G. Mercator)于1569年首先制作的。墨卡托投影是由正轴中心透视圆柱投影诱导而来,圆柱轴与地球旋转轴一致,圆柱面与赤道面相切,光源置于中心,将经、纬线投射到圆柱面上,再将圆柱面沿一经线切开展平则得到正轴圆位投影(图10.10)。墨卡托为获得正形条件,把纬线间距离加以修正,使其没有角度变形,即地面形状与图上形状相似,由每一点向各方向伸展的长度比例不变,长度和面积的变形从赤道向两极增大(图10.10)。它的投影面上经、纬线都是彼此平行的直线,相交成直角。各纬线的长度都与赤道相等,因而除赤道外,东西间的长度都比实际长度扩大(地球上的纬线圈是由赤道向两极缩短),愈向两极距离扩大愈多,60°纬线圈与赤道等长,是实际长度的2倍。各纬线比实际扩大的倍数可以计算的。所以,各纬线比实际扩大的倍数等于其纬度的正割。在墨卡托投影的地图上,任一部位都是向各个方向均等的扩大,纬线在东西向和经线在南北向都依同一标准扩大,扩大的倍数是当地纬度的正割。

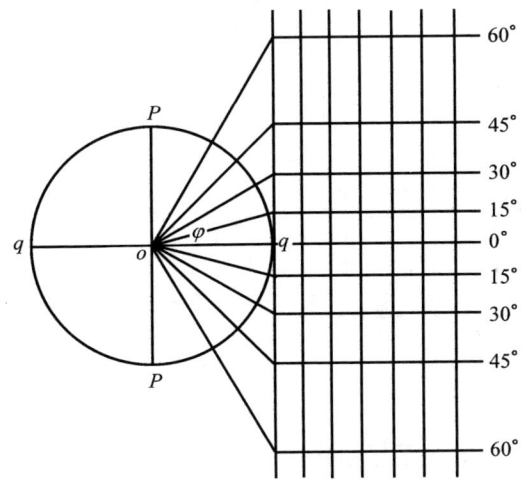

图 10.10 中心投影视圆柱投影

墨卡托投影地图具有正形的特点,其沿经线、纬线都是等同的扩大。例如在60°纬线附近一块区域,东西向扩大2倍,南北向亦扩大2倍,则实际面积扩大了4倍。在80°纬线附近经线和纬线都扩大了近6倍,面积则扩大了33倍多,所以墨卡托投影地图在80°纬线以上便绘不出来了。由于低纬度地区正形且扩大小,对气象工作来讲,如果要进行低纬度天气气候分析,采用墨卡托投影地图作为底图较好,高纬度则不宜选用墨卡托投影地图。

正如前述,墨卡托投影还具有正向的特点,任何一根经、纬线都是正交,都指示东西(纬线)和南北(经线)方向,即图上任何直线方向都与地面实际方向一致。根据这个特性,如用在气象上绘制风向图、洋流图、高空合成风、低纬度台风移动等,都可保证方向的正确性。当然用于航空航线的确定、航海中的航路更为方便,这是它的优点(图10.11)。

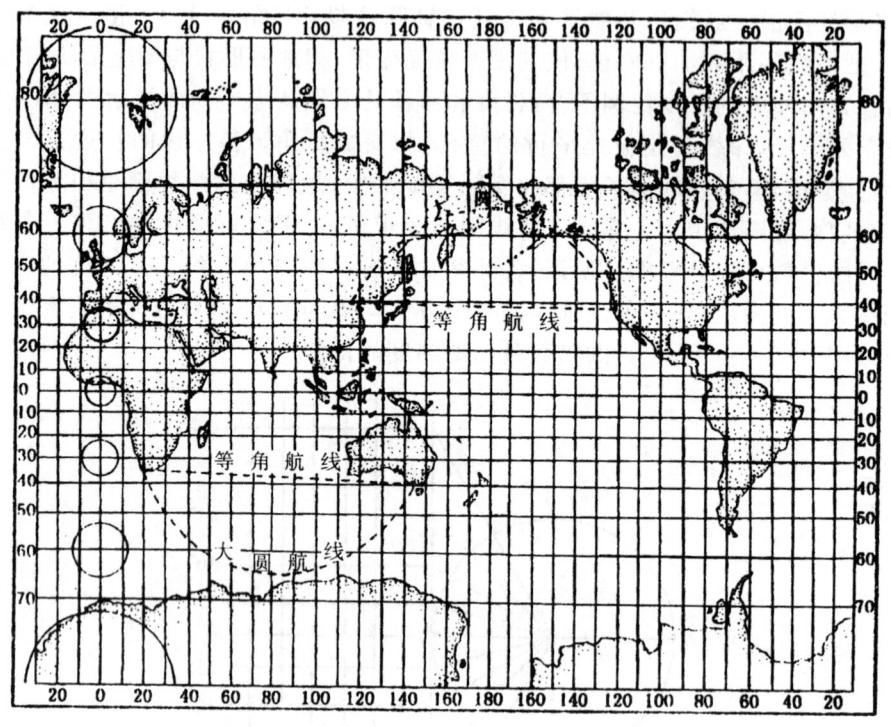

图 10.11 墨卡托投影

10.1.4 双标准纬线等角圆锥投影

双标准纬线等角圆锥投影源于透视圆锥投影方法。

10.1.4.1 透视圆锥图法

透视圆锥图法是以一圆锥体投影面(将平面纸卷成圆锥形),切地球仪一纬线,或者与地球仪上两条纬线相割,光源置于球心,将地球仪上的经纬仪投影到圆锥面上,再将圆锥面沿某一经线切开成扇形。如果圆锥的轴与地轴重合,则得正轴圆锥投影图(图10.12)。在正轴圆锥投影地图中,经线是由一点发出的辐射线,彼此间构成的角度相等,经线间的夹角与经差成正比,纬线成一组同心圆的圆弧。在所有纬线中除与地球仪相切的一条纬线外,其余都不符合实际,纬线间的距离除相切的纬线附近较符合实际外,其余部分的距离都有扩大。这种透视圆锥图法既非正形又不等积,一般都将透视图法加以修正成非透视圆锥投影,如正切等距圆锥投影(图10.13)、正割等距圆锥投影(图10.14)、多圆锥投影、正割等积圆锥投影[亚尔勃斯投影(图10.15)]、等积彭纳氏投影、正形兰勃特投影等。这些投影主要适用于绘制中纬度地区沿纬向方向延伸的地图,是分洲、分国和大区的地图投影。上述投影方法很多,但是在气象上使用的底图多是采用正形的兰勃特投影。

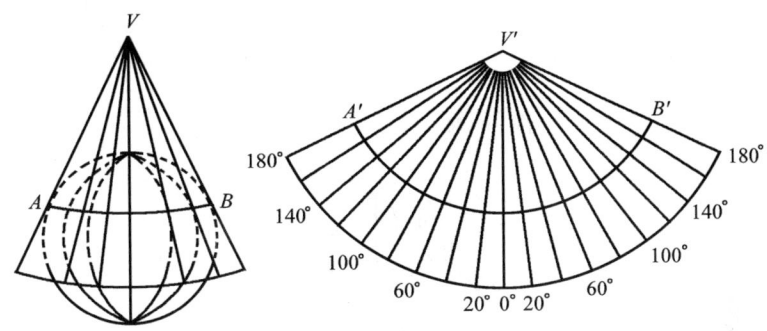

图 10.12　透视圆锥投影法

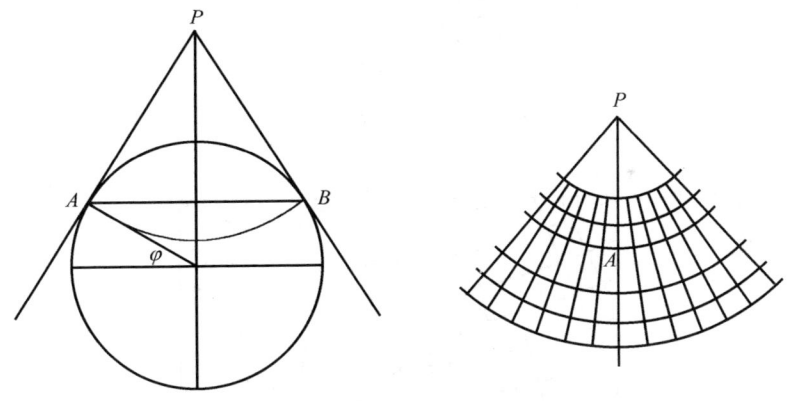

图 10.13　正切等距圆锥投影

10.1.4.2　兰勃特正形割圆锥投影

兰勃特正形割圆锥投影即双标准纬线等角圆锥投影。圆锥面与地球仪相割而得到两条标准纬线 φ_1,φ_2,气象上所用底图的两条标准纬线多采用30°N和60°N。为了达到等角的目的,把割圆锥投影两条标准纬线以内的经、纬线长度同等缩小,两条标准纬线以外的经纬线长度同等放大,即可得到等角的圆锥投影的经、纬线网(图10.16)。

兰勃特正形割圆锥投影的特点是经线都是南北向的放射直线,纬线都是同心圆,具

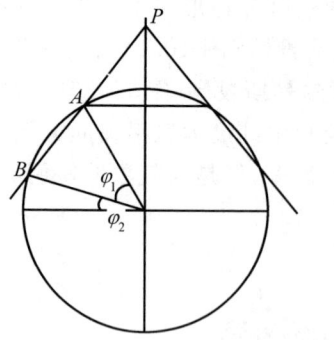 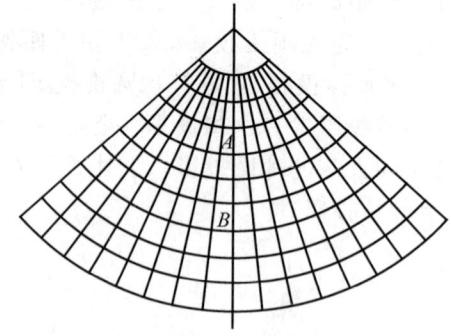

图 10.14　正割等距圆锥投影

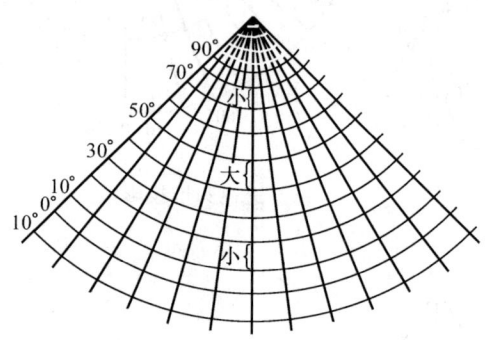

图 10.15　正割等积圆锥投影

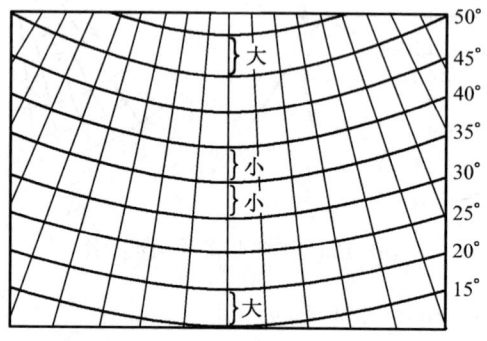

图 10.16　正割等角圆锥投影

备正形、正向的条件，误差在中纬度地带最小（表 10.1）。由于我国领域大部处于中纬度地区，因之，在我国天气预报分析、气候图底图及其他气象专业用图一般均采用该种投影图，如东亚天气底图、亚欧天气底图、中国天气图等（图 10.17）。

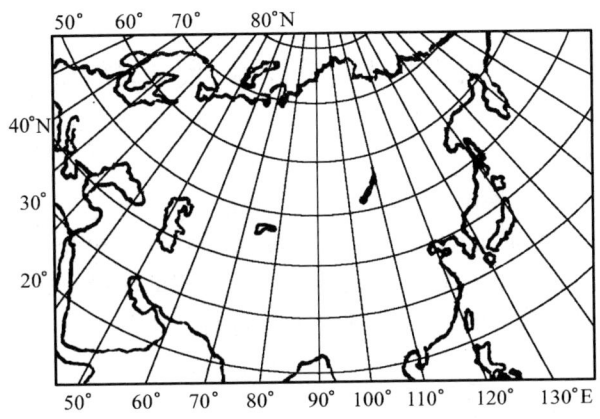

图 10.17 兰勃特等角圆锥投影的亚欧图

表 10.1 三种投影地图各纬圈放大系数 m 值

纬度(°)	投影法		
	极射赤面割投影	墨卡托割投影	兰勃特割投影
90	0.933	∞	—
85	0.934	10.600	1.566
80	0.939	5.320	1.293
75	0.949	3.570	1.161
70	0.962	2.701	1.084
65	0.987	2.186	1.043
60	1.000	1.848	1.000
55	1.026	1.611	0.980
50	1.056	1.437	0.968
45	1.093	1.307	0.966
40	1.139	1.206	0.970
35	1.185	1.128	0.982
30	1.244	1.067	1.000
25	1.311	1.019	1.025
22.5	—	1.000	—
20	1.390	0.983	1.058
15	1.482	0.956	1.099
10	1.589	0.938	1.150
5	1.715	0.927	1.210
0	1.865	0.924	1.283

§10.2 地图比例尺与方向

10.2.1 地图比例尺

地球表面积很大,地面上的各种地物不可能按原样大小在平面图上表示出来,因此,必须把实地缩小若干倍以后,才能绘制到有限面积的图纸上去。这种将实地的长度缩小的倍数称作地图的比例尺。即地图上某一定直线段的长度与实地相应距离的水平投影长度之比。

地图比例尺的表示方法主要有:

第一种,文字说明式,即直接指出图上单位线段代表地面实际长度为多少,例如地图上说明1cm长度代表实地0.5km,或1cm代表实地10km等。

第二种,数字比例尺,用分数式或比例式表示。1/1000000,1∶1000000或百万分之一,意思是指地图上的1cm长度相当于实地的100万cm,即10km。

第三种,图解比例尺,又分直线比例尺和复式比例尺。在较小地区平面图上或等距图上,各处比例尺均相等,可采用直比例尺。但是将大区域的物像展到平面图上,不可能没有变形,变形的大小随图上所测量线段的地理位置和方位不同而改变,所以必须用复比例尺。这种比例尺的用法是在不同的经纬度上,要用不同的线段比例尺去度量。

前面所讨论的双标准纬线圆锥投影与墨卡托投影,它们在各纬线的放大率是不同的,因此,不能用普通比例尺来度量地图上所有地方的实际距离,而需要用复合图解比例尺(图10.18)。除复式比例尺外,地图上注出的比例尺叫主比例尺,它仅代表投影面上的主点或某一向线的比例尺,离开这种主点或标准纬线,其比例尺或增大或缩小,所以一般在大比例尺地图上,由于一幅图所包含的实地面积较小,在图幅范围内比例尺的变化很微小,一般只注明主比例尺就可以了。但是,在包括面积广大的小比例尺地图上,为了使用图者在地图上能量取较精确的数据和反映投影变化情况,常加绘复比例尺。

图解比例尺除直线比例尺和复式比例尺外,还有斜分比例尺。

地图按比例尺大小可以分为三类,大于1∶20万的地图属大比例尺图。1∶20万至1∶100万的属中比例尺图。小于1∶100万的属小比例尺图。气象上常用的天气底图及气候底图一般都属于中、小比例尺图(表10.2)。

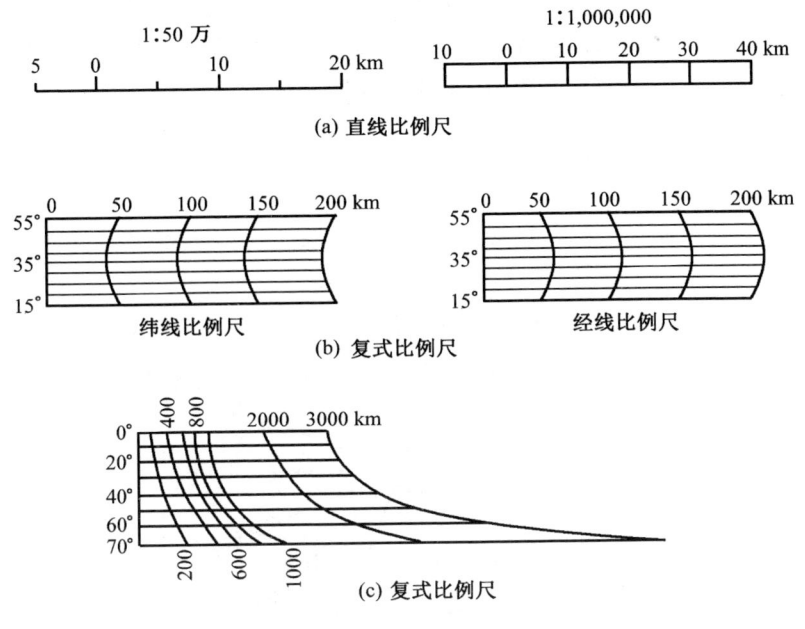

图 10.18 直线比例尺和复式比例尺

表 10.2 各种比例尺与相当实地长度和面积对照表

数字比例尺	文字比例尺	图上 1cm 相当实际的长度(m)	图上 $1cm^2$ 相当实际面积(km^2)
1∶10000	一万分之一	100	0.01
1∶25000	二万五千分之一	250	0.0625
1∶50000	五万分之一	500	0.25
1∶100000	十万分之一	1000	1.0
1∶200000	二十万分之一	2000	4.0
1∶500000	五十万分之一	5000	25
1∶1000000	一百万分之一	10000	100

10.2.2 地图上的方向

我们在审视地图时应该注意方向,一般平面地图上都是上北下南,左西右东。为了明确起见,常在地图的一边画一尖端向上的箭头并注上"北"字,下端注上"南"字。但不是所有的地图都是如此,前面一节提到,在地图上绘有经、纬线,经线指示南北,纬线指示东西。有的地图上(如墨卡托投影)经、纬线都是平行的相互垂直的直线,其方向便极好辨认。在有的地图上经线是直线,纬线是曲线或弧线,在这种地图上我们必须在不同地点,循着经、纬线指向来辨认方向。如极地投影图便是以北极为中心,地图上经线都是自中心向低纬的辐射状直线,而纬线是同心圆。在这种图上,真正的北乃是图上的中心点即北极,其他各个方向都是南方,东西方向则是循着纬线的方向环绕的一个圆圈。

方位表示方法一般有 8 个方位、16 个方位和 32 个方位。在航海上通常取 32 个方位,在气象上一般取 16 个方位,通常分析工作中取 8 个方位较多(图 10.19)。

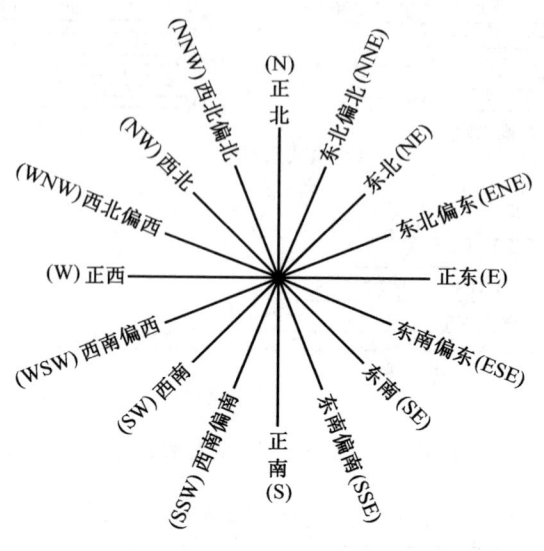

图 10.19　方向的表示

§10.3　用等高线表示地形的方法

在地图或平面图上表示地形的方法有多种,而最常用的是等高线和分层着色法。由于等高线所表示的地形最为精确,能适合工程建设、环境规划、资源利用、军事等等各方面的需要以及气象气候图分析需要,因此,在平面地图上都是采用等高线方法表示地形。

10.3.1　地面上的高程和等高线

10.3.1.1　地面上点的高程

地面上任一点至水准面的垂直距离,称为该点的高程。

大地水准面是假想的静止的海平面(图 10.20),包括延伸通过大陆与岛屿后整个地球形体的表面,这个静止的平均海平面称为大地水准面。

地球上一点对于大地水准面 P_0 的高度,称绝对高程,又称海拔,如图 10.21 中的

H_a,H_b。地球上一点对于任一水准面 P_1 的高程,称相对高程,如图 10.21 中的 H'_a,H'_b。两点高程差称为高差,即图 10.21 中的 $h, h = H_a - H_b = H'_a - H'_b$。高差有正有负,若某一点高于起算点则高差为正,若低于起算点则为负(图 10.21)。

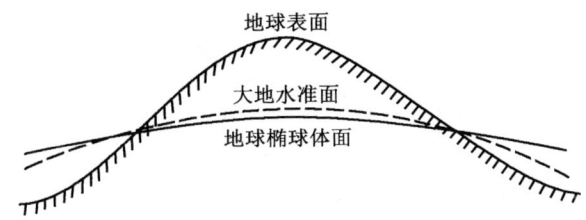

图 10.20 大地水准面

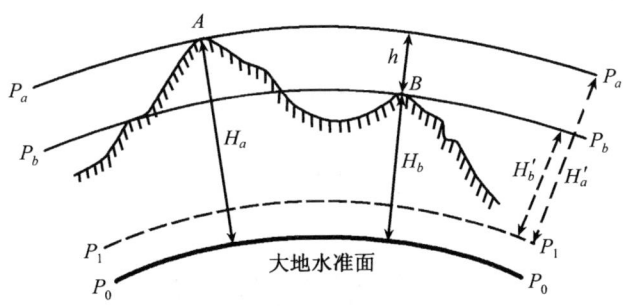

图 10.21 绝对高程与相对高程

10.3.1.2 等高线

等高线是连接地面上高程相等的各点所成的曲线,也就是水平面与地面相交的交线。地形图上的等高线是地面等高线的水平投影按比例尺缩小的图形,因此,图上的等高线与实际地形之间也有一定的数学关系。

两相邻等高线在平面上距离,称为等高线的平距。两相邻等高线的高差,称为等高线的间隔(或等高距)。地形图上的等高线在全图上一般都采用统一的等高距。(基本高距),且只绘出正数高程的等高线。以基本等高距绘出的等高线,称基本等高线,它反映了地形的基本情况。对于特别重要的地形,可以在两条基本等高线之间采用更小的等高距,并用虚线绘出其内插的等高线(图 10.22)。由于等高线的平距大小不同,因而在平面地图上所表示的等高线就有疏密之分,等高线越密,表明坡度就越陡;等高线越疏,就表明坡度越缓。在图 10.23 中,左边山坡较缓,右边山坡较陡,表现在等高线图上则左边较疏,右边较密。

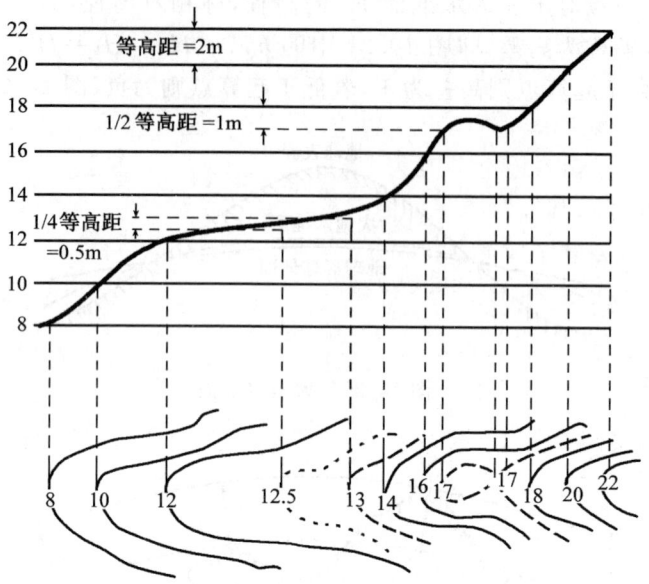

图 10.22 几种等高线的应用

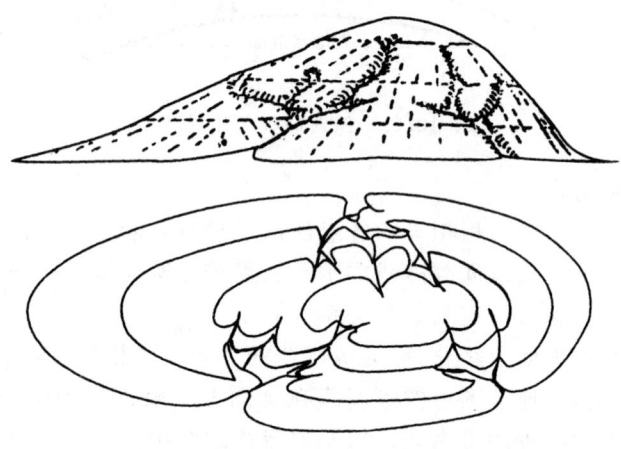

图 10.23 等高线的立体映像

10.3.2 地形元素的等高线

地球表面有各种各样的起伏状态,即所谓的地形。地形种类很多,基本上可以分为高地和洼地两大类,山岭与山脊属于高地一类,盆地和谷地属于洼地一类。

凸出而高于四周的称山,大的称山岭,小的称山丘。山丘最高部分称山顶,山的侧表面称山坡,山坡下边的边界线称山脚也称山麓,最陡的山坡称峭壁。

低于四周的盆形洼地称盆地,小范围的称坑洼。地面上充满积水的大形洼地称为湖泊。

山丘和盆地的等高线都是闭合等高线,凡等高线高程数值向外递减者为山丘,向外递增者为盆地。山丘和盆地也可用示坡线来表示。示坡线就是一条垂直于等高线而指向下坡方向的细短线,其方向向外者为山丘,向内者为盆地,如图10.24中的(a)与(b)。

山脊是沿着一个方向延伸的高地,山脊上一连串最高点的连线称为山脊线。山脊的形状和它的等高线如图10.24(d)所示。

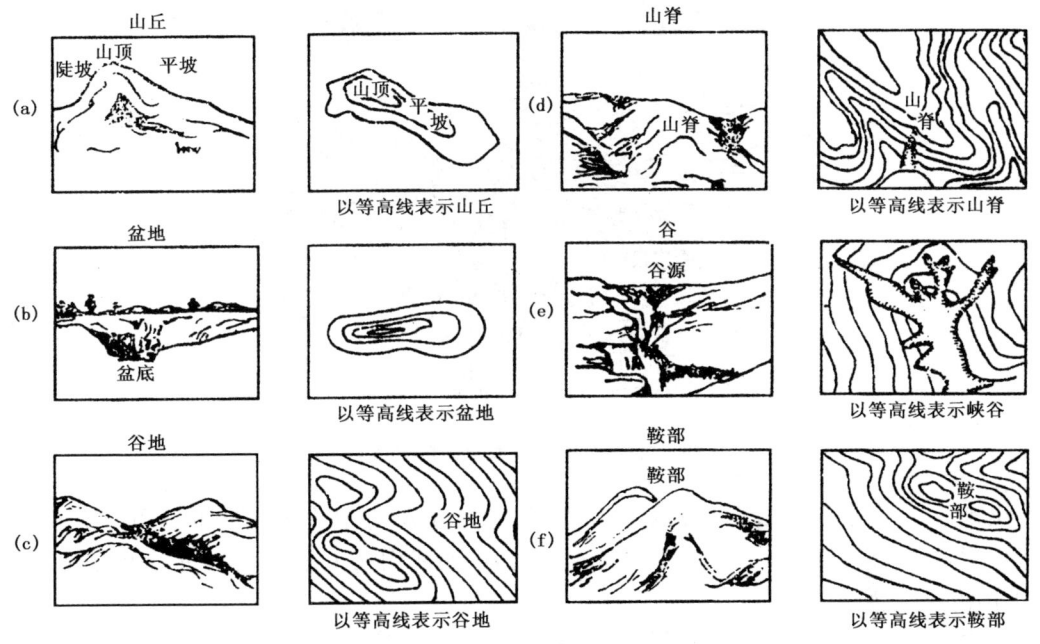

图10.24 地形元素的等高线

山谷是沿着一个方向延伸的洼地,其底部向一面倾斜。穿山谷最低点的连线称为山谷线,它的形状和等高线如图10.24(c)所示。

山谷或河谷的源头,一般都具有陡峭的岸坡,在山岳地区称山峡,在平原地区称峡谷。谷源的形状和等高线如图10.24(e)所示。

两个山脊和两个山谷之间的鞍状地区称鞍部,它的形状与等高线如图10.24(f)所示。

地形起伏虽然是多样的,但是从几何角度看,它不过是无数个方向不同、倾斜度不同、坡面大小不同的坡面组合,由图10.25可以清楚说明地表形态是如何在地形图上表

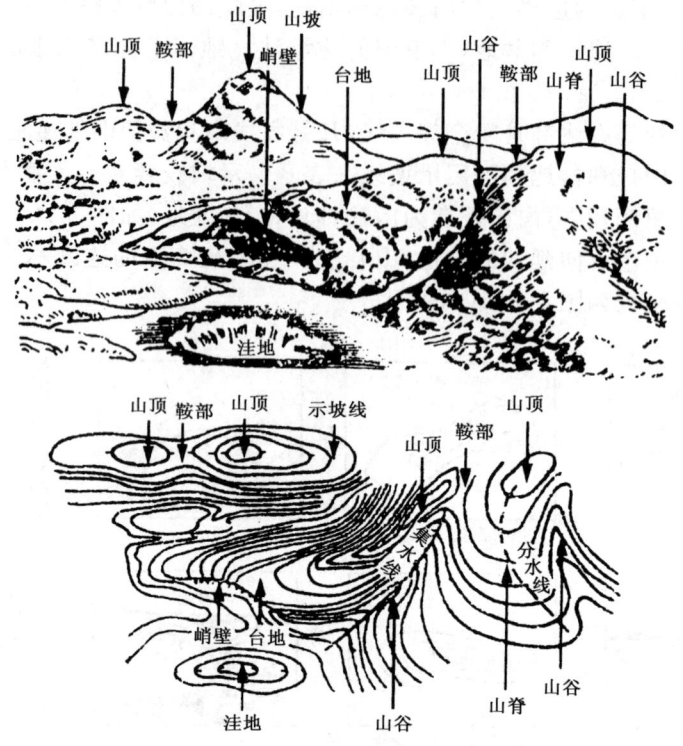

图 10.25 几种基本地形的等高线

示出来的。而我们在进行资源调查、环境分析、建设规划、天气预报分析或气候分析时，也可通过底图上的等高线图形了解地形状况，以便我们在工作中，很好地考虑地形影响和作用。

由上所述，等高线具有如下几种特性：

(1)同一等高线上各点的高程必须相等，不同高程的等高线不能相交，(悬崖的等高线除外)。

(2)等高线为连续不断的闭合曲线。因为陆地是个立体，立体被平面所截，其截面周界必然是连续闭合线。

(3)等高线间最短线段的方向(即垂直于两条等高线的线段方向)，相当于实地的最大坡度线。

(4)两条等高线水平距离的大小与相应的地面坡度的大小成反比关系，即距离大者，其地面坡度小，距离小者，其地面坡度大。

通过以上特性的了解，将有助于我们认识地形图以及对等高线的运用，这对我们从事环境保护、资源开发利用、建设规划、经济建设等都是必须掌握的基本知识。

10.3.3 地形图上等高线的应用

10.3.3.1 求任一点的高程

如果所求的任一点恰好在等高线上,则该点的高程即为等高线的高程。如该点是位于两等高线之间,求算其高程时,则必须进行内插求算。即在两等高线间作垂线,确定该点占两等高线间垂线段的多少,以求该点的高程。

10.3.3.2 确定地面的坡度与最大坡度线

设地面上两点的水平距离为 d,高差为 h,倾斜角为 α,则坡度由下式求得

$$\tan\alpha = h/d \quad \text{或} \quad \cot\alpha = d/h \tag{10.8}$$

两高差与水平距离之比为坡度,坡度 i 可用百分率表示,即

$$i = h/d \times 100\% \tag{10.9}$$

坡度也可用千分数表示。

10.3.3.3 根据等高线绘制一定方向的断面图

为了表示地面上沿某一方向的起伏地形,把该方向上的起伏地形按比例尺缩小绘

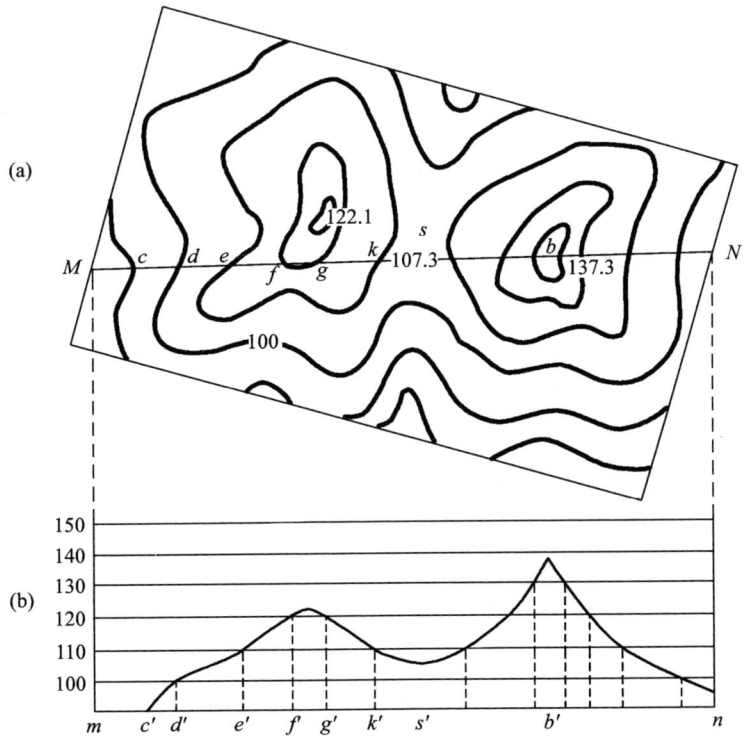

图 10.26 绘制断面图

成的图称为断面图。所以断面图即是沿一定方向的竖直面与地面相截的图形。这种断面图能更好地说明地形的特征。假定经过图上(图 10.26)两个山头的方向线 MN 绘断面图,先画直线 mn 平行于直线 MN,如图 10.26(b)中,再从地形图上的 MN 线与各等高线的交点 $c,d,e,f,\cdots$,以及 MN 线所经各地形特征点如山头 b 点,鞍部 s 点等,分别向断面图上的 mn 线作垂线得 $c',d',e',f',\cdots$ 诸点,画平行于 mn 的等距平行线,使各平行线所代表的高度值与地形图上相应的等高线相一致,然后将这些平行线与各垂线的交点(即取高度值相当的一个交点)用平滑的曲线连接起来,即成为地形断面图。为了使断面图表示得更明显,表示高程的比例尺通常取大于水平的比例尺更好一些。

参 考 文 献

蔡晓明,尚玉昌.1995.普通生态学[M].下册.北京:北京大学出版社.
陈传康,黎勇奇.1992.地球科学[M].北京:高等教育出版社.
程国栋,吴邦俊.1983.高海拔多年冻土分布的地带性数学模式之探讨[J].冰川冻土,5(4):1-4.
高国栋,缪启龙,等.1996.气候学教程[M].北京:气象出版社.
高抒,等.2006.现代自然地理学[M].北京:高等教育出版社.
蒋忠信.1982.关于自然地理地带性数学模式之商讨[J].地理学报,37(1):36-38.
刘本培,蔡运龙.2000.地球科学导论[M].北京:高等教育出版社.
刘朝瑞.1979.土壤分类及土壤地理论文集[M].杭州:浙江人民出版社.
刘南威.2014.自然地理学[M].3版.北京:高等教育出版社.
吕拉昌.2012.中国地理[M].北京:科学出版社.
马建华.2002.现代自然地理学[M].北京:北京师范大学出版社.
缪启龙,等.2010.现代气候学[M].北京:气象出版社.
牛文元.1981.农业自然条件分析[M].北京:农业出版社.
潘树荣,等.1986.自然地理学[M].2版.北京:高等教育出版社.
彭公炳,李晴,钱步东.1992.气候与冰雪覆盖[M].北京:气象出版社.
尚玉昌.2010.普通生态学[M].3版.北京:北京大学出版社.
王建.2010.现代自然地理学[M].北京:高等教育出版社.
王让会,张慧芝.2004.生态系统耦合关系[M].乌鲁木齐:新疆人民出版社.
吴泰然,等.2011.普通地质学[M].北京:北京大学出版社.
伍光和,等.2012.自然地理学[M].4版.北京:高等教育出版社.
武吉华.2006.植物地理学[M].4版.北京:高等教育出版社.
熊毅,李庆逵.1987.中国土壤[M].北京:科学出版社.
延军平.2013.世界地理[M].西安:陕西师范大学出版社.
杨持.2008.生态学[M].2版.北京:高等教育出版社.
杨景春.1985.地貌学教程[M].北京:高等教育出版社.
张根寿.2010.现代自然地理学[M].北京:科学出版社.
张钰哲,等.1980.中国大百科全书·天文学[M].北京:中国大百科全书出版社.
竺可桢.1972.中国近五千年来气候变化的初步研究[J].考古学报,16(2):15-38.
BUDYKO M I. 1958. The heat balance of the earth's surface. Washington DC: US Department of Commerce, Weather Bureau.
DIETZ R S, HOLDEN J C. 1970. Reconstruction of Pangaea: Breakup and dispersion of continents, Permian to Present[J]. *Journal of Geophysical Research*, 75(16):4939-4956.
KORMONDY E J. 1976. Concept of Ecology [M]. 2ed. Englewood Cliffs, New Jersey: Prentice-Hall, Inc.

PEIXOTO J P, OORT A H. 1992. Physics of Climate[M]. New York: American Institute of Physics.

STRAHLER A N. 1975. Introducing Physical Geography [M]. 4ed. New York: John Wiley and Sons.

TAO S Y, Staff Members of Academia Sinica. 1957. On the general circulation over the Eastern Asia (I)[J]. *Tellus*, 9:432-446.